空间生命科学与技术丛书
名誉主编　赵玉芬　主编　邓玉林

空间生物实验任务设计

Design of Space Biological Experiment Mission

戴荣继　李　博　著

北京理工大学出版社
BEIJING INSTITUTE OF TECHNOLOGY PRESS

图书在版编目（CIP）数据

空间生物实验任务设计 / 戴荣继，李博著. -- 北京：北京理工大学出版社，2023. 12

ISBN 978-7-5763-3320-6

Ⅰ. ①空… Ⅱ. ①戴… ②李… Ⅲ. ①航天生物学-试验设计 Ⅳ. ①Q693

中国国家版本馆 CIP 数据核字（2024）第 019485 号

责任编辑：李颖颖　　**文案编辑**：李颖颖
责任校对：周瑞红　　**责任印制**：李志强

出版发行 / 北京理工大学出版社有限责任公司
社　　址 / 北京市丰台区四合庄路 6 号
邮　　编 / 100070
电　　话 / (010) 68944439（学术售后服务热线）
网　　址 / http://www.bitpress.com.cn

版 印 次 / 2023 年 12 月第 1 版第 1 次印刷
印　　刷 / 三河市华骏印务包装有限公司
开　　本 / 710 mm × 1000 mm　1/16
印　　张 / 17.75
彩　　插 / 2
字　　数 / 272 千字
定　　价 / 78.00 元

前　言

空间环境与地球环境迥异，它包括微重力、宇宙辐射、高真空等特殊条件，这些因素对生物体的影响深远而复杂。本书全面地阐述了空间环境及其对生物体生理和分子层面的多维度影响，不仅总结了国内、国际前沿的空间实验平台和研究方法，而且详尽地描绘了在模拟空间环境条件下和真实天基环境下，微重力、辐射等因素作用下的微生物、细胞、动植物实验的具体设计。本书的目的在于为空间生物学研究者提供一个全面的指导手册和参考资源，旨在帮助研究者有效地规划和执行空间生物实验。我们相信，随着人类对宇宙的探索不断深入，空间生物实验将发挥越来越重要的作用，为人类带来新的科学发现和技术创新。

本书第 1 章绪论主要概述了空间环境和空间生物实验的研究范畴。以下分为 4 个部分，共 22 章。第 1 部分模拟微重力生物实验设计包括第 2 章 ~ 第 5 章，分别介绍了模拟空间微重力环境下的微生物、细胞、植物、动物实验设计。第 2 部分模拟空间辐射生物实验设计包括第 6 章 ~ 第 9 章，分别介绍了模拟空间辐射环境下的微生物、细胞、植物、动物实验设计。第 3 部分模拟空间其他环境及复合空间环境动物实验设计包括第 10 章 ~ 第 14 章，介绍了模拟空间环境下的模拟狭小空间、模拟噪声环境、模拟时间节律、模拟空间微重力与辐射复合环境、模拟复合空间环境动物实验设计。第 4 部分天基生物学实验设计包括第 15 章 ~ 第 22 章，主要概述了天基生物实验载荷设计、天基实验载荷环境适应性设计、天基实验的过程要求，并具体介绍了典型的天基生物实验设计，如天基基因扩增设备实验、微生物培养实验、细胞培养实验、植物培养实验和动物培养实验的设计。

本丛书的主编为邓玉林教授，本书前言由戴荣继、李博编写。绪论由戴荣继、邓玉林、李博编写；第 1 部分由戴荣继、孙维佳编写；第 2 部分由戴荣继、李博编写；第 3 部分由戴荣继、李诺敏编写；第 4 部分由戴荣继、李博编写。

本书的编写是基于北京理工大学“航天生物与医学”国防重点特色学科的多年建设，支撑该学科的各个研究团队面向国家在载人航天领域特别是空间生物实验设计的重大需求，进行了围绕空间生命科学问题的创新研究，得到了国内前辈、同行的诸多支持与帮助。

在本书编写过程中获得了多位专家、学者的指导，在此特别感谢航天员科研训练中心李英贤研究员对本书编写提出的宝贵意见。本书的研究工作获得了国家出版基金项目的支持，课题组部分研究生参与了本书的资料查阅、整理、审校工作，他们是曹艳璐、高旭、冯文韬、韩楚、李静祎、李天媚、刘妍岩、刘媛媛、王智、仲夏，在此表示衷心的感谢。

由于本书涉及内容广泛，编者水平有限，难免会出现疏漏，恐有不当之处，敬请读者批评指正。

作者

目　录

第3部分　模拟空间其他环境及复合空间环境动物实验设计

第4部分 天基生物学实验设计

第1章 绪 论

1.1 概述

自古以来，人类对太空的向往和探索从未止步。1957 年 10 月 4 日，苏联发射了人类第一颗人造卫星——Sputnik－1 卫星，真正开启了人类探索宇宙的大门；1 个月后，苏联顺利发射 Sputnik－2 卫星并搭载了一只名叫“莱卡”的小狗，从此揭开了空间生命科学载荷研究的序幕。空间生命科学是研究在宇宙空间特殊环境因素（如真空、高温、低温、失重和辐射等）作用下生命规律的科学，主要研究地球之外生命存在的可能和生命的起源演化等基本科学问题，以及地球生物包括人类进入空间后在空间特殊条件下的响应、生存、变化和适应等活动规律，并且关注空间生物技术和转化应用问题、支撑载人空间探索活动的应用问题及支撑空间生命科学研究的特殊方法和相关技术等。

大量空间生命科学研究表明，辐射和微重力条件会导致人体细胞损伤和基因突变，进而导致骨质疏松、肌肉萎缩、心血管功能降低、神经系统损伤及免疫系统紊乱等变化。在植物方面的研究报道多集中在生长发育和生理反应方面，如表型变化或者与重力相关的激素或者钙离子的再分配，细胞或亚细胞水平主要有细胞壁、线粒体、叶绿体和细胞骨架，以及对植物基因表达的影响等。对空间环境下生理效应的深入研究不仅能为人类探索未知世界提供丰富的理论基础，而且能在此基础上为航天员的长期太空飞行提供有效防护，还能将植物生理变化及生物学领域中有价值的成果应用于农业生产和生物技术领域。

空间生物实验是以探索、解决空间环境对地球生物的影响、发生机制等问题为目标，利用空间环境或地面模拟实验条件开展的大量实验，根据实验环境不同，空间生物实验可分为天基实验和地基实验。随着空间实验系统的不断建立和地基模拟实验系统的不断完善，空间环境对机体的影响已经在生理水平、细胞水平和分子水平上取得了突破性进展，各种研究手段也不断创新。

随着空间科学与技术发展的日新月异，人类探索宇宙的步伐越来越快，向太空的活动延伸也越来越深远。国际空间生命科学研究起始于20世纪40年代，成形于20世纪60年代初，现在已经发展到了利用空间站平台开展大规模实验研究的持续发展阶段。航天飞机的飞行、空间站的发射升空，这些大型的空间实验基础设施平台的建设与应用，为空间生命科学研究提供了前所未有的实验条件。人类已利用航天飞机、空间站等实施了大规模的空间生命实验研究任务，取得了一系列重要成果，标志着空间生命科学迈入持续发展阶段。

本书较为系统地概括了空间环境及其对生物体的影响，总结了国内外较为先进的空间实验平台及研究方法，详细地介绍了模拟空间环境如微重力、辐射及复合环境下的微生物、细胞、动物、植物实验，以及天基生物学实验等，旨在为空间生物实验提供指导和参考。

1.2 空间环境

太阳系的辐射环境由完整的太阳电磁光谱及太阳系内外源产生的高能带电粒子及其相互作用产物的复杂混合物组成。高能带电粒子主要来源于银河宇宙射线（galactic cosmic rays，GCR）、太阳粒子事件（solar particle events，SPE）和地球辐射带（earth radiation belts，ERB）。

银河宇宙射线起源于太阳系的外部，是高线性能量传递（linear energy transfer，LET）相对论粒子，能量范围为40 MeV～10 TeV，平均能量约为3 500 MeV，足以穿透当前全球航天器上使用的任何屏蔽技术。GCR由大约87%的Hz离子（质子）和12%的He离子（α粒子）组成，其余1%～2%的粒子为高能重离子（HZE），其电荷范围为$Z=3$（Li）至$Z=28$（Ni）。例如，原子序数26的Fe等过渡金属因为没有合适的航天器材料可以屏蔽它们，因而对生物体有害。研究显示，GCR 粒子的能量足以穿透几厘米的生物组织或其他有机和无机材料。在近地轨道外的宇宙空间，航天员体内的每个细胞核平均几天就会被一个 Hz 离子穿透一次，体内的细胞每隔几个月就会被高 LET 的 HZE（如^{16}O、^{28}Si、^{56}Fe）穿透一次。尽管 HZE 粒子的通量低，但它们极大地增加了航天员在近地轨道外部产生的 GCR 累积剂量，构成了极大的生物威胁。鉴于 HZE 粒子的穿透能力，物理屏蔽只能部分减少航天器内部的辐照剂量。虽然较厚的屏蔽层理论上可以提供更多的保护，但将足够的屏蔽层部署到太空中受到当前航天器发射系统实际功能的限制（图 1 - 1）。

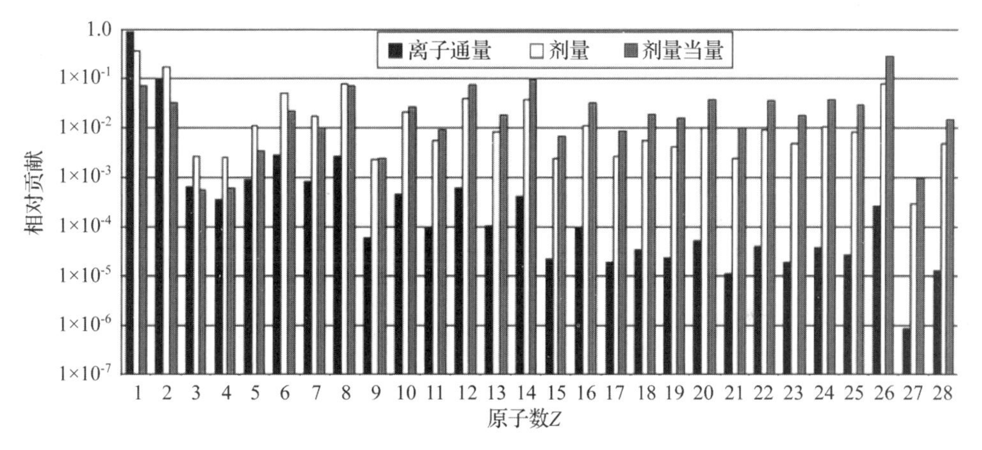

图 1 - 1　原子序数 1 ~ 28 的不同离子通量（flux）、剂量（dose）和剂量当量（dose equivalent）对原子数的相对贡献

美国国家海洋与大气管理局太空环境中心将 SPE 定义为能量大于 10 MeV 且超过 10 个质子/(cm · s · sr) 通量的高能粒子增强事件。太阳宇宙线能够进入航天器舱体对航天员构成危害的主要是 30 MeV 以上的高能质子。除质子外，还可能伴有太阳 X 射线爆发、电离层扰动和磁暴等现象。SPE 发生的频率和强度与太阳活动周期有关。在太阳活动高发年遭遇太阳质子辐射的可能性较大。

地球辐射带由美国科学家 Van Allen 于 1958 年发现，指在近地空间被地磁场捕获的高强度带电粒子区域，其集中在赤道与南北纬约 50°之间。地球辐射带捕获的带电粒子有内辐射带和外辐射带两个高通量区域。内辐射带空间范围 $L = (1.2 \sim 2.5)\ R_E$（L 是离地心的距离，R_E 是地球半径），在地球赤道表面上 600 ~

10 000 km 高度。通常，低能粒子的中心位置离地球较远，高能粒子的中心位置离地球较近。内辐射带主要由能量在 10 MeV 以上的质子组成。这些质子主要来源于 GCR，由宇宙射线反照中子衰变产生，因此内辐射带是一个相对稳定的带，其中心位于 $L=1.5R_E$ 处，距离地球赤道表面约 3 000 km。内辐射带有两个异常区，即南大西洋上空（40° W）的负磁异常区和我国上空（100° E）的正磁异常区。在负磁异常区，因磁场减弱，内辐射带下边界下降到距地高度 200 km 左右；在正磁异常区，内辐射带下边界上升至距地高度 1 500 km 左右。可见，即使是轨道较低的航天器也有可能穿越内辐射带。外辐射带位于（3 ~ 8）R_E 的范围，主要由电子组成，其中存在大量相对论电子（即高能电子，能量在 MeV 级别）。外辐射带并不稳定，在强磁暴期间，其内边界甚至可以侵蚀到 $2R_E$ 的地方。外辐射带主要成分为能量 $E<10$ MeV 的电子，中心位于 $L=(4\sim5)$ R_E 处（距离地球赤道表面20 000 ~ 250 000 km）。内外辐射带之间存在一个粒子辐射通量很低的槽区，被认为是在轨航天器的安全区域。

这些空间初级宇宙辐射具有非常高的能量，虽然空间舱结构具有一定的防护作用，舱内辐射具有剂量比舱外低 1 ~ 2 个数量级，但高能粒子仍能穿透舱壁，对航天器、航天员和设备具有一定危害。当高能粒子穿过航天器器壁时，将与器壁材料的原子核发生反应，产生大量次级粒子。这些次级粒子在运动过程中可能与其他原子核再次发生核反应。次级粒子中有很大一部分是中子，此外还有质子、π 介子、μ 子、电子和光子。次级粒子的能量范围为 $10^5\sim10^9$ eV，是航天员在近地轨道内受到的主要辐照类型，占到航天员受到总辐照剂量的 30% ~ 60%，会对航天员的身体造成直接伤害。

微重力环境存在于做自由惯性运动（如地球上的自由落体和抛物线运动、空间飞行器轨道运动）的物体参照系中，由于实际运动物体受到残余大气阻力、太阳光压、其他天体的引力摄动、物体姿态运动和自身机械振动等影响，还存在不同频率的残存加速度，一般不可能达到完全零重力。微重力是指小于地球重力且在（$10^{-6}\sim10^{-3}$）g（g 为重力加速度）范围内的重力场。在空间活动过程中，微重力环境主要有两种类型：一种是人为造成的微重力环境，即在空间飞行器的发射和飞行过程中，惯性加速度与地球引力达到平衡时，飞行器内物体所受重力为“零”，称为微重力状态或微重力环境；另一种是太空环境本身所致，即相对

于地球表现 $1g$ 的重力环境，由于太空环境处于真空状态，物体在太空所受重力同样趋近于零，所以太空环境本身也是一种微重力环境。

宇宙温度的范围非常广泛，上至宇宙大爆炸的 1.0×10^{9} ℃高温、下至热力学零度（0 K）（−273.15 ℃）。例如，太阳表面温度为 6 000 ℃，而处于太阳系中离太阳较远的冥王星的表面温度只有 −230 ℃；火星的平均温度是 −60 ℃；月球上白天的温度可达 127 ℃，夜晚的温度会显著下降，表面温度可降至 −232 ℃。因此，空间生命实验需要在各种极端温度条件下进行。在空间中，近地轨道航天器的主要热量来源是太阳直射、地球对太阳的反射和地球红外加热，且处于一个随时变化的热辐射环境中。

1.3　空间环境对生物体的影响

空间环境因素（如辐射、微重力、真空、极端温度等）都会对生命过程产生影响。其中，辐射与微重力是最主要的影响因素。下面将分别从辐射和微重力两方面来介绍其空间生物效应。

1.3.1　辐射生物效应

辐射暴露会引起各种生物效应，主要是对脱氧核糖核酸（DNA）的损伤，包括碱基损伤、单链断裂（SSB）和双链断裂（DSB）。其中，DNA 双链断裂是最严重的 DNA 损伤。生物体有多种 DNA 损伤修复途径，以确保基因组的稳定性。但是在长期处于辐射的状态下，DNA 损伤作用远大于 DNA 损伤修复作用。此外，辐射暴露带来的 DNA 损伤会导致染色体畸变和基因组的不稳定性。长时间空间任务条件下，航天员不断暴露在自然辐射源的红外辐射及航天器内部初级辐射与航天器材料相互作用的二级辐射中，增大了致癌风险。美国国家航空航天局（NASA）最近开始关注中枢神经系统对辐射的反应。基于地基动物研究表明，空间辐射改变了神经元组织和神经元功能，如兴奋性、突出性和可塑性。

太阳紫外辐射能够诱发生物体 DNA 链中相邻的嘧啶碱基产生嘧啶二聚体，阻碍 DNA 的复制和碱基的正常配对，使 DNA 空间构象发生改变，进而影响转录及蛋白质的生物功能。美国 Spacelab 1 航天器搭载的枯草芽孢杆菌在完全暴露于太阳紫外辐射环境后几秒内即被杀死；包裹在泥土、陨石层或盐晶中的芽孢存活率为 100%；当对枯草芽孢杆菌孢子加以葡萄糖等保护物质时，孢子返回地面后存活率可达 80%；辐射降低芽孢中 DNase 和 RNase 的生物活性，同时使青霉素、四环素、卡那霉素等 6 种抗生素的抗性降低。此外，HZE 辐射主要作用于生物体的 DNA，或与细胞中水分子发生作用产生活性氧自由基使生物受到损伤。

HZE 辐射会导致植物种子发芽率降低，发芽时间提前，且由辐射引起的性状变异能够遗传给后代。在复合空间环境条件下，植物的染色质出现聚合，核中的核仁增多、胞壁变薄、纤维素和木质素及木质素合成代谢过程中的酶活性下降；染色体产生畸变，减数分裂终变期的染色体数目不均等分离，并出现倒位和易位染色体。空间飞行后，植物细胞内 Ca^{2+} 离子重新分布，从液泡向细胞膜集结。

1.3.2 微重力生物效应

进入宇宙空间后，生物处于微重力状态，即重力加速度在零到千分之几的范围内波动。这对生物外形和生存率、遗传物质、代谢、内分泌系统、心血管功能、血液和淋巴系统、肌肉和骨骼系统等都有不同程度的影响。

微生物具有生长周期短、繁殖快、结构简单、个体微小、便于搭载等优点，被广泛用于研究空间环境对生命体的影响。早在 1967 年，在生物卫星 -2 上，人们就对沙门氏菌和大肠杆菌进行了 2 d 空间飞行实验，观察到两者在稳定生长期内细胞密度显著增加，认为是微重力影响细胞代谢和分裂；美国科学家研究了半固体培养基上微重力对枯草杆菌和大肠杆菌生长的影响，认为微重力对微生物生长的影响可能是流体力学作用；研究表明，微重力环境不仅会使微生物对数生长期缩短，生长速度明显加快，还会使微生物的生理生化性状发生改变；Takahashi 等发现微重力可以抑制微生物 DNA 断链的修复，诱发微生物基因组突变和 SOS 效应，提高微生物的异变率。

藻类特别是微型藻类由于其原植体简单、空间利用率高、生长周期短、生长繁殖快等诸多适应于空间研究与应用的特性而在空间生物学研究中具有十分重要的作用。在长期空间飞行中，藻类形态结构会发生变化，细胞壁明显变薄，壁成分水解，部分结构破坏。微重力条件下细胞膜和细胞质膜的理化特性发生变化，膜通透性发生变化，膜系统脂肪酸组成变化增大，进一步影响细胞的代谢活动。研究表明，小球藻在空间环境中固体培养 30 d 后，亚显微结构显示细胞器结构大量重排，基质中出现大量囊泡，细胞中总储藏多糖量大幅减少。在空间环境中，藻类的光合作用及相关碳代谢变化较大。实验表明，当空间飞行时，藻类光合放氧及呼吸耗氧速率均有所下降。

空间环境会影响植物细胞的形态、分化和分裂，造成植物细胞染色体畸变，影响植物种子萌发和幼苗生长情况。长期生长在微重力环境下的植物，对重力敏感的代谢活动会受到较大影响，即植物向性，包括向地性、向光性及回旋转头运动。微重力条件下淀粉体不能再生，淀粉酶活性增强，引起淀粉粒增强；Hz 离子、Na 离子、Mg 离子、Cl 离子、Ca^{2+} 离子、三磷酸肌醇和赤霉素等也出现含量变化和分布不均的情况。

在空间环境下，动物及人体的循环系统、血液系统、肌肉骨骼系统、免疫系统、神经内分泌系统等都会受到不同程度的影响，发生功能性或器质性的改变。动物在空间环境中会发生心肌萎缩、室壁变薄、质量降低等变化；长期飞行后，动物的动脉平滑肌也会出现萎缩，管腔变大，且这些改变在脱离空间环境后短期内不可逆。航天员在空间环境中心率加快、血压下降、总外周阻力及心输出量变化不大；长期飞行后，心脏射血分数和射血时间百分比降低，功能减弱。复合空间环境也会影响局部血液流体的移动和变化，如体液向头部转移导致血容量减少、血细胞比容短暂升高、血红蛋白含量下降等。血液系统的变化在地面条件下一段时间后大都会恢复正常。在空间中，骨骼肌肉系统失去重力影响，会发生持续性的骨组织丢失，肌肉组织萎缩；内分泌系统发生适应性反应，肾上腺功能增强，甲状腺、性腺、胰岛功能减弱；免疫系统受到明显抑制，免疫球蛋白含量降低，血清白蛋白含量减少，易诱发感染及肿瘤。

1.4　空间生物实验平台

空间环境（如微重力、强辐射、极端温度等）为生命科学实验提供了特殊的条件。过去半个多世纪以来，人类通过卫星、航天器、飞船及空间站等平台不断进行空间生命科学的探索。

1. 国际空间站

国际空间站（international space station，ISS）是目前在轨运行最大的空间平台，由多个国家发射的多个部件在太空中组成，可以进行长期稳定空间环境下的生命科学实验（图1－2）。ISS不同舱段配备有各种用于空间生命科学实验和研究的科学仪器。例如，美国CAM舱的动植物培养室机柜、低温冷冻室、重力生物学研究服务机柜；欧洲Columbus舱的BioLab实验平台（图1－3）、（EPM）生理学研究实验平台；日本JEM舱的细胞生物学实验装置、生物学实验单元、溶液及蛋白质晶体培养装置、超净工作台等。截至2020年10月底，来自19个国家的240人进入了国际空间站，在太空中进行了2 800多次实验，其中生物类包括医学、生物学和药物学等方面的研究是重点内容。例如，先进生物研究系统（advanced biological research system，ABRS）提供两个独立控制的环境室，能够利用植物、微生物或小型节肢动物进行多种多样的生物研究。这些环境室的温度、照明条件和大气成分可以根据不同的实验而调整；高级植物栖息地（plant habitat）是一种完全自动化的设施，用于在国际空间站上进行植物生物科学研究，它占据空间站快速实验处理机架（EXPRESS）的下半部分和一个国际子架接口标准（ISIS）抽屉，能够提供一个大且封闭、受环境控制的腔室；BioChip SpaceLab是国际空间站的一个自主研究实验室，其设备利用试剂的自动微流控输送及近实时的自动明场和荧光显微镜进行活细胞生物学研究。

图1－2 国际空间站

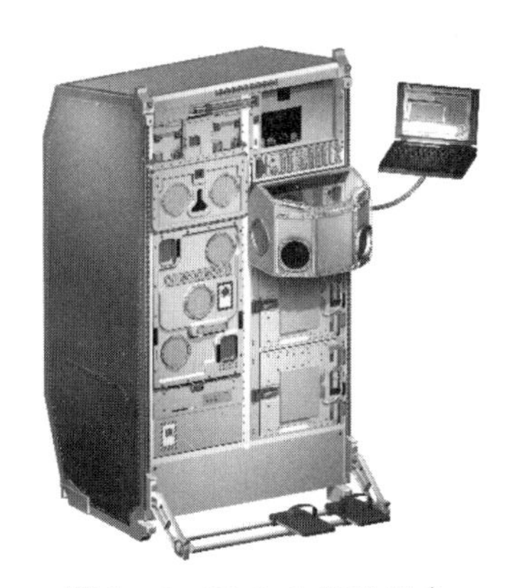

图1-3 BioLab实验平台

2. 卫星

返回式卫星具有其独特优势，通常在轨飞行2~3周，可以满足空间实验周期1~3周的生命科学实验和研究需要，可以完好回收空间生物实验样品。苏联首先开展空间生命载荷研究，发射了一系列生物研究卫星（Bio卫星），携带陆龟、老鼠、昆虫、真菌、植物、鱼、霉菌、种子等登陆太空；美国发射过一系列纳米卫星（如GeneSat-1卫星、PharmSat卫星等）研究微生物在空间中的基因表达、抗药性和生存能力。中国自1987年开始在多颗返回式卫星上先后搭载空间细胞生长器、通用生物培养箱、片流-逆流式细胞生物反应器、空间蛋白质晶体生长设备、高等植物培养箱、动物胚胎培养箱等多种类型的生命科学仪器。

国际通信卫星组织（International Telecommunications Satellite Organization，ITSO）、NASA等权威机构披露的数据显示，目前太空中约有50万颗人造飞行物，其中极少部分是在轨使用卫星，绝大部分属于退役卫星、人造飞行物碎片。根据UCS卫星数据库（每年更新3次），截至2021年4月30日，有4 804颗卫星绕地球运行，其中美国发射的有2 505颗，俄罗斯发射的有168颗，中国发射的有431颗。

3. 载人航天飞船、货运飞船

载人航天飞船、货运飞船是空间生命实验另一种连续的、系统的、成规模的资源平台。飞船上搭载有蛋白质结晶装置、细胞生物反应器、细胞电融合仪、连续自由流电泳仪、通用生物培养箱等生命科学仪器，可以完成多项以微生物、细胞、植物、动物等为研究对象的在轨飞行实验。2017年，中国发射的天舟一号空间生物反应器是为货运飞船研制的专用生命科学仪器，适用于在空间开展不同种类细胞的贴壁培养和悬浮培养，能够进行实时显微（荧光）成像观察。

4. 中国载人空间站

中国载人空间站于2022年年底全面建成，其主体包括天和核心舱、梦天实验舱和问天实验舱，采用水平对称T字构型。天和核心舱、梦天实验舱和问天实验舱的密封舱内均配备了科学实验柜，用于开展航天医学、空间生命科学与生物技术、微重力流体物理与燃烧科学、空间材料科学、微重力基础物理、航天新技术等研究方向的科学实验。此外，梦天实验舱和问天实验舱外还配备了暴露实验平台，配置有多个标准载荷接口或大型载荷挂点，用于开展天文观测、地球观测、空间材料科学、空间生物学等多种类型的暴露实验或应用技术实验。

利用空间站支持能力、微重力和辐射环境、航天员较长在轨驻留、天地往返等有利条件，共规划安排11个空间科学与应用研究方向，其中在空间生命科学与生物技术方向，利用空间站提供的长期微重力、有规律的磁场和昼夜的快速交变，以及特殊辐射等环境条件，以促进对生命现象本质的理解和认识、探索科学规律为目标，开展生命体对重力变化的感应、空间辐射下的损伤，以及生命起源、演化、发育、繁殖等研究，开展利用空间条件的生物技术开发应用研究，促进现代生命科学和生物技术的发展，服务于人类健康和社会进步。

1.5 空间生物实验研究内容

1.5.1 空间生物实验研究目标

21世纪以来，空间生命科学研究在各个方面都取得了可喜的进展，为未来发展奠定了坚实的基础。在空间生物学和航天医学研究方面，人类已实现进入空间生活和工作，已有500多位航天员进入太空，单次最长生活时间438 d，累计最长时间737 d，出舱活动数百次，对人类在空间长期生存的心血管、肌肉/骨骼系统、免疫功能等一系列生理问题有了基本认识，研究了动植物重力感知的可能机理和动植物空间生长发育、节律等变化和内在机制，发现了空间辐射对生物组织的旁效应等。

空间基础生物学的研究目标是要阐明生物，包括植物、动物、微生物对空间环境响应的机制和适应的对策。

植物方面的研究如下：以拟南芥为研究对象，研究其重力感知、信号转导和向重性；重力相关基因；转基因拟南芥基因表达系统；探索微重力条件下拟南芥支撑组织中细胞壁动力学的基因作用和植物抗重力中微管－膜－细胞壁连续体的作用、形成层的影响；在不同的重力水平中，拟南芥根的波动和卷曲；微重力对拟南芥多代影响的分子和植物生理的分析；空间微重力环境导致水稻 DNA 甲基化水平改变的表观遗传学分析等。

人和动物方面的研究如下：失重生理学的研究，即失重神经学、航天员立位耐力的变化、失重血液学、失重肌萎缩、失重骨骼系统、失重对肺循环的影响及航天免疫。

细胞分子水平的研究如下：微重力对前庭、运动功能、神经－肌肉接头、丘脑－神经垂体、脑认知功能、神经细胞的结构、神经元的分泌功能、神经细胞的分化和发育及神经细胞的信号传导与基因调控的影响；微重力对心脏细胞、血管细胞的影响；微重力对肺功能、肺循环、肺细胞及肺血管内皮细胞的影响；空间骨丢失的细胞学特征、力学信号感受机制、失重条件下骨细胞的功能调节以及空间骨丢失的对抗措施；失重条件下肌肉结构与功能的变化、代谢的改变、基因调控及对抗防护措施；微重力条件下免疫系统功能的特点、微重力对免疫细胞信号转导的影响；微重力对细胞分化发育的影响；空间辐射的生物学效应特点，空间辐射对 DNA、染色体、细胞死亡、细胞变异、基因突变、致癌效应的影响。

微生物方面的研究如下：空间飞行对微生物基因表达和毒力的影响；空间环境对航天飞机携带细菌孢子的影响；微重力条件下微生物生长动力学；空间飞行期间散布的潜在病毒的影响；空间飞行诱导潜在病毒的再活化；微生物的抗药毒力；芯片实验室的应用开发（便携式测试系统）等。

1.5.2 天基实验研究

天基实验主要是利用航天飞行器、载人航天器作为实验平台，配以相应的技术手段，在空间微重力、辐射或低/亚磁场环境条件下，研究实验对象的变化，通过分析得出一定的规律。

天基实验涉及多种实验装置，这些装置需要具备维持实验对象可存活的实验系统，还需具备观察、检测与操作手段，以及处理实验样本、保存和传送实验数据到地面的技术手段。生物技术装置包括细胞生物技术操作支持系统、基因生物过程装置、先进培养器、生物质量产品系统、微封装静电加样系统、植物基因生物过程装置、活化组合流体加工装置等。这些装置是进行各种空间生物学实验的基础。

1. 天基微生物实验

空间微生物的早期研究主要是利用卫星、飞船等完成空间搭载。随着一系列生物搭载装置的开发，使得在近地轨道上开展长期、可控的微生物搭载成为可能。枯草芽孢杆菌因其对干旱、极端温度、紫外辐射及电离辐射等环境有极强的耐受性，因此被先后用于空间环境搭载，完成了数分钟到 6 年的飞行。

NASA、欧洲航天局（ESA）、日本 JAXA 等部门开发了多种用于舱外环境的生物搭载装置。Apollo 16 搭载了生物集成堆，携带了枯草芽孢杆菌、酵母菌等进行了短期舱外实验，利用生物体进行 HZE 粒子径迹探测及辐照剂量测定。ISS 搭载了 Biorisk 长期舱外搭载装置，携带曲霉、青霉、枯草芽孢杆菌等，研究了微生物在航天器材料表面菌落的生长及表型与基因型改变。此外，EURECA、MIR 等搭载平台还进行了紫外辐射与真空环境对 3 种微生物的影响、紫外辐射与真空下微生物的防护等研究。

2. 天基细胞实验

空间环境对细胞的影响，对于人类进行长时间探索太空、研究揭示生命的秘密有着重要的意义，而先进的空间细胞培养技术及先进的细胞智能传感技术为我们提供了新的研究手段。随着航天技术及航天医学技术的不断发展，空间细胞生物学的研究不断深化，同时与细胞培养技术、传感技术、通信技术、数据处理技术相结合，为我们进行新的研究提供了可能。

空间细胞培养方式为空间搭载，是指细胞处于航天飞机和空间站等可以较长时间飞行的环境中，细胞能够完成完整的生长周期。其典型的优点是细胞处于真实的空间环境中。随着航天技术的发展，空间细胞培养装置已成为在微重力条件下进行相关研究的必备工具。在人造卫星上，利用一种称为“生物原件”的装置可以记录微生物在空间的生长情况。例如，在天空实验室中，利用相差显微镜可以对培养的人胚肺细胞株进行观察，探讨其生长曲线、分裂指数、细胞迁移率、细胞的大小、细胞核的大小和数目、核仁的大小和数目等。

随着技术的发展，用于空间细胞培养的装置也有了新的进展。法国研制的 Aquarius 是一套多功能细胞培养装置，能够实现空间细胞的自动培养；法国研制的 CUBIK 装置在具备空间细胞自动培养功能的同时，配备了大范围温度调节控制系统并引入空间重力实时对照系统；我国自行研制的 SCS 装置包括 18 个细胞培养子模块，独立实现细胞激活、培养、刺激与固定等功能，并且能够实现样本图像的实时记录；美国研制的空间细胞培养单元能够容纳多种实验对象同时开展实验，动物细胞、植物细胞、组织块和微生物等均能够在培养单元中进行培养。

3. 天基植物实验

空间环境对植物生长、生殖和代谢的影响以及产生的原因、调控的机理，是非常值得探究的问题。空间站、宇宙飞船等空间生物实验平台都设计并配备了相应的植物培育及实验设备（如太空植物培养柱、天体栽培设备等）。

“礼炮” 7 号空间站上搭载了模式植物拟南芥进行全日光照 69 d 的实验，时间覆盖了植物一个完整的生命周期，即从种子萌发到长出新种子。同时，该实验在地面设置了对照组。实验结果显示，飞行植株所有形态指标均小于对照组。在太空中形成的零代种子在地球上种植，其第一代和第二代与对照组无差异，表面空间飞行引起的变化是表现型的，不传给后代。1996 年，“和平” 号轨道站上用与在地球上同样的时间培养出了太空第一代小麦，生长期 97 d，在 900 cm^2 的面积上获得了 150 个麦穗。

我国曾多次利用返回式卫星、神舟飞船和高空气球先后进行了多次作物种子等生物材料的搭载实验。经过近 30 年的探索研究，我国航天育种已经取得了可喜成果。结合微重力条件，通过对植物生长所涉及的信号通路、骨架蛋白、相互之间的调控以及相关基因差异表达的研究，有望成为农业新品种培育的有效手段。

4. 天基动物实验

天基动物实验在研究微重力和辐射等空间环境对生命体带来的影响方面至关重要。动物可以单独或集体饲养。空间动物实验装置通常需要包含能调节的光源，提供与地球上相似的昼夜循环，还需要空气循环、温度控制来确保温度和湿度在适宜水平。此外，还需要根据不同的物种及实验需求来提供食物。排泄物、脱落的毛发、颗粒，生命活动中产生的碎片等也需要及时清理。天基实验的动物种类包括灵长类动物、啮齿类动物和水生生物。实验中记录动物的温度、心律、血压等身体信号，并持续观察动物的行为变化。

对于航天员的实验主要包括两部分内容：一部分是在航天员飞行前后进行的医学检查和实验；另一部分是在飞行中航天员作为被试者进行的医学实验。每一名航天员在飞行前后除了要进行常规的医学检查外，还要根据需要进行一些特殊的实验。这些检查和实验可以使人们了解不同飞行时间对航天员的身体有哪些影响；确定航天员是否可以进行更长时间的飞行；了解航天员在返回地面后对地球重力环境的再适应情况；采取哪些措施对空间飞行导致的人体损伤有防护作用。

1.5.3 地基实验研究

在太空中进行生物学研究的成本很高，而且样本量少、重复性差，很难得到有效的规律性结论，因此在地面上建立模拟空间环境的模型是十分有必要的。近年来，各国积极发展空间环境地面模拟技术，包括模拟空间微重力效应、模拟空间辐射环境等。

1. 模拟空间微重力效应

模拟空间微重力效应包括自由落体、抛物线飞行、回转器等。物体在空中向地面自由降落时处于失重状态，但是由于自由落体的时间很短，产生的失重时间也很短，一般只能维持数秒。同时，由于下落的过程中受到空气阻力的影响，也很难做到 $g=0$。飞机在进行抛物线飞行时可产生数十秒的真正失重，可研究一些短时间的失重生理反应和失重体验。回转器的原理是通过缓慢地旋转，不断改变重力作用于实验样本的方向，使单位时间内作用于样本的矢量和为零。最初，植物学家用回转器研究植物对重力感知的机理。近年来，越来越多的科学家用它来研究重力对动物、组织和细胞的影响。

我国已经形成了以微重力模拟技术为核心的空间生命科学技术体系，建立了抗磁悬浮、三维（3D）回转、后肢去负荷、-6°人体卧床、抛物线飞机等地基模拟平台。

2. 模拟空间辐射环境

在太阳电磁辐射环境模拟方面，主要是以紫外辐射环境为代表的地面模拟实验设备，相应的紫外源主要包括氙灯、汞氙灯、氘灯、射流式气体喷射源等。在带电粒子和中子等辐射环境及效应地面模拟方面，由于空间粒子的复杂性，地面实验主要采用效应等效模拟的方式，利用地面加速器或者辐射源来开展地面模拟实验。

美国劳伦斯伯克利国家实验室利用高能重离子同步加速器 Bevalac 在世界上首先进行了重离子放射生物学实验。之后，德国达姆施塔特市的亥姆霍兹重离子研究中心、日本国立放射线医学结合研究所的千叶重离子医疗加速器及美国的布鲁克海文国家实验室均可进行重离子地面模拟实验。我国有 2 台重离子辐射模拟源，分别是中国原子能科学研究院 HI－13 串列重离子加速器和中国科学院近代物理研究所兰州重离子加速器（heavy ion research facility in Lanzhou，HIRFL）。质子源主要有北京大学的 EN 串列静电加速器，可产生 1～10 MeV 的质子；中国原子能科学研究院回旋加速器，可产生能量高达 100 MeV 的质子。中子源有西安脉冲反应堆，中子注量率为（1×10^{10}～1×10^{12}）中子/($cm^{-2}\cdot s$)，n/y 比大于 $5\times10^{9}\ cm^{-2}\cdot rad^{-1}$，辐照面积为 30 cm^2，可满足空间辐射生物学效应实验的要求。中国科学院国家空间科学中心拥有用于模拟空间电子辐射环境的中能极弱流电子加速器（50～2 000 keV）和高能极弱流电子加速器（100 keV～2 MeV）。

3. 地面对照组实验

地基实验研究还包括地面对照组实验，在进行天基微生物、细胞、植物、动物实验时，必须设置地面环境对照组，控制变量，以探究空间环境因素对生命体的影响。

1.5.4　国内外空间生物实验研究进展

21 世纪以来，NASA 利用 ISS 开展了大量人体生物学的相关研究，共执行 1 500 余项科学实验。在 85 项骨钙生理学研究中，成功建立了骨质流失检测方法，验证了对抗失重性骨丢失的措施；发现了空间飞行增加肾结石的风险和引起背痛的机制；设计并建造了耐力训练仪，用于航天员飞行时肌肉力量的保持。在 166 项心血管生理学研究中，确定了失重对心血管系统的影响；量化检测了心肌萎缩的程度和时间，并确定了其机制，揭示了循环系统对微重力的适应性；提出了心血管问题的检测方法和基本对策，确定了航天员肌肉力量、骨骼强度、氧容量；检测了微重力对神经系统的影响。2011 年，美国对空间生命科学的研究方向重新进行了调整，对植物与微生物学、行为与心理健康、动物和人类生物学以及人类在空间环境中的交叉问题研究方向提出了最高优先级研究领域。在植物与微生物学研究方向，研究领域包括 ISS 多代微生物种群动态研究；植物和微生物的生长与生理反应；长期生命支持系统中微生物和植物的作用。在行为与心理健康研究方向，研究领域包括与任务相关的人体行为表现的检测；遗传、生理和心理因素在适应环境压力过程中的作用；孤立自主环境下团队行为表现因素的研究。在动物和人类生物学研究方向，研究领域包括骨质保持/骨质流失可逆性因素和对策研究；空间飞行中动物骨质流失及其对策研究；骨骼肌蛋白平衡和更新机理研究；单系统和多系统训练对策原型研究；空间飞行任务中脉管/间质压力变化；长期微重力环境对生物体行为表现和立位耐力的影响；临床不明显的冠状心脏病筛查策略；微重力环境下气溶胶在人类和动物肺中的沉积研究；长期空间飞行中，T 细胞活化和免疫系统变化的机制；空间中免疫系统的变化。在人类在空间环境中的交叉问题研究方向，研究领域包括着陆后导致立位耐力不良的多重机制；人工重力环境下测试失压效应；辐射效应对航天员和动物的短期及长期影响；辐射对细胞的影响；空间飞行生理效应的性别差异等。

ESA 整合了欧洲多个国家的优势资源，合作完成了多项大型空间科学研究项目。ESA 支持空间人体科学基础研究，已经开展了肌肉骨骼系统研究，致力于防护和恢复措施的研究。2009 年，ESA 参与了 Mars 500 模拟实验项目，开展生理学、心理学、临床以及实验室诊断等。ESA 已成功地开发了大量的生物学实验装置，包括生物柜、实验载荷及生物单元等。ESA 致力于开发新技术和新方法，并加强专用体能训练和检测设备的设计与研制。ESA 在蛋白质结晶方面取得了重要研究成果，研制了用于 ISS 平台的实验硬件及检测技术，完成了重要蛋白质结构与功能解析。同时，ESA 组织开展了多项基于微流控芯片等新技术的研究。

从苏联的 20 世纪 60 年代至 80 年代，到俄罗斯的 20 世纪 90 年代，他们一直在有条不紊地发展各种型号的飞船、空间站和生物卫星，并开展了大量的科学实验研究。苏联开发出生物实验密闭舱 Bios－1、Bios－2、Bios－3。在 Bios－3 系统内开展了2~3人、为期180 d的密闭实验，实现了O_2、H_2O的100%循环再生，人体所需的植物性食物大部分自给自足。俄罗斯航天国家集团公司（Roscosmos）在空间人体科学方面开展的研究包括空间飞行对心血管系统、运动系统、骨骼系统、内分泌系统、水盐代谢系统、血液系统、免疫系统和神经系统的影响，以及对抗措施的系统研究。

JAXA的空间生命科学研究主要通过ISS上的日本“希望”号实验舱进行，主要围绕微重力环境下肌肉萎缩及其与神经系统的关系，以及生理学、基础生物学、辐射生物学、植物生理和细胞生物学等开展了研究。JAXA先后利用美国航天飞机、“希望”号实验舱等，持续开展了以空间制药为应用背景的开发研究，并在与俄罗斯的合作中获得了一系列高分辨率的蛋白质晶体结构。此外，JAXA在航天员立位耐力不良以及心血管失调的防护方面，使用了下肢负压技术建立了一个等效的生理应激系统。JAXA还检测了二磷酸盐预防骨丢失和肾结石的作用效果，并开展了在太空环境下利用运动器具来防止骨丢失和肌肉萎缩的实验研究。2016年，JAXA与NASA合作开展小鼠研究，将12只雄鼠送往ISS，采用空间上的1g人造重力与微重力对比的方法培养了35 d，获得了骨密度、肌肉等显著差异的结果。

20世纪后期以来，我国科技工作者利用高空气球、探空火箭、返回式卫星飞船等技术手段，进行了多项空间生命科学实验，包括空间细胞培养实验，密闭生态系统中高等植物生长发育，空间环境转干细胞胚胎发育研究，植物细胞骨架作用分子生物学基础，植物细胞微重力效应转录组学研究，高等植物的空间发育与遗传学研究，微重力细胞生长和细胞间相互作用影响，空间细胞生物技术研究与应用，空间辐射诱变的分子生物学基础，空间辐射对基因组作用及遗传效应，空间环境对家蚕胚胎发育影响与变异机理，植物生物学效应及微重力信号转导，细胞间相互作用物质运输规律，微重力光周期诱导高等植物开花的分子机理，微重力下造血与神经干细胞三维培养与组织构建研究，微重力下哺乳动物早期胚胎发育，微重力下骨髓间充质干细胞的骨细胞定向分化效应及其分子机制，高等植物种子培养实验，微重力对骨/成骨细胞生命活动影响，微重力对诱导型多能干细胞增殖及心肌分化影响的研究，微重力对胚胎干细胞增殖、分化影响的研究，微重力对肝/干细胞增殖的影响，3－羟基丁酸对微重力下成骨细胞增殖的影响，微重力对人骨髓间充质干细胞定向分化成骨细胞的影响，微重力下 CKIP－1 对成骨细胞分化的影响。

参 考 文 献

[1] BADHWAR G D，O'NEILL P M. Long－term modulation of galactic cosmic－radiation and its model for space exploration [J]. Advances in Space Research，1994（14）：749－757.

[2] CUCINOTTA F，NIKJOO H，GOODHEAD D. The effects of delta rays on the number of particle－track traversals per cell in laboratory and space exposures [J]. Radiat. Research，1998，150：115－119.

[3] SIMPSON J. Elemental and isotopic composition of the galactic cosmic rays [J]. Annual Review of Nuclear and Particle Science，1983，33：323－381.

[4] YATAGAI F，HONMA M，DOHMAE N，et al. Biological effects of space environmental factors：A possible interaction between space radiation and microgravity [J]. Life Science Space Research，2019，20：113－123.

[5] TOWNSEND L W，CUCINOTTA F A，WILSON J，et al. Estimates of hze particle contributions to SPE radiation exposures on interplanetary missions [J]. Annual Review of Nuclear and Particle Science，1994，14：671－674.

[6] VANALLEN J. Radiation belts around the earth [J]. Scientific American，1959，200：39－47.

[7] CUCINOTTA F A，PLANTE I，PONOMAREV A L，et al. Nuclear interactions in heavy ion transport and event－based risk models [J]. Radiation Protection Dosimetry，2011，143：384－390.

[8] 顾逸东. 我国空间科学发展的挑战和机遇 [J]. 中国科学院院刊，2014，29（5）：575－582.

[9] 王海名，杨帆，郭世杰，等. 空间生命科学研究前沿发展态势分析 [J]. 科学观察，2015（6）：37－51.

[10] OHNISHI T. Life science experiments performed in space in the ISS/Kibo facility and future research plans [J]. Journal of Radiation Research, 2016, 57 (S1): i41 - i46.

[11] 国家自然科学基金委员会，中国科学院. 中国学科发展战略 - 空间科学 [M]. 北京：科学出版社，2019.

[12] 孙喜庆. 空间医学与生物学研究 [M]. 西安：第四军医大学出版社，2010.

[13] 薛红卫，汤章城. 空间站生命科学研究的分析和思考 [J]. 载人航天，2011，17 (5)：1 - 6.

[14] NEFF E P. Microbes in space [J]. Lab Animal, 2017, 47 (1): 6.

[15] 李莹辉. 航天医学细胞分子生物学 [M]. 北京：国防工业出版社，2007.

[16] 沈羡云. 失重生理学基础与进展 [M]. 北京：国防工业出版社，2007.

[17] GRASSI B. Bed rest studies as analogs of conditions encountered in space and in diseases [J]. Medicine and Science in Sports and Exercise, 2018, 50 (9): 1907 - 1908.

[18] 董丽，王琼，刘新民，等. 地面模拟失重实验方法概况 [J]. 中国实验动物学报，2013，21 (5)：90 - 94.

[19] 付子豪，王臻，吴洁，等. 改良的大鼠模拟失重模型制备方法 [J]. 中国应用生理学杂志，2019，35 (2)：189 - 192.

[20] CHOWDHURY P, LONG A, HARRIS G, et al. Animal model of simulated microgravity: A comparative study of hindlimb unloading via tail versus pelvic suspension [J]. Physiological Reports, 2013, 1 (1): e12.

[21] 王敏，王守辉，杨肖，等. 大鼠后肢去负荷体位调节装置设计与实验研究 [J]. 空间科学学报，2019，39 (1)：100 - 104.

[22] 孟京瑞，沈羡云，向求鲁. 兔模拟失重装置的设计及其应用 [J]. 航天医学与医学工程，1996 (1)：57 - 59.

[23] 钟奇，文耀普，李国强. 近地热环境参数对航天器温度影响浅析 [J]. 航天器工程，2007 (3)：74 - 77.

[24] 徐向华，梁新刚，任建勋. 载人航天器舱壁温度动态分析 [J]. 工程热物

理学报，2003（4）：640－642.

[25] OLIVE P L，BANÁTH J P，DURAND R E，et al. Heterogeneity in radiation－induced DNA damage and repair in tumor and normal cells measured using the “comet” assay [J]. Radiation Research，1990，122（1）：86－94.

[26] JEGGO P，LÖBRICH M. Radiation－induced DNA damage responses [J]. Radiation Protection Dosimetry，2006，122（1/4）：124－127.

[27] SANKARANARAYANAN K，TALEEI R，RAHMANIAN S，et al. Ionizing radiation and genetic risks. XVII. Formation mechanisms underlying naturally occurring DNA deletions in the human genome and their potential relevance for bridging the gap between induced DNA double－strand breaks and deletions in irradiated germ cells [J]. Mutation Research/Reviews in Mutation Research，2013，753（2）：114－130.

[28] SANTIVASI WIL L，XIA F. Ionizing radiation－induced DNA damage，response，and repair [J]. Antioxidants & Redox Signaling，2014，21（2）：251－259.

[29] SCULLY R，PANDAY A，ELANGO R，et al. DNA double－strand break repair－pathway choice in somatic mammalian cells [J]. Nature Reviews Molecular Cell Biology，2019，20（11）：698－714.

[30] JEGGO P A，PEARL L H，CAERR A M. DNA repair，genome stability and cancer：A historical perspective [J]. Nature Reviews Cancer，2016，16（1）：35－42.

[31] LOMBARD D B，CHUA K F，MOSTOSLAVSKY R，et al. DNA repair，genome stability，and aging [J]. Cell，2005，120（4）：497－512.

[32] FURUKAWA S，NAGAMATSU A，NENOI M，et al. Space radiation biology for “Living in Space” [J]. Biomed Research International. 2020（1/3）：1－25.

[33] CUCINOTTA F A，DURANTE M. Cancer risk from exposure to galactic cosmic rays：Implications for space exploration by human beings [J]. Lancet Oncology，2006（7）：431－435.

[34] DURANTE M, CUCINOTTAF A. Heavy ion carcinogenesis and human space exploration [J]. Nature Reviews Cancer, 2008, 8 (6): 465 – 472.

[35] DIETZE G, BARTLETT D T, COOL F A, et al. Assessment of radiation exposure of astronauts in space Internal Commission on Radiological Protection, ICRP publication 123 [J]. Annual Report of ICRP, 2013, 42: 1 – 339.

[36] CEKANAVICIUTE E, ROSI S, COSTES S. Central nervous system responses to simulated galactic cosmic rays [J]. International Journal of Molecular Sciences, 2018, 19 (11), 3669.

[37] 袁俊霞，张美姿，印红，等. 空间环境对微生物的影响及应用 [J]. 载人航天，2016，22 (4): 500 – 506.

[38] NICHOLSON W, SCHUERGER A, SETLOW P. The solar UV environment and bacterial spore UV resistance: Considerations for Earth – to – Mars transport by natural processes and human spaceflight [J]. Mutation Research, 2005, 571 (1/2): 249 – 264.

[39] HORNECK G, KLAUS D M, MANCINELLI R L. Space microbiology [J]. Microbiology and Molecular Biology Reviews, 2010, 74 (1): 121 – 156.

[40] 崔大勇，蔡伟明，汤章城. 赤霉素介导模拟失重诱导的胡萝卜细胞中淀粉粒降解 [J]. 空间科学学报，2004 (5): 394 – 400.

[41] 胡章立，宋立荣，刘永定. 空间飞行对稻田鱼腥藻遗传特性的影响 [J]. 航天医学与医学工程，1998 (6): 19 – 23.

[42] HORNECK G, RETTBERG P. Complete course in astrobiology [M]. Wiley – VCH, 2007: 273 – 320.

[43] COCKELL C S, RETTBERG P, RABBOW E, et al. Exposure of phototrophs to 548 days in low Earth orbit: Microbial selection pressures in outer space and on early earth [J]. The ISME Journal, 2011, 5 (10): 1671 – 1682.

[44] TAYLOR P W. Impact of space flight on bacterial virulence and antibiotic susceptibility [J]. Infection and Drug Resistance, 2015 (8): 249 – 262.

[45] TAKAHASHI A, OHNISHI K, TAKAHASHI S. The effects of microgravity on induced mutation in Escherichia coli and Saccharomyces cerevisiae [J].

Advances in Space Research, 2001, 28 (4): 555 - 561.

[46] WEHNER J, HORNECK G. Effects of vacuum - UV and UV - C radiation on dry E. coli plasmid pUC19. I. Inactivation, lacZ - mutation induction and strand breaks [J]. Journal of Photochemistry and Photobiology, 1995, 28 (1): 77 - 85.

[47] 胡章立, 刘永定. 空间环境导致的藻类生物学效应 [J]. 空间科学学报, 1997 (S1): 14 - 23.

[48] 柴大敏, 向青, 陶仪声, 等. 空间环境对植物影响的研究进展 [J]. 科技导报, 2007 (1): 38 - 42.

[49] 耿传营, 向青, 房青, 等. 空间环境对细胞与动物的影响 [J]. 中国康复理论与实践, 2004 (11): 21 - 23.

[50] PERHONEN M A, FRANCO F, LANE L. Cardiac atrophy after bed rest and spaceflight [J]. Journal of applied physiology, 2001, 91 (2): 645 - 653.

[51] SAUNDERS D K, ROBERTS A C, ALDRICH K J, et al. Hematological and blood viscosity changes in tail - suspended rats [J]. Aviation, space, and environmental medicine, 2002, 73 (7): 647.

[52] RUTTER L, BARKER R, BEZDAN D, et al. A new era for space life science: International standards for space omics processing [J]. Patterns, 2020, 1 (9): 100148.

[53] 张涛, 郑伟波, 童广辉, 等. 空间生命科学仪器与实验技术 [J]. 生命科学仪器, 2018, 16 (3): 3 - 8.

[54] 商澎, 呼延霆, 杨周岐, 等. 中国空间生命科学的关键科学问题和发展方向 [J]. 中国科学: 技术科学, 2015, 45 (8): 796 - 808.

[55] NASA. What is the International Space Station? [EB/OL]. (2020 - 10 - 31) [2021 - 04 - 01]. https://www. nasa. gov/audience/forstudents/k - 4/stories/nasa - knows/what - is - the - iss - k4. html.

[56] ZABEL P, BAMSEY M, SCHUBERT D, et al. Review and analysis of over 40 years of space plant growth systems [J]. Life Sciences in Space Research, 2016, 10: 1 - 16.

[57] MONJE O, RICHARDS J T, CARVER J A, et al. Hardware validation of the advanced plant habitat on ISS: Canopy photosynthesis in reduced gravity [J]. Frontiers in Plant Science, 2020, 11: 673.

[58] 李晓琼，杨春华，刘心语，等. 空间生命科学载荷技术发展与未来趋势[J]. 生命科学仪器，2019，17 (3): 3-20.

[59] BUCKER H, HORNECK G, WOLLENHAUPT H, et al. Viability of bacillus subtilis spores exposed to space environment in the M-191 experiment system aboard Apollo 16 [J]. Life Sciences and Space Research, 1974, 12: 209-213.

[60] BARANOW V, NOVIKOVA N, POLIKARPOV N, et al. The Biorisk experiment: 13-month exposure of resting forms of organism on the outer side of the Russian segment of the International Space Station: Preliminary results [J]. Doklady Biological Science, 2009, 426 (1): 267-270.

[61] DOSE K, BIEGERDOSE A, DILLMANN R, et al. ERA-experiment space biochemistry [J]. Advances in Space Research, 1995, 16 (8): 119-129.

[62] RETTBERG P, ESCHWEILER U, STRAUCH K, et al. Survival of microorganisms in space protected by meteorite material: Results of the experiment exobiologie of the Perseus mission [J]. Space Research, 2002, 30 (6): 1539-1545.

第 1 部分

模拟微重力生物实验设计

第2章 模拟微重力微生物实验设计

2.1 实验目的

随着近年来航天事业的快速发展，各国对空间环境的开发利用均已成为天空探索的重要任务。天和核心舱的发射意味着我国空间站的筹建已经如火如荼地开展，航天员可利用太空环境开展众多实验项目，如新材料的开发、太空育种、空间生物学等。通过太空中的实验探索，科技发展也取得了重大突破，如七彩番茄的研发使得产量比原来高2~3倍，经济效益大幅提升。

但是，受限于太空环境，并不是每一个实验项目都有机会前往太空开展，因此如何才能成功在地面上模拟真实的太空环境，这将对各种科研实验发展产生良好的促进作用。

基于地面模拟微重力技术，了解微重力对微生物的生物特性影响，包括微生物形态结构、生长速率、细胞代谢、毒力、生存能力和基因表达等方面，为航天员健康、飞行器安全以及诱变育种提供研究基础。地球上的生物体总是处于一定的重力环境之中，其周围重力环境的改变对微生物生长、发育以及繁殖过程均有一定影响。生物体进入空间环境后，由于离心力与重力相平衡，处于接近零重力状态，即微重力状态，失去了静止状态下的向重力性生长反应，导致对重力的感受、转换、传输、反应等发生变化，产生直接或间接的效应。宇宙飞船进入太空时，航天员和航空部件所携带的微生物也一同进入太空。这些微生物不仅种类繁多，而且往往会在航天飞行过程中发生突变，致病性和耐药性发生变化，如不加以控制将严重危害航天员健康，腐蚀电子元件，影响航天精密仪器的正常使用。

另外，微重力可以使许多微生物生长加快1倍以上，这可能是因为在微重力条件下空气中的氧可以均匀地供应细菌。由于微生物遗传物质少，通过微生物的诱变育种可以提高产量，改善菌种的有利性状，培育新品种；间接应用包括诱发突变应用于转导或杂交，代谢途径的阐明和遗传图谱的制定。利用体积小、质量轻、包装简单、便于搭载的菌种等生物材料进行空间诱变育种，是培育生物新品种（系）的有效途径，不但在经济上具有重要意义，而且还能探索空间条件对生物体影响的机理，便于人类开拓利用空间。

2.2 实验原理

地球表面某一位置所处的引力场是一个向下（指向地心）的固定矢量，其大小为9.8 m/s^2。自地球表面出现生命以来，引力是地球上唯一不变的参数，它与引力矢量的方向和大小有关。所有的生物体都能很好地适应1g的重力水平，并以此为依据发展出适应性的发育繁殖体系，以更好地完成生长繁殖。

下面介绍常见的重力模拟方法。

1. 运动法模拟微重力

运动法是指使物体按照特定的规律运动，让物体所受的重力几乎全部用来抵消惯性力或离心力，即重力全部用来提供物体运动所需加速度，以此消除重力影响，实现微重力模拟。运动法模拟微重力包括落塔法、抛物飞行法和探空火箭法等方式。

2. 力平衡法模拟微重力

力平衡法主要是指通过平衡力抵消重力影响，如利用气足支撑、中性液体浮力、吊丝配重、静平衡机构等方式抵消重力，模拟微重力环境。其具体方法包括气浮法、水浮法、悬吊法、静平衡机构法、电磁平衡法等。

从1879年朱利叶斯·萨克斯（Julius Sachs）引入经典回转器开始，人们开发了许多基于地面的方法来模拟地球上的失重状态。1965年，Breigleb发展了快速旋转回转器，尝试用于微生物、原生生物对重力感知、传导、响应研究，并于

1992 年成功研制出适用于动物对重力感知、传导、响应研究的快速旋转回转器。

测斜仪由两个主要系统表示：随机定位机（ras pathway modulator，RPM）和旋转壁式生物反应器（rotating wall vessel bioreactor，RWVB，又称 RWV 生物反应器）。

RPM 是一种基于重力矢量平均原理的微重力模拟器，具有两个相互垂直且独立驱动的框架随机运行，达到接近球体转动的自由度系统，如图 2－1 所示。随机指向装置是针对二维回转器通过慢速或快速旋转方式模拟微重力效应的可靠性而提出的，期望克服二维回转器长期横置所带来的负效应。通过使回转器沿正交方向的交替旋转，使生物学样品无法在所设定的时间窗口内感知重力矢量的主方向，从而达到"迷惑"重力来模拟失重的目的。

图 2－1　由荷兰空间公司（Leiden，NL）制造的随机定位机

有一个旋转轴的静止器称为 1－D（很少使用）或 2－D 静止器，其运行方向垂直于重力矢量的方向。有两个旋转轴的静止器称为 3－D 型离合器（RPM）（最常见）。当样品放置于 RPM 上进行实验时，样品相对于地球重力矢量方向的位置不断变化，可以模拟样品在微重力环境下遇到的这种情况。另外，在需要的时候 RPM 也可以编程生成部分重力加速度[(0.1～0.9)g]，以模拟月球或火星的重力环境。该系统也可以选取离心机模式、典型回转器模式、随机模式或自定义模式。

若想要得到最好的模拟微重力效果，使 RPM 上的样本被操作至不同方向，则需要控制 RPM 在实验运行中没有主导方向，即两个框架完全处于随机运行模式。此时样品的路径将完全随机，在一定时间后其路径会均匀分布覆盖至球面，如图 2－2 所示。RPM 的仿真水平在很大程度上取决于旋转的速度和样本到旋转中心的距离，根据这两项即可计算出模拟产生的微重力。

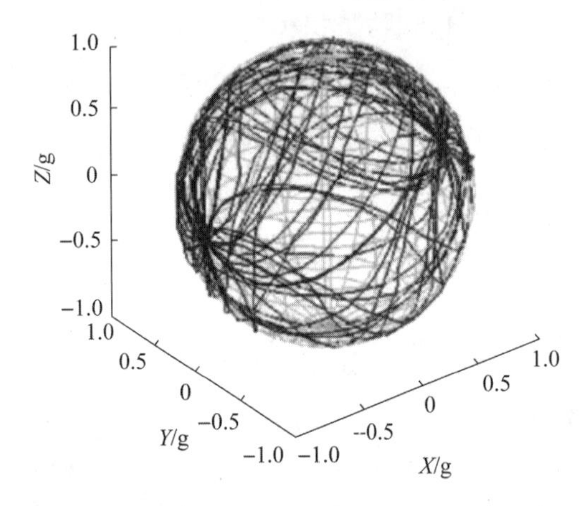

图 2－2　RPM 开启随机运行模式下的样品轨迹模式图

旋转壁式生物反应器是针对细胞或微载体悬浮培养的一种特殊回转器，其在微重力效应模拟方面具有与回转器相同的力学/物理原理，即通过内筒和外筒同向、同速旋转，使悬浮在培养器内的细胞或微载体实现刚体运动、维持相对静止。所不同的是基于长期培养所需的氧耗要求，其通过内筒氧合器实现在线氧气输运。

现已发展有同向同速、同向差动旋转和反向差动旋转等不同类型、不同工作模式的装置。其最初目的是发射前 48 h 在航天飞机机舱内实现模拟微重力效应的细胞 3D 悬浮状态、在升空应激中保护细胞，目前已广泛用于动物细胞－组织对重力的感知、传导和响应研究。在地球表面通常采用同速旋转模式模拟微重力效应，而在空间则通过差速旋转模式产生对流、强化物质交换和氧气输运。

RWV 生物反应器最初用于真核细胞，其后用于检测细菌、真菌对这种环境的响应。该反应器在 25 r/min 转速下旋转，模拟微重力环境。RWV 生物反应器和其矢量图如图 2－3 和图 2－4 所示。

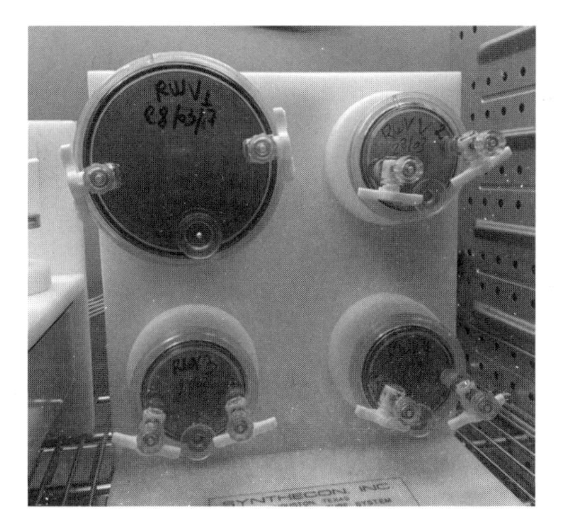

图 2－3　RWV 生物反应器

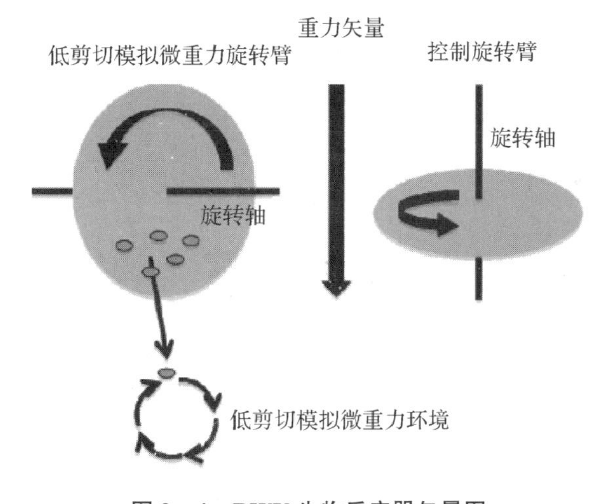

图 2－4　RWV 生物反应器矢量图

2.3　实验方法

2.3.1　仪器与试剂

模拟微重力植物实验根据需要会用到大量不同类型的仪器与试剂，包括但不限于如下所列。

（1）仪器：回转器、光学显微镜、高速冷冻离心机、电泳仪、PCR 仪、培养皿、烧瓶、无菌吸管等。

（2）试剂：菌株有 E. coli DH5α 和 S1；质粒有 pTrc99A 和 pTG；工具酶和试剂盒有 PrimerSTAR HS、Restriction enzymes、Plasmid DNA Extraction Kit、Gel DNA Recovery Kit；LB 培养基、SOB 培养基、SOC 培养基、M9G（0.5%）、M9X（0.5%）、异丙基 – β – D – 硫代半乳糖苷（isopropyl – β – D – thiogalactopyranoside，IPTG）、氨苄青霉素钠（ampicillin）、卡那霉素（kanamycin）、氯霉素（chloramphenicol）、琼脂粉、酵母提取物、胰蛋白胨。

2.3.2 实验步骤

所有固体培养基在液体培养基的基础上添加琼脂粉（15 g/L）即得，121 ℃灭菌 20 min，培养时根据重组菌特性按需加入相应浓度的抗生素（氨苄青霉素 100 μg/mL、卡那霉素 50 μg/mL、氯霉素 25 μg/mL）。

将甘油管保藏的实验菌株由 –80 ℃冰箱中取出，经两次平板划线活化培养，挑取单菌落接种至新鲜的液体 LB 培养基中。

添加卡那霉素至终浓度 50 μg/mL，然后在 37 ℃、190 r/min 摇瓶过夜培养。

取过夜培养菌液，1% 转接至新鲜 LB 或 M9X（0.5%）培养基中，添加卡那霉素至终浓度为 50 μg/mL，并无菌操作灌注至回转器容器内，小心移除多余气泡。

无菌密封后，将容器罐体装至回转器基座上，置于恒温培养箱内，回转器旋转速度调至 25 r/min，在 37 ℃恒温培养。

在模拟微重力实验组中，回转器罐体沿垂直重力矢量方向的旋转轴旋转，而在普通重力条件下对照组中，回转器罐体沿平行于重力矢量方向的旋转轴旋转。

2.3.3 检测指标

1. 形态学分析

用扫描电镜（SEM）观察微生物形态变化。24 h 处理后的微生物以4 000 r/min 离心 15 min 后收集细胞，微生物颗粒被重新悬浮在一个小桶中，2.5% 的戊二醛溶液，保留2 h，以固定细胞。固定的细菌细胞用0.1 mol/L磷酸缓冲液洗涤，3 000 r/min离心5 min，然后弃去上清液。再次洗涤后，将得到的细胞在乙醇梯度中以30%、50%、60%、70%、80%、90%和100%的浓度依次脱水，在每种溶液中处理20 min。接下来，用TBA（叔丁醇）处理脱水细胞30 min，去除残留的乙醇，并以3 000 r/min离心5 min收集。重复TBA处理3次后，将细胞悬浮在100 μL的TBA中，滴在云母板上，室温下风干，然后涂金，最后用SEM观察。

2. 微生物生长动力学

用活板计数法统计细菌的生长概况。简而言之，将接种的微生物培养物的初始OD_{600}值调整为0.03左右后，采用串联稀释法对MRS琼脂平板中的细菌数量进行计数，并以lg CFU/ml表示。培养过程中，每隔2~4 h记录一次菌量，直到30 h后。生长速率用每小时菌数变化的平均值表示。

3. 酸容忍能力

将细菌培养物分别接种在新鲜的MRS(de Man、Rogosa和Sharpe)琼脂中，pH值分别为1.5、2.5、3.5、4.5，原pH值为6.2。将接种的微生物培养物的初始OD_{600}值调整为0.03左右后，采用串联稀释法对MRS琼脂平板中的最初的细菌数量进行计数。培养过程中，在6 h时统计菌种数量，并计算相应存活率。

4. 盐容忍能力

在上述条件和方法下进行胆汁盐毒性耐受性分析，除了培养基中含有0.03%、0.05%、0.1%、0.3%、0.5%的胆汁（oxgall，Sigma - Aldrich，Saint Louis，MO，SUA），pH值为自然pH值（6.2）外，其余均为正常条件。将接种的微生物培养物的初始OD_{600}值调整为0.03左右后，采用串联稀释法对MRS琼脂平板中的最初的细菌数量进行计数。培养过程中，在6 h时统计菌种数量，并计算相应存活率。

5. 抗生素敏感性

在上述相同的条件下进行培养，在无牛胆汁的MRS培养基中额外补充10 μg/mL头孢菌素、2 000μg/mL氯霉素、20 μg/mL硫庆大霉素或12 μg/mL青霉素钠。将接种的微生物培养物的初始OD_{600}值调整为0.03左右后，采用串联稀释法对MRS琼脂平板中的最初的细菌数量进行计数。培养过程中，在6 h时统计菌种数量，并计算相应存活率。

6. 代谢物提取

自动液体处理机（Hamilton LabStar，盐湖城，犹他州盐湖城）被用来添加含有回收标准的甲醇的实验样品，以促进蛋白质沉淀。离心后，将上清液分成 4 份等分液，在 3 个平台上进行分析，保留 1 份等分液作为备用。所有等分样品均在氮气下干燥并真空干燥。样品在 50 μL 0.1% 甲酸水（酸性条件下）或 50 μL 6.5 mmol/L 碳酸氢铵水（pH = 8）中重构，或在 50 μL 的 6.5 mmol/L 碳酸氢铵水（碱性条件下）中重构，或在 50 μL 的衍生液中重构，在 60 ℃下用等量的三氟乙酰胺和乙腈：二氯甲烷：环己烷（5：4：1）与 5% 三乙胺的混合溶剂在 60 ℃下进行 GC/MS（气相色谱/质谱）分析。

7. 小鼠毒力实验

选用 6 周龄 BALB/c 雌性小鼠进行毒力实验。48 只小鼠随机分配至微重力（SMG）组和自然重力（NG）组，每组 24 只。SMG 组和 NG 组又各自分为 3 组，每组 8 只小鼠。以 SMG 组和 NG 组毒菌菌液分别对小鼠以腹腔注射的方式进行攻毒，每组注射活菌均分为 3 个数量级：10^6 CFU、10^7 CFU 和 10^8 CFU。腹腔注射攻毒后连续观察小鼠 14 d，记录各组小鼠生存情况。14 d 后，根据记录数据选用 Graph Pad Prism 5 软件绘制 SMG 组和 NG 组小鼠生存曲线，计算两组小鼠生存曲线是否有统计学差异。

8. 转录组学分析

（1）细菌总 RNA 提取。以 Pure Lin™ RNA Mini Kit 试剂盒提取 SMG 组及 NG 组细菌（以肺炎克雷伯氏菌为例）总 RNA。参照试剂盒说明进行提取，方法如下。

①细菌培养。第 2 周培养结束时，分别取 SMG 组与 NG 组菌液 5 mL 加入含 10 mL RNA protect™Bacteria Reagent 的 50 mL CORNING Centri Star™管中，颠倒至少 30 次以充分混匀，室温静置 10 min，然后在 4 ℃，12 000 r/min 离心 5 min，弃尽上清液。

②加入 0.5 mL 10 mg/mL 溶菌酶溶液（Rnase - free water 配制），吹打重悬菌体。加入 5 μL 10% 的 SDS 溶液（预先加入 1% 2 - 巯基乙醇，现配现用），反复吹打混匀后转移至 1.5 mL EP 管中。向 1.5 mL EP 管中加入 1 mL Lysis Buffer，吹

打混匀后，然后在4 ℃，12 000 r/min离心15 min。

③吸取上清液至另一个1.5 mL EP管中（约可吸取0.75 mL上清液），再向装有上清液的EP管中加入0.4 mL无水乙醇，使其终浓度约为35%。颠倒至少30次，充分混匀后可见沉淀出现。

④将EP管中液体加入套入收集管的Spin Cartridge柱内，应将全部沉淀转移入柱内。室温下12 000 r/min离心15 min，弃去收集管中液体。

⑤向Spin Cartridge柱中加入700 μL Wash Buffer Ⅰ，室温下12 000 r/min离心15 s，弃去收集管，将Spin Cartridge柱套入新的收集管中。向柱中加入500 μL Wash Buffer Ⅱ（预加入无水乙醇），室温下12 000 r/min离心15 s，弃去收集管中滤液，重复此步骤1次。

⑥室温下12 000 r/min离心2 min，充分去除柱中残余液体，弃去收集管后将Spin Cartridge柱套入1.5 mL EP管中（Rnase－free）。

⑦向Spin Cartridge柱内膜上滴加200 μL Rnase－free water，静置2 min，室温下12 000 r/min离心2 min，洗脱液中含有纯化后的RNA。

⑧Nano Drop ND－1000 Spectrophotometer检测SMG组及NG组总RNA浓度、OD_{260}/OD_{280}数值。

⑨－80 ℃冰箱保存提取的总RNA。

（2）RNA－seq。SMG组及NG组肺炎克雷伯氏菌提取的总RNA样品随后用于构建cDNA文库并进行深度测序。

2.4 注意事项

（1）细胞生长特性的变化。

①与地面环境重力下细菌生长过程相比，微重力环境下部分细菌的对数生长期缩短，生长速度明显加快。

②个别好氧细菌可表现出厌氧生长的趋势。

③微重力环境可以对细菌的毒力产生影响，蛋白、脂多糖等的表达受到影响，毒力会产生增强效应。

④微重力环境下，液体失重和浮力引起的对流可降低细胞外物质运输效率，

并提高悬浮生长细菌的底物利用率。

（2）微重力可以抑制微生物 DNA 断链的修复，诱发微生物基因组突变和 SOS 效应，提高微生物的变异率。空间站环控生保系统内的微生物对人机安全构成严重威胁，微生物的直接或间接作用能够导致材料腐蚀失效，引发设备故障。因此，在模拟实验时选用抗微生物耐蚀材料，才能保证仪器在空间站中正常运行，材料耐微生物腐蚀损伤性能成为确保仪器设备和关键部件服役安全的关键指标。

（3）使用随机定位机模拟微重力环境时，由于培养物填入容器内后，其运动是随机且无规律的，认为其受到的重力矢量和是近似于“0”的。但是，其不能消除剪切力对培养物的影响，导致空间模拟实验结果出现系统误差。

（4）在实验前将重力模拟器用酒精擦拭，全方位消毒。同时，培养基使用时要注意无菌操作，移液器不要插入培养基中。

（5）实验过程中及时、详细登记清楚产物和日期，实验结束后要及时清理。

（6）参与实验的人员必须熟悉和了解需要的仪器和试剂，充分明确仪器和试剂的使用规范及禁忌等，并且在实验室内应根据实验要求、按照实验标准进行操作。

参 考 文 献

[1] 黄玉玲，杨建武，易勇，等. 微重力及太空飞行对微生物影响的研究进展[J]. 北京生物医学工程，2014，33（1）：84 – 88.

[2] KAMAL KHALED Y，VAN LOON JACK J W A，JAVIER MEDINA F，et al. Differential transcriptional profile through cell cycle progression in Arabidopsis cultures under simulated microgravity [J]. Genomics，2019，111（6）：1956 – 1965.

[3] NICKERSON C A，OTT C M，WILSON J W，et al. Microbial responses to microgravity and other low – shear environments [J]. Microbiology and Molecular Biology Reviews，2004，68（2）：345 – 361.

[4] BROWN A H, DAHL A O, CHAPMAN D K. Limitation on the use of the horizontal clinostat as a gravity compensator [J]. Plant Physiology, 1976, 58 (2): 127 – 130.

[5] HOSON T, KAMLSAKA S, MASUDA Y. Evalutation of the three – dimensional clinostat as a gravity compensator [J]. Planta, 1997, 203: 187 – 197.

[6] 龙勉. 如何在地球表面模拟空间微重力环境或效应：从空间细胞生长对微重力响应谈起 [J]. 科学通报, 2014, 59 (20): 2004 – 2015.

[7] VANLOON J W A. Some history and use of the random positioning machine, RPM, in gravity related research [J]. Advances in Space Research, 2007, 39 (7): 1161 – 1165.

[8] BORST A G, VANLOON J W A. Technology and developments for the random positioning machine, RPM [J]. Microgravity Science and Technology, 2008, 21 (4): 287 – 292.

[9] SCHWARZ R P, WOLF D A. Horizontally rotated cell culture system with a coaxial tubular oxygenator. US 19880213558 [P]. USS026650A [2024 – 02 – 02].

[10] SENATORE G, MASTROLEO F, LEYS N, et al. Effect of microgravity & space radiation on microbes [J]. Future Microbiol, 2018, 13 (7): 831 – 847.

[11] 杨一飞. 模拟微重力对大肠杆菌的影响及作用机理 [D]. 北京：北京理工大学, 2016.

[12] KLAUS D M, HOWARD H N. Antibiotic efficacy and microbial virulence during space flight [J]. Trends in Biotechnology, 2006, 24 (3): 131 – 136.

[13] LAM K S, GUSTAVSON D R, PIRNIK D L, et al. The effect of space flight on the production of actinomycin D by Streptomyces plicatus [J]. Journal of Industrial Microbiology and Biotechnology, 2002, 29 (6): 299 – 302.

[14] WILSON J W, OTT C M, RAMAMURTHY R, et al. Low – Shear modeled microgravity alters the Salmonella enterica serovar typhimurium stress response in

an RpoS – independent manner [J]. Applied Environmental Microbiology, 2002, 68 (11): 5408 – 5416.

[15] CHOPRA V, FADL A A, SHA J, et al. Alterations in the virulence potential of enteric pathogens and bacterial – host cell interactions under simulated microgravity conditions [J]. Journal of Toxicology and Environmental Health Part A: Current Issues, 2006, 69 (14): 1345 – 1370.

[16] THEVENET D, D'ARI R, BOULOC P. The signal experiment in biorack: Escherichia coli in microgravity [J]. Journal of Biotechnology, 1996, 47 (2/3): 89 – 97.

[17] TAKAHASHI A, OHNISHI K, TAKAHASHI S. The effects of micro – gravity on induced mutation in Escherichia coli and Saccharo – muces cerevisiae [J]. Advances in Space Research, 2001, 28 (4): 555 – 561.

[18] 汉聪慧. 模拟微重力下巨噬细胞对肠致病性大肠杆菌感染免疫应答的初步研究 [D]. 广州: 南方医科大学, 2020.

第3章
模拟微重力细胞实验设计

3.1 实验目的

生物反应的基本过程在于细胞的生长。由生命所特有的新陈代谢这一基本特点决定，与一般化学反应体系不同，生物反应体系是一个多组分、多相的非线性体系，其中既包括各种细胞内部的生化反应、胞内与胞外的物质交换，也包括胞外的物质传递和生化反应。细胞生物学就是在基本的生物单位——细胞层面上观察生物进程，细胞生物学研究主要着眼于单独特定细胞的本质现象和细胞对环境因素的响应。细胞生物学为其他相关空间生物学研究提供支撑，包括发育生物学，肌肉、骨骼、矿物新陈代谢，心肺及其他适应性系统，免疫学，运动感觉协调等。每个领域的组织和机体层面的研究最终决定于独立细胞的正常功能及细胞融合所成的生理网络。以往的医学研究已经证实，空间环境会对人类心血管、骨骼和骨骼肌、免疫内分泌等系统产生影响，导致心血管功能障碍、肌肉萎缩、骨质减少、免疫功能低、内分泌紊乱等病理变化。

重力不仅能在整体水平上影响生命过程，而且必定能在细胞水平上影响生命过程。空间飞行对人类淋巴细胞、肺的胚细胞系及其他细胞类型的细胞生理有广泛影响已经得到证实，其影响包括繁殖的改变、基因表达的改变、信号传导的改变、形态改变、能量代谢的改变等。地面模拟微重力对生物稳态的维持、发育、修复、免疫和骨骼等的影响，防止由于失重引起机体免疫功能降低、感染、骨质丢失、肌肉萎缩、感觉运动适应及心血管病变等。作为构建机体的基本单位，研究微重力对细胞的影响有助于深入理解空间环境影响机体的机制，故空间细胞生物学成为空间生命科学最前沿的学科之一。解决微重力环境下人体内环境失衡、心血管系统紊乱、骨质疏松、钙质流失、肌肉萎缩、免疫系统功能下降等问题，对进一步探索外太空，以及更好地利用空间资源来造福人类具有重要意义。

细胞是生物体结构和功能的基本单位，也是重力响应单元。模拟微重力环境下细胞水平的研究，有利于集系统、器官、组织和细胞各个层次的研究成果，从而多层次、宽领域地明确失重效应，阐明失重效应机制，为失重防护对策等航天医学的发展提供参考和思路。

本章对模拟微重力细胞实验提供设计方案，介绍模拟微重力细胞培养方法和失重引起细胞分化与增殖、细胞衰老和凋亡、细胞骨架、基因和蛋白表达、细胞迁移能力、细胞形态学变化等检测方法。

3.2 实验原理

3.2.1 模拟微重力原理

微重力环境是指机体能感受到的表观重量远小于实际重量的环境，在这种环境下，航天员的四肢感受不到重量，因此能脱离地心引力做出许多在地球上难以完成的动作。然而，重力的改变会导致航天员机体各系统生理功能的调节发生紊乱，从而引起生理及病理方面的适应性改变。较为明显的症状是有的航天员在飞行结束后的一段时间内血压会大幅改变，骨组织钙流失严重，机体肌肉含量减少，易被病毒、细菌等感染。

研究微重力的作用需要抛物线飞行飞机、探空火箭及空间站等实验平台，但空间飞行资源的稀缺制约了研究的开展，故研究者们不得不大量采用地基模拟方法，根据不同的物理学原理开发多种模拟微重力的实验装置。模拟微重力的原理是通过支持物的回转使位于其上的细胞感受随机的重力矢量（即平均单位时间的重力矢量之和），而重力矢量方向的不停改变，使细胞每时每刻均感受着方向不断变化的力。因此可以认为，细胞受到的力矢量之和约为零，与失重效应相似。目前，模拟微重力常用的仪器有 3D 回转器和旋转壁式回旋器。借助回转器的转动，作用于物体上的重力方向连续不断地改变，转动1周（360°），产生出类似微重力环境下的现象。利用模拟微重力进行地面细胞培养实验已经大范围地展开，但是人工微重力与天然微重力并不完全相同，严格来说回转器并不能“模拟”微重力，而是模拟微重力的部分效应，主要是细胞对重力矢量方向紊乱的响应。

3.2.2 模拟微重力装置

模拟微重力装置如图3-1所示。

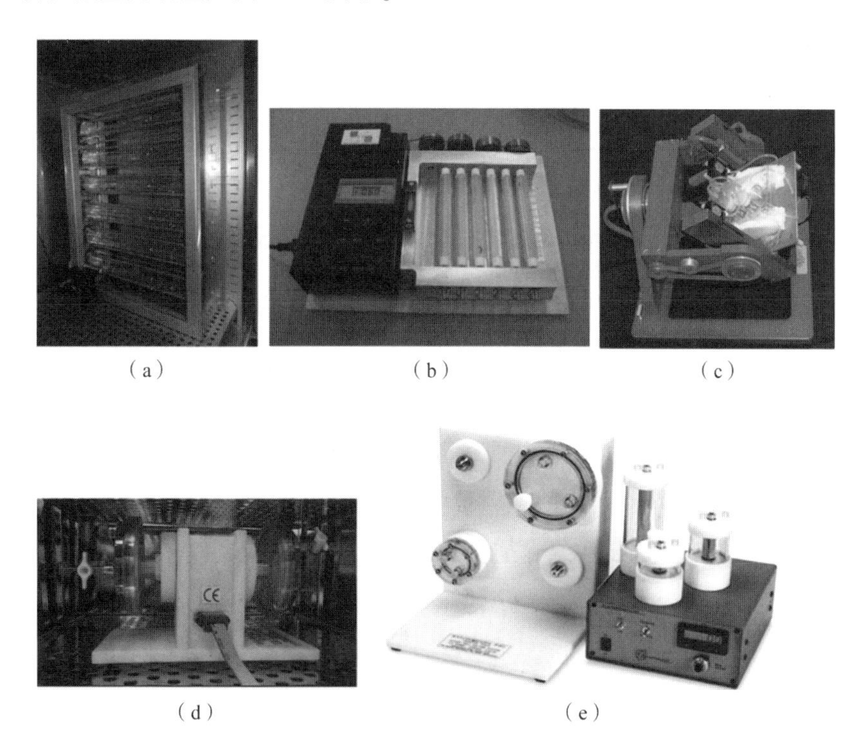

图3-1 模拟微重力装置

（a）由德国航空航天中心（DLR）、德国航空航天医学研究所等建造的孵化器中的二维回转器；（b）CCM（荷兰Neunen）生产的快速旋转2D斜角调节器（该系统装有3个约10 mL的静态管和3个旋转管，转速可在30~150 r/min调节）；（c）台式随机定位机（RPM）（在这张照片中，自动流体管理系统COBRA与标准的12孔组织培养板一起安装在平台上）；（d）在来自Synthecon的培养箱中的带有2个50 mL容器的旋转壁回转器（RWV）；（e）Synthecon的旋转细胞培养系统（RCCS）专门用于用不同大小的培养皿进行干细胞研究

1. 回转器（clinostat）

回转器最早出现在19世纪末，主要用于“迷惑”植物向重性，之后被逐步推广用于微生物、动物领域。回转器可通过密闭、无气液界面、绕单轴的恒速旋转实现回转器内悬浮细胞或细胞载体的刚体运动，从而达到消除加速运动的目的。由于装置密闭，一般只能进行不超过72 h的生物学实验。

2. 旋转壁式生物反应器（RWVB）

RWVB的最初目的是航天飞机发射前48 h在机舱内模拟微重力及在升空应激中保护细胞，目前已广泛用于动物细胞、组织对重力的感知、传导和响应研究，其实现微重力效应的基本原理也是使培养器内的细胞（载体）实现刚体运动、维持功能性静止。针对动物细胞长期培养时营养供应和物质交换不足的弱点，人们还发展了旋转灌流式生物反应器进行在线灌流，实现了营养物质和氧气的在线运输，可开展长期微重力效应模拟实验。

3. 随机定位机（random positioning machine，RPM）或三维回转器（3D clinostat）

在二维（2D）回转器的基础上，通过绕正交双轴的旋转，使得生物学对象无法在所设定的时间窗口内感知重力矢量的主方向，从而达到“迷惑”重力、模拟失重的目的。

4. 强磁悬浮（large gradient high magnetic field，LGHMF）

LGHMF通过对生物学对象施加与重力方向相反的电磁力来平衡重力的作用和效应，使得细胞（载体）或组织悬浮，从而实现功能性静止和微重力效应模拟。

3.3 实验方法

3.3.1 仪器与试剂

（1）仪器：RCCS生物反应器（Equl - Synthecon）、Cytodex - 3微载体珠粒、Annexin V - FITC细胞凋亡检测试剂盒、CO_2细胞培养箱、流式细胞仪、超声破碎仪、蛋白质电泳装置、台式高速冷冻离心机、雪花制冰机、 - 80 ℃低温冰箱、

-20 ℃低温冰箱、液氮罐。

（2）试剂：DMEM/F12 培养基、10% 胎牛血清、双抗、胰蛋白酶-EDTA 溶液、Giemsa 溶液、台盼蓝染液、碘化丙啶染液、鬼笔环肽、4% 多聚甲醛、1% Triton-X、1% 牛血清白蛋白、磷酸盐缓冲盐水、75% 乙醇、70% 乙醇、100% 甲醇。

3.3.2　人骨髓间充质干细胞（BMSCs）培养方法及实验组设定

将细胞株以含 10% 胎牛血清及双抗（100μg/mL 青霉素和 100μg/mL 链霉素）的 DMEM/F12 培养基，在 37 ℃、CO_2 培养箱中培养，24 h 后换液，待细胞生长至对数期进行传代。选取生长旺盛的 4~10 代细胞进行分组实验。将细胞随机（随机数字法）分为模拟微重力（SMG）组和正常重力对照（NG）组：SMG 组 BMSC 细胞置于模拟微重力旋转式细胞培养系统中，在 37 ℃、5% CO_2 培养箱中培养，每隔 2 d 进行半量换液 1 次；NG 组 BMSCs 细胞置于培养瓶中正常培养。SMG 组和 NG 组细胞均培养 1 d、2 d、3 d，重复 6 次，每组 6 个样本，用于不同指标检测。

3.3.3　模拟微重力细胞培养

RCCS 生物反应器由美国国家航空航天局开发，用于模拟微重力的影响，总共使用了 12 个生物反应器（总体积为 55 mL），每个反应器均配有气体交换膜，并在 37 ℃、5% CO_2的条件下孵育。RCCS 生物反应器的底部设计有硅膜，可防止气泡的形成。RCCS 生物反应器中的细胞在 Cytodex-3 微载体珠粒上生长，以提供经磷酸盐缓冲盐水（PBS）和 75% 乙醇预处理的固体支持物，并保存在 4 ℃下。首先用 PBS 洗涤 Cytodex-3 微载体珠粒 3 次后，将珠粒添加到旋转培养容器中；然后，将具有 250 mg Cytodex-3 微载体珠粒的 7×10^6 BMSCs 细胞接种到含有 DMEM /F12 培养基的 55 mL RCCS 生物反应器中，并除去所有气泡。使用 5 mL 注射器。高纵横比容器旋转的离心加速度为 $0.01g$。在 37 ℃、5% CO_2 条件下，将 $1g$ 静态培养物的 NG 组储存在同一个培养箱中。

3.3.4 样品制备和预处理

细胞 - 微载体复合物用磷酸缓冲盐溶液（PBS）洗涤 3 次。在 37 ℃条件下，总共加入 4 mL 胰蛋白酶（0.25% EDTA），持续 10 min，并通过在坚硬表面上间歇性敲击烧瓶使细胞脱落。加入 500 mL DMEM /F12 培养基，终止反应，然后在 37 ℃以 167.7g 离心 5 min。用 70 μm 细胞筛过滤细胞和微载体的混合物获得悬浮液。NG 组用 PBS 洗涤 2 次，并在 37 ℃下加入 2 ~ 3 mL 的 0.25% 胰蛋白酶 - EDTA 溶液。在 37 ℃下以 167.7g 离心 5 min 后，弃去上清液。收集的细胞在 -80 ℃下保存，用于后续检测。

3.3.5 检测指标

1. 细胞形态

在培养的不同天收集细胞，并用 PBS 洗涤，用 100% 甲醇固定，然后用 Giemsa 溶液染色 5 min。将 SMG 组和 NG 组细胞放在倒置显微镜中观察细胞的生存能力和形态，并进行拍照对比。

2. 细胞活力

细胞活力通过台盼蓝染色评估。孵育指定的时间（24 h、48 h、72 h 和 96 h）后，将细胞从培养瓶中取出，并将等分试样的悬浮液（20 μL）与等量的 0.4%（W/V）（质量分数/体积分数）台盼蓝染液，放置在工作载玻片的表面上，用于在自动细胞计数器上进行分析，将细胞的每个测试样品一式两份地计数。

3. 细胞周期

细胞周期分布通过碘化丙啶（PI）染色对细胞 DNA 含量进行分析，并根据创建的直方图计算 G0/G1、S 或 G2/M 期的细胞群体百分比。孵育指定的时间（48 h、72 h 和 96 h）后，将细胞从培养瓶中取出，在 PBS 中洗涤，在冰冷的 70% 乙醇中轻轻固定，并在 4 ℃保持 24 h。固定后，将细胞用 PBS 洗涤 2 次，并重悬于含有 PI 和 RNase 的染色缓冲液中。将样品在室温（RT）黑暗地方孵育 30 min。使用流式细胞仪 FACSCalibur 和风冷氩激光（波长488 nm）进行细胞周期分析。每个样本至少分析 25 000 个事件。将细胞的每个测试（时间点）样品一式两份地计数。收集流式细胞仪数据文件并使用 CellQuest 软件进行分析。使用 ModFit 细胞周期分析软件 V2.0 对 FACSCalibur 生成的直方图进行分析，以确定每个阶段（G0/G1、S 和 G2）中细胞的百分比。

4. 细胞凋亡分析

根据制造商的说明，使用 Annexin V－FITC 细胞凋亡检测试剂盒进行细胞凋亡分析。简而言之，将 1×10^6 个细胞用冷 PBS 洗涤 1 次，将其悬浮在 100 μL 含有 FITC 偶联膜联蛋白 V 和 PI 的结合缓冲液中，并在冰上和在黑暗中孵育 15 min。通过流式细胞仪数据文件用 FACSCalibur 分析样品，每个实验样品至少分析 15 000 个事件。

5. 细胞骨架

通过可视化鬼笔环肽染色的细胞分析微重力对丝状肌动蛋白（F－肌动蛋白）的影响。

贴壁细胞和球状体均用 4% 多聚甲醛固定 10 min，并用 1% Triton－X 透化 5 min。通过与 1% 牛血清白蛋白（BSA）孵育来阻断非特异性结合；首先将载玻片与 6.6 μmol/L 鬼笔环肽/ Alexa Fluor 488 共轭物溶液在室温下孵育 30 min；然后用 PBS 彻底洗涤来进行染色；最后用 0.1 μg/mL 浓度的 4′，6－二脒′基－2－苯基吲哚对细胞核复染 1 min，样品用 Vectashield 固定介质固定。

用 Zeiss 510 META 倒置共聚焦激光扫描显微镜对 F－肌动蛋白染色的载玻片进行共聚焦显微镜检查，激发和发射波长分别为 485 nm 和 560 nm，观察 BMSC 细胞骨架结构、细胞微丝形态。

6. RNA

RNA 分离，将预处理细胞解冻，RNA 分离和定量逆转录聚合酶链反应（qRT－PCR）按照制造商手册中的标准方案进行，根据手册使用 First Strand cDNA Synthesis Kit 进行逆转录。定量逆转录聚合酶链反应（qRT－PCR）引物序引如表 3－1 所示，利用 qRT－PCR 确定靶基因（如原癌基因和抑癌基因）的相对表达，SYBR© Green PCR Master Mix 和 7500 Real－Time PCR 使用系统（Applied Biosystems，德国）。将 10 μL 预混液、1 μL 每个正向和反向引物（浓度为 400 nmol/L）、1～8 μL cDNA 和无 RNA 酶的水（相对于 RNA 的输入量）混合在一起。激活尿嘧啶－DNA 糖基化酶（50 ℃、2 min）和 DNA 聚合酶（95 ℃、2 min）后，循环步骤如下：95 ℃、15 s 和 60 ℃、1 min（40 个循环）。通过检查解离曲线确认没有引物二聚体。从哈佛引物数据库（https://pga. mgh. harvard. edu/primerbank）收集 cDNA 选择性引物，并由 TIB Molbiol 提供。所有样品均一式三份测量，18s rRNA 被用作管家基因。比较 C_T（ΔC_T）方法用于计算靶基因的相对转录水平。NG 组定义为 100% 。实验进行了 5 次重复。

表 3 – 1　定量逆转录聚合酶链反应（qRT – PCR）引物序列

基因	引物序列（5′ – 3′）
VIM	F：GACGCCATCAACACCGAGTT R：CTTTGTCGTTGGTTAGCTGGT
RhoA	F：CTCGCTCAGTGCGAAGACAA R：CATTCTCTGACGACATTTTCCCT
BRCA1	F：GCTCGTGGAAGATTTCGGTGT R：TCATCAATCACGGACGTATCATC
ERBB2	F：CCTCTGACGTCC ATCGTCTC R：CGGATCTTCTGCTGC CGTCG
RAB27A	F：GCTTTGGGAGACTCTGGTGTA R：TCAATGCCCACTGTTGTGATAAA
MAPK1	F：TACACCAACCTCTCGTACATCG R：CATGTCTGAAGCGCAGTAAGATT
VEGF	F：AGGGCAGAATCATCACGAAGT R：AGGGTCTCGATTGGATGGCA
18s rRNA	F：ATGGCGGCGTCTGTATTAAAC R：AGAACCATATCGCTCCTGGTAT

7. 蛋白质

蛋白质印迹（western blotting）使用 AllPrep DNA/RNA/Protein Mini© Kit 同时进行蛋白质和 RNA 分离，按照制造商手册中的标准方案进行。

一抗用于阻断试剂，稀释如下：兔多克隆抗波形蛋白（anti – vimentin）（1 ∶ 2 000）、兔多克隆抗 RhoA（1 ∶ 500）、兔多克隆抗 Her2（1 ∶ 1 000）、兔多克隆抗 RAB27A（1 ∶ 1 000）、兔多克隆抗 MAPK1（1 ∶ 1 000），以及兔多克隆抗

BRCA1（1∶10 000）、兔多克隆抗 VEGF－A（1∶1 000）。

二抗包含在“BM 化学发光蛋白质印迹试剂盒小鼠/兔子”中。用剥离缓冲液（Restore Western 印迹剥离缓冲液）在 50 ℃剥离 30 min，洗涤并用抗 GAPDH 抗体（1∶1 000）重新孵育。通过 Alpha－Ease FC 成像系统分析印迹。实验以一式三份进行测量。

8. 代谢组学

将从 NG 组和 SMG 组收集的细胞在 －80 ℃下保存约 1 周。将总共 7×10^6 个 BMSC NG 组和 SMG 组细胞添加到 400 μL 冷甲醇中，并使用高通量组织破碎机在 4 ℃除去细胞沉淀。随后，加入 100 μL 蒸馏水，并在冰上进行 3 次超声提（每次 10 min）。

（1）使用液相色谱质谱（LC－MS）分析代谢物。LC－MS 使用 100×2.1 mm 2 Acquity 1.7 μm C18 色谱柱和 Acquity 超高性能液相色谱系统进行。使用以下条件：电离模式，正/负；氮气温度 500 ℃；雾化器压力为 50 psi①，流速为 0.40 mL/min。每个样品进行 6 次分析，质谱的扫描范围为 50~1 000 m/z，分辨率为 30 000 DPI（点/英寸）。

（2）数据处理。使用 Progenesis QI 软件（2.0 版；沃特世公司）获得 MS 数据矩阵。将数据矩阵导入 SIMCA－P ＋软件（版本 14.0；Sartorius AG），并使用无监督主成分分析来观察样本之间的总体分布，以及各组之间的分散程度，进行监督的偏最小二乘判别分析（PLS－DA），用于区分各组之间代谢谱的总体差异。对于 PLS－DA 得分，变量重要性（VIP）值大于 1 被认为指示了统计学上的显著差异，而 R2Y 和 Q2 >0.5 被认为指示了强大的预测能力。人类代谢物（HMDB；http://www.hmdb.ca）和《京都基因与基因组百科全书》(KEGG；https://www.kegg.jp）数据库用于识别潜在的代谢物。

（3）统计分析。采用 SPSS 软件 21.0 版（IBM 公司）进行统计分析。数据以连续变量的平均标准差表示：首先采用独立样本 t 检验或单因素方差分析进行分析；然后采用 Tukey 事后检验，以 $P<0.05$ 为差异有统计学意义。

所有实验均为一式三份测量。

---

① 1 psi［kgf/in］=6.89 kPa。

3.4 注意事项

（1）模拟微重力细胞实验目前多用旋转细胞培养系统（RCCS），也可根据实验室条件，采用其他微重力模拟装置。由于不同模拟微重力装置达到的模拟微重力效应不同，因此需进行预实验，并对实验条件进行调整。

（2）实验组细胞数目、微重力时间和微重力后培养时间可根据不同检测指标进行调整，也可在正式实验前进行预实验确定。

（3）根据实验室条件或检测指标不同，也可选择其他不同的细胞进行实验。

参考文献

[1] SHEA M A, SMART D F. Cosmic ray implications for human health [J]. Space Science Reviews, 2000, 93 (1/2): 187 - 205.

[2] WHEDON G D, LUTWAK L, REID J, et al. Mineral and nitrogen metabolic studies on Skylab orbital space flights [J]. Transactions of the Association of American Physicians, 1974, 87 (87): 95 - 110.

[3] PERHONEN M A, FRANCO F, LANE L D, et al. Cardiac atrophy after bed rest and spaceflight [J]. Journal of Applied Physiology, 2001, 91 (2): 645 - 653.

[4] JESSICA K L, VINCENT K, ROY F R, et al. Spaceflight - associated brain white matter microstructural changes and intracranial fluid redistribution [J]. JAMA Neurology, 2019, 76 (4): 412 - 419.

[5] MARIAN L L, JULIE L R, LUIS A C, et al. Spaceflight alters microtubules and increases apoptosis in human lymphocytes (Jurkat) [J]. The FASEB Journal, 1998, 12 (11): 1007 - 1018.

[6] ALVAREZ R, STORK C A, SAYOC - BECERRA A, et al. A simulated microgravity environment causes a sustained defect in epithelial barrier function

[J]. Science Reports, 2019, 9: 15-23.

[7] 张翠，李亮，王金福. 空间微重力环境及其地基模拟微重力条件对干细胞影响的研究 [J]. 中华细胞与干细胞杂志，2013 (4): 208-212.

[8] BRADBURY P, WU H J, CHOI J U, et al. Modeling the impact of microgravity at the cellular level: Implications for human disease [J]. Frontiers in Cell and Developmental Biology, 2020, 8: 8-15.

[9] 苟鸿蒙，胡瑜，杨春. 微重力对人类细胞影响的研究进展 [J]. 医学综述，2018, 24 (7): 1279-1283, 1288.

[10] GRIMM D, WEHLAND M, PIETSCH J, et al. Growing tissues in real and simulated microgravity: New methods for tissue engineering [J]. Tissue Engineering Part B: Reviews, 2014, 20 (6): 555-566.

[11] STRUBE F, INFANGER M, DIETZ C, et al. Short-term effects of simulated microgravity on morphology and gene expression in human breast cancer cells [J]. Physiological International, 2019, 106 (4): 311-322.

[12] INFANGER M, ULBRICH C, BAATOUT S, et al. Modeled gravitational unloading induced downregulation of endothelin-1 in human endothelial cells [J]. Journal of Cellular Biochemistry, 2007, 101 (6): 1439-1455.

[13] SOKOLOVSKAYA A, KORNEEVA E, ZAICHENKO D, et al. Changes in the surface expression of intercellular adhesion molecule 3, the induction of apoptosis, and the inhibition of cell-cycle progression of human multidrug-resistant Jurkat/A4 cells exposed to a random positioning machine [J]. International Journal of Molecular Sciences, 2020, 21 (3): 16-26.

[14] CALZIA D, OTTAGGIO L, CORA A, et al. Characterization of C2C12 cells in simulated microgravity: Possible use for myoblast regeneration [J]. Journal of Cellular Physiology, 2020, 235 (4): 3508-3518.

[15] GRIMM D, WEHLAND M, CORYDON T J, et al. The effects of microgravity on differentiation and cell growth in stem cells and cancer stem cells [J]. Stem Cells Translational Medicine, 2020, 9 (8): 1-13.

[16] PAN Y K, LI C F, GAO Y, et al. Effect of miR-27b-5p on apoptosis of

human vascular endothelial cells induced by simulated microgravity [J]. Apoptosis, 2020, 25 (1/2): 73 -91.

[17] HYBEL T E, DIETRICHS D, SAHANA J, et al. Simulated microgravity influences VEGF, MAPK, and PAM signaling in prostate cancer cells [J]. International Journal of Molecular Sciences, 2020, 21 (4): 26 -35.

[18] LI B B, CHEN Z Y, JIANG N, et al. Simulated microgravity significantly altered metabolism in epidermal stem cells [J]. In Vitro Cellular & Developmental Biology - Animal, 2020, 56 (3): 200 -212.

[19] STRUBE F, INFANGER M, WEHLAND M, et al. Alteration of cytoskeleton morphology and gene expression in human breast cancer cells under simulated microgravity [J]. Cell Journal, 2020, 22 (1): 106 -114.

[20] STRUBE F, INFANGER M, DIETZ C, et al. Short - term effects of simulated microgravity on morphology and gene expression in human breast cancer cells [J]. Physiology International, 2019, 106 (4): 311 -322.

[21] CHEN Z Y, JIANG N, GUO S, et al. Effect of simulated microgravity on metabolism of HGC -27 gastric cancer cells [J]. Oncology Letters, 2020, 19 (5): 3439 -3450.

第4章 模拟微重力植物实验设计

4.1 实验目的

植物对地球上包括人类在内的所有生命都具有至关重要的意义，其主要功能是制造氧气、净化空气、作为食物等。植物在空间站中同样具有重要意义。植物具有较高的观赏价值，其美化作用可以有效帮助航天员在狭小密闭的太空环境舒缓心情、减轻压力，进而保持心理健康。植物通过光合作用吸收二氧化碳，释放氧气，并且可以利用光能和无机物作为能量和碳源，将其转化为能量和有机物。另外，植物叶片的蒸腾作用可增加空气中的湿度，调节空间站舱内的湿度，这些特性使植物成为人类长期进行太空任务中必不可少的部分。在空间站中种植植物符合低能耗和低质量的要求，部分结果植物也可以改善航天员的饮食，植物在空间站的种植也是“生物再生生命支持系统”的重要组成部分。在人类探索月球和火星并建设基地的项目中，植物种植也是重要的一环。农作物的大量种植可以大幅减少运输货物的负担，极大地节省资源和开销，有利于该类项目的长期可持续发展。因此，我们研究如何让植物可以适应在太空中接近零重力的环境生长，或者在月球、火星等部分重力环境下生长是很有必要的。

航天育种育苗也是当前关注的重要研究方向之一。利用太空环境包括微重力、宇宙辐射、重离子、弱磁场等各方面特殊条件，使地面生物发生突变，进而筛选并培育优良农作物品种，模拟微重力植物生长实验有助于在太空接近零重力的环境中培育植物。另外，由于航天器诱变育种具有价格高昂、可携带作物有限、培育空间较小、培育周期短等问题，可以采用模拟微重力的方法对作物进行育种，具有经济实惠、操作简便、控制变量容易等优势，可以作为空间诱变育种的预实验或代替实验推广使用。

另外，重力的改变会引起显著的生理变化，从而激活适应性反应通路。了解这些变化对于增加我们对植物生理学的基础认识同样具有重要意义。因此，微重力下植物的生长、发育、遗传等研究是植物空间生物学拓展和必要的研究内容。在近地轨道和国际空间站的实验和研究受到机会有限、费用高、空间狭窄等诸多限制，因此同微生物和细胞类似，大量的植物实验也在模拟微重力的地面装置上完成。

4.2 实验原理

地球表面某一位置所处的引力场是一个向下（指向地心）的固定矢量，其平均大小为 9.8 m/s^2，许多植物和有机体的细胞是通过重力沉降来感知重力的。这种重力矢量取向会介导植物的生长，当其改变时，植物会受到这种环境变化的刺激而作出反应。另外，由于地球上的植物始终受到来自重力场持续的机械刺激，这对它们的进化也起着重要的作用。自地球表面出现生命以来，引力是地球上唯一不变的参数，它与引力矢量的方向和大小有关。所有的生物体都能很好地适应这 1g 的重力水平，并以此为依据发展出适应性的发育繁殖体系，以更好地对光、水和矿物盐进行捕捉。因此，重力是植物生命延续一个非常重要的因素，并通过一种称为重力作用的机制来引导和协调植物的生长。当重力发生改变时，植物的各方面也会受到影响，包括种子发芽和根系发展、花粉管发育、种子相关基因的表达、分布和离子通道激活植物细胞原生质膜、持续时间和传播速度的动作电位与向光性等。

植物早期模拟微重力实验通常采用将植物种植方向由垂直改为水平的方法。随着各类模拟微重力仪器的研发，尤其是 2D 回转器和随机定位机（RPM）的普及，中长期模拟微重力植物实验得到广泛开展。另外，由于植物具有较好的可管理性和便于携带的特点，使得植物组织、种子、幼苗等也被带入飞机、探空火箭等设备进行短期模拟微重力实验。

2D 回转器与 3D 回转器主要通过改变重力矢量来体现其生物学效应，其具体工作原理见第 2 章。植物由感知到重力直至体现相应效应需要一段时间，这段时间通常称为“感知时间”。将植物置于回转器上，在植物的重力效应来不及响应时就改变重力矢量的方向，就可以认为是将其置于微重力条件下。

相比上述两种回转器，RPM 具有效果更好、状态更接近真实的特点，其工作原理见第 2 章。植物放置于 RPM 上时，其重力矢量更加没有方向性和规律性，对模拟微重力具有更强的优势。样品放置于 RPM 上时需要进行合理的固定，一些实验样品同样需要与 RPM 进行交互，如激活和固定样本。无论是全尺寸还是桌面 RPM，一般都会设置安装培养皿、三角烧瓶等固定架，将植物样品配置好后置于这些载体中，可直接参照说明书安装于 RPM 上，如图 4－1 所示。

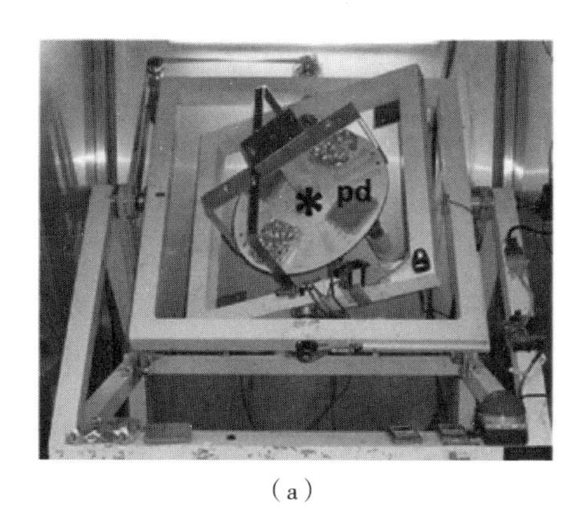

（a）

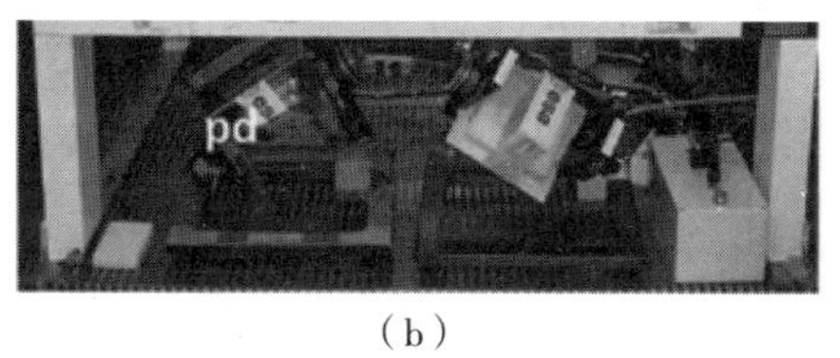

（b）

图 4－1　全尺寸的 RPM 和两个桌面模型

（a）全尺寸的 RPM；（b）两个桌面模型

（该模型都显示安装了培养皿；在全尺寸的 RPM 上，样本盘的直径为 40 cm，可以提供部分重力的产生）

在上述培养皿、培养瓶中，通常将植物种子或幼苗根部固定在加了琼脂糖或瓜尔胶的半强度培养基中，以保证在旋转过程中的稳定性。若是植物较大，半强度培养基强度不够，可以采用网纹硝化纤维素膜进一步加以固定，使植物穿过网格正常生长。实验过程中的条件控制，如光合作用、环境相对湿度（大于

80%）、气体浓度（O_2 10%、CO_2 0.45%）、温度等，可以通过敞开培养皿口进行维持，也可以在密闭装置中通过远程监控进行检测和输送。对于需要交互过程的样品，可以通过安装有 COBRA（紧凑型生物反应器总成）系统的 RPM 来进行实验。COBRA 是一种 RPM 运行操作平台上的执行器，由包括阀门、泵、电机、加热器在内的测试装置组成，可以连接到计算机对样品进行激活或接受样品的反馈，如图 4-2 所示。

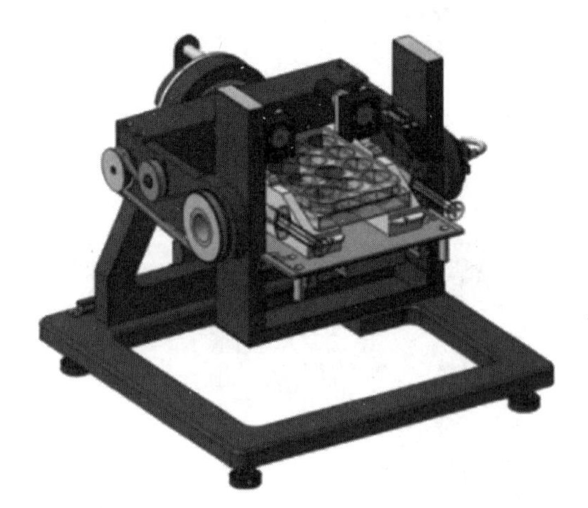

图 4-2　安装在桌面 RPM 上的 COBRA

4.3　实验方法

本章全部实验均以拟南芥为例，拟南芥具有植株小、传代快、结子多、活力强等优点，非常适合作为实验的研究对象。模拟微重力实验通常会设置正常重力下的同样实验作为对照组。对照组的实验步骤除实验全程在固定支架上（正常重力下）进行，其余步骤和检测指标与模拟微重力实验相同，本章将不再赘述。

4.3.1　仪器、试剂与实验植物

模拟微重力植物实验根据需要会用到大量不同类型的多种仪器与试剂，包括但不限于如下所列。

（1）仪器：RPM、灭菌锅、超净工作台、培养皿、三角瓶等。

（2）试剂：MS 配制所需试剂（成品 MS 培养基粉末）、琼脂、蔗糖、α-萘乙酸、激动素、PBS 缓冲液、多聚甲醛、乙醇、漂白剂等。

（3）实验植物：拟南芥幼植株及种子。

4.3.2　模拟微重力下拟南芥种子的萌发

配制培养基并对种子进行固定化培养。配制 Murashige 和 Skoog 培养基（MS 培养基的配方见本章附表）。在培养基中添加 10 g/L 蔗糖与 0.8% 琼脂，制成半强度 MS 培养基。首先将拟南芥种子用 75%（V/V，体积分数）乙醇表面灭菌 2 min；然后用 0.5%（V/V）NaClO（漂白剂）表面灭菌 20 min。用无菌水洗涤后，将种子播种于半强度 MS 培养基的培养皿中，一个皿中 10~30 个。在放置于 RPM 之前，将准备好的培养皿在 4 ℃下低温处理 72 h。

将实验样品的培养皿固定于 RPM 内框中心，其最大半径到外层样品容器的距离最大为 5 cm，保证其剩余重力不超过 $10^{-4}g$。设定 RPM 为随机间隔、随机方向，最大转速为 10 r/min。

种子萌发和生根的过程持续在 RPM 模拟微重力的环境下进行，置于 20 ℃温度可控的房间内，采取 16 h 光照/8 h 黑暗的照明诱导，分别培养 2 d、4 d、8 d 后取标本。

4.3.3　微重力下植株幼苗生长

对种子进行处理并诱导萌发。配制 MS 培养基，在其中添加 10 g/L 蔗糖与 0.8% 琼脂，制成半强度 MS 培养基。将拟南芥种子用 75%（V/V）乙醇表面灭菌 2 min，然后用 0.5%（v/v）NaClO（漂白剂）表面灭菌 20 min。用无菌水洗涤后，将种子播种在半强度 MS 培养基的培养皿中，一个皿中 10~30 个。首先将培养皿在低温（4 ℃）和黑暗中放置 3 d；然后在室温（22 ℃）下以 16 h 光照/8 h 黑暗周期诱导其发芽。

将 9 d 大的拟南芥幼苗移至新的培养皿或烧瓶中，同样采用半强度 MS 培养基，一个皿中 10 株左右。将样品培养皿固定在 RPM 样品架上，其最大半径到外层样品容器的距离最大为 5 cm，保证其剩余重力不超过 $10^{-4}g$。设定 RPM 为随机间隔、随机方向，最大转速为 10 r/min。

可以继续研究重力对植物开花的影响，首先拟南芥幼苗在 16 h 光照/8 h 黑暗的光周期条件下在 RPM 上生长 6 d；然后转移到温室中生长 2 周，与 1g 环境下的拟南芥植株 NG 组进行对比。

4.3.4 检测指标

1. 植物的生长发育过程

1）种子萌发（生根）

（1）生长素的分布。在种子生根的过程中，主要可以探究根生长素在微重力环境下的分布与根部形态和生长方向的关联。重力会影响主要的植物结构的生长方向，包括通过生长素梯度引导初生根的定向生长。当重力消失时，根会偏离垂直方向进行生长，生长素梯度也会有所改变。

（2）亲水性（向水性）。陆地植物的根分别显示出向重力性和水溶性，分别响应重力和水分梯度，从而控制其生长方向。因为正常状况下重力作用会干扰水溶作用，因此可以在微重力环境下研究水分梯度存在的条件下植物幼苗根生长方向是否会向水溶方向弯曲。

2）萌发幼苗

（1）萌发形态分析。通过观察胚根即早幼根的发芽来评估种子的发芽情况，测量多个种子中胚根的平均长度、形态学数据与生化分子数据并进行统计分析。

（2）酶活性的测定。取发育不同时间的幼苗样本进行酶化验。将胚乳从萌发的种子中去除，在 150 mmol/L 三乙醇胺、pH 7.5、9 mmol/L $MgCl_2$、1.5 mmol/L EDTA 中以 1：2（W/V）的比例用超饱和酶进行均质。用纱布过滤匀浆，离心（10 000g，30 min）并过滤上清液，收集上清液并测定其酶活性和总蛋白含量。

（3）胚芽鞘的环化。胚芽鞘中的重力反应根据生长阶段而有所不同，在早期生长期间检测到重力反应，而在后期生长期间检测到重力作用。随着重力反应的消失，在胚芽鞘生长早期观察到的环向震荡运动不再被检测到。内生振荡的例子包括激素和离子振荡，而外部信号可能包括重力。生长素在不同植物的生长过程中起着重要的作用，重力反应也可能在诱导或维持环化过程中起着关键作用。

（4）幼苗新稍激素水平、生长素。微重力条件下幼苗的生长和植物激素水平会受到影响。研究发现，大部分植物激素在微重力条件下含量基本保持不变，但包括乙烯在内的部分植物激素的含量有所变化。通过定量研究植物幼苗新稍的激素水平变化可以得出其与幼苗生长发育水平及形态的关系。

（5）茎器官的生长和皮层微管动态。在从微重力到超重力以抵抗重力的范围内，植物的体型与重力大小的对数成正比。一方面，微重力作用使细胞数目增加，刺激伸长生长和抑制茎器官的侧向扩张，如下胚轴和上胚轴。此外，参与维持横向微管定向的 MAP65－1 水平在微重力作用下升高，因此通过 MAP65－1 水平的改变来调控皮质微管的取向，可能有助于植物抵抗引力而改变体型。另一方面，微重力促进了茎器官的伸长生长，抑制了茎器官的横向扩展，如水稻胚轴、拟南芥下胚轴和花序茎、赤豆上胚轴等。

3）开花

从营养生长到开花的过渡对于植物的繁殖成功是非常重要的，这一过程在太空的微重力条件下被推迟。但是，微重力是否在分子水平上影响植物开花仍是未知的，可以通过研究开花过程的基因编码、蛋白成分等因素来探究微重力下开花推迟的原因。

2. 植物的不同部位研究

1）根部的倾斜和波动

可以将幼苗放置在由不同硬度的胶凝剂组成的营养培养基板上生长，在微重力的环境下，量化生长偏离重力矢量的程度及根的长度前后扭动的波动，最终在根的生长剖面上绘制其在微重力下的波动模式。

2）叶片

在火星、月球或空间站等环境重力属于微重力的状态，自由对流在微重力环境下会减少，对流方式也完全不同。可以通过研究在微重力下空气水平对流对植物叶片气体交换的影响来了解和预测高等植物在未来有可能的无重力或微重力环境下的气体交互行为，从而理解叶片边界层局限性，并完成在微重力环境下植物生长质量和能量平衡的力学建模。

3）植物细胞壁

（1）组成、生长和发育。生长植物的细胞壁由多种成分组成（如纤维素、基质多糖、酚类物质和糖蛋白），且具有一定的机械强度和形状。研究发现，植物机械性对重力的抵抗可能是植物的主要重力反应，与重力本身的作用无关。通过探究植物细胞壁在重力存在下和微重力下不同的生长发育状态，可能能够有效地探究细胞壁通过机械作用应对重力的模式。

（2）细胞壁坚硬程度。除了重力的方向外，植物还会对重力作出反应，长出坚韧的部位来抵抗重力，通常称为重力抵抗。通过对比微重力与正常重力下的细胞壁坚硬程度，可以揭示重力对植物成分坚硬程度的影响和诱导，以及向异性的分化。

4.4 注意事项

（1）做植物微重力实验研究时最好选取生长周期短、体积小的植物，这样可以较好地适配不同尺寸的 RPM 并尽可能缩短实验周期。

（2）由于 RPM 使样品处于随机方向和位置的特性，因此尽量使用半强度固体培养基对植物样本进行栽培，避免土壤四处飞溅。

（3）植物生长阶段分为种子阶段、幼苗阶段、成苗阶段、开花阶段等，可以单独选取某个或某几个阶段置于 RPM 上研究微重力对其的影响，也可以全程置于 RPM 上进行研究，条件不同对植物的影响也不同。

（4）对于模拟微重力后的植物样本的检测项目可以包括方方面面，本书只是做一个范例和启示，具体检测项目可以就实际情况进行选取，其检测方法与普通植物（非模拟微重力植物）并无不同，可互相借鉴。

参考文献

[1] ALAWAIDA W J, SHABAR A S, ALAMEER H J, et al. Effect of simulated microgravity on the antidiabetic properties of wheatgrass (Triticum aestivum) in streptozotocin - induced diabetic rats [J]. NPJ Microgravity, 2020, 6 (6): 4094.

[2] VANDENBRINK J P, KISS J Z, HERRANZ R, et al. Light and gravity signals synergize in modulating plant development [J]. Frontier in Plant Science, 2014, 5 (563): 2014.

[3] KAMAL K Y, HERRANZ R, VANLOON J W A, et al. Simulated microgravity, Mars gravity, and 2*g* hypergravity affect cell cycle regulation, ribosome biogenesis, and epigenetics in Arabidopsis cell cultures [J]. Scientific Reports, 2018, 8 (1): 6424.

[4] KAMAL K Y, VANLOON J W A, MEDINA F J, et al. Differential transcriptional profile through cell cycle progression in Arabidopsis cultures under simulated microgravity [J]. Genomics, 2019, 111 (6): 1956 - 1965.

[5] FARAONI P, SERENI E, GNERUCCI A, et al. Glyoxylate cycle activity in Pinus pinea seeds during germination in altered gravity conditions [J]. Plant Physiology and Biochemistry, 2019 (139): 389 - 394.

[6] 陈曦. 模拟微重力效应的单轴回转器转速设定的研究 [D]. 大连: 大连海事大学, 2011.

[7] VANLOON J W A. Some history and use of the random positioning machine, RPM, in gravity related research [J]. Advances in Space Research, 2007, 39 (7): 1161 - 1165.

[8] BORST A G, VANLOON J W A. Technology and Developments for the Random Positioning Machine, RPM [J]. Microgravity Science and Technology, 2008, 21 (4): 287 - 292.

[9] KISS J Z, WOLVERTON C, WYATT S E, et al. Comparison of microgravity analogs to spaceflight in studies of plant growth and development [J]. Frontiers in Plant Science, 2019 (10): 1577.

[10] VILLACAMPA A, CISKA M, MANZANO A, et al. From spaceflight to Mars g - levels: Adaptive response of A. Thaliana seedlings in a reduced gravity environment is enhanced by red - light photostimulation [J]. Int. J. Mol. Sci, 2021 (22): 899.

[11] KAMAL K Y, VANLOON J W A, MEDINA F J, et al. Embedding arabidopsis plant cell suspensions in low - melting agarose facilitates altered gravity studies [J]. Microgravity Science and Technology, 2017, 29 (1/2): 115 - 119.

[12] DUBUISSON E, MANZANO A I, LE DISQUET I, et al. Functional alterations

of root meristematic cells of Arabidopsis thaliana induced by a simulated microgravity environment [J]. Plant Physiology, 2016 (207): 30 - 41.

[13] FERL R J, PAUL A L. The effect of spaceflight on the gravity - sensing auxin gradient of roots: GFP reporter gene microscopy on orbit [J]. NPJ Microgravity, 2016 (2): 15023.

[14] MOROHASHI K, OKAMOTO M, YAMAZAKI C, et al. Gravitropism interferes with hydrotropism via counteracting auxin dynamics in cucumber roots: Clinorotation and spaceflight experiments [J]. New Phytologist, 2017, 215 (4): 1476 - 1489.

[15] KOBAYASHI A, KIM H J, TOMITAY, et al. Circumnutational movement in rice coleoptiles involves the gravitropic response: Analysis of an agravitropic mutant and space - grown seedlings [J]. Physiologia Plantarum, 2019, 165 (3): 464 - 475.

[16] WAKABAYASHI K, SOGA K, HOSON T, et al. Persistence of plant hormone levels in rice shoots grown under microgravity conditions in space: Its relationship to maintenance of shoot growth [J]. Physiologia Plantarum, 2017, 161 (2): 285 - 293.

[17] SOGA K, WAKABAYASHI K, HOSON T. Growth and cortical microtubule dynamics in shoot organs under microgravity and hypergravity conditions [J]. Plant Signaling& Behavavior, 2018, 13 (1): e1422468.

[18] XIE J, ZHENG H. Arabidopsis flowering induced by photoperiod under 3D clinostat rotational simulated microgravity [J]. Acta Astronautica, 2020 (16): 567 - 572.

[19] SCHULTZ E R, PAUL A L, FERL R J. Root growth patterns and morphometric change based on the growth media [J]. Microgravity Science and Technology, 2016, 28 (6): 621 - 631.

[20] POULET L, FONTAINE J P, DUSSAP C G. A physical modeling approach for higher plant growth in reduced gravity environments [J]. Astrobiology, 2018, 18 (9): 1093 - 1100.

[21] JOST A I, HOSON T, IVERSEN T H. The utilization of plant facilities on the International Space Station—the composition, growth, and development of plant cell walls under microgravity conditions [J]. Plants, 2015, 4 (1): 44 - 62.

[22] SOGA K, YAMAZAKI C, KAMADA M, et al. Modification of growth anisotropy and cortical microtubule dynamics in Arabidopsis hypocotyls grown under microgravity conditions in space [J]. Physiologia Plantarum, 2018, 162 (1): 135 - 144.

附 表

MS 培养基配方

类型	成分	相对分子质量	使用浓度/($mg \cdot L^{-1}$)
大量元素	硝酸钾 (KNO_3)	101. 21	1 900
	硝酸铵 (NH_4NO_3)	80. 04	1 650
	磷酸二氢钾 (KH_2PO_4)	136. 09	170
	硫酸镁 ($MgSO_4 \cdot 7H_2O$)	246. 47	370
	氯化钙 ($CaCl_2 \cdot 2H_2O$)	147. 02	440
微量元素	碘化钾 (KI)	166. 01	0. 83
	硼酸 (H_3BO_3)	61. 83	6. 2
	硫酸锰 ($MnSO_4 \cdot 4H_2O$)	223. 01	22. 3
	硫酸锌 ($ZnSO_4 \cdot 7\ H_2O$)	287. 54	8. 6
	钼酸钠 ($Na_2MoO_4 \cdot 2H_2O$)	241. 95	0. 25
	硫酸铜 ($CuSO_4 \cdot 5\ H_2O$)	249. 68	0. 025
	氯化钴 ($CoCl_2 \cdot 6H_2O$)	237. 93	0. 025
铁盐	乙二胺四乙酸二钠 (EDTA - 2Na)	372. 25	37. 25
	硫酸亚铁 ($FeSO_4 \cdot 7H_2O$)	278. 03	27. 85
有机成分	肌醇		100
	甘氨酸		2
	盐酸硫胺素 (VB1)		0. 1
	盐酸吡哆醇 (VB6)		0. 5
	烟酸 (VB5 或 VPP)		0. 5
	蔗糖 (sucrose)	342. 31	30 000
	琼脂 (agar)		6 000

第5章
模拟微重力动物实验设计

5.1 实验目的

在航天飞行中，失重可导致机体多个系统功能的改变，表现出一系列的生理效应，如血液头向分布，心血管系统和支持系统去载荷，重力的感受器刺激缺乏，肌肉流失，消化道、肺、肾等器官或组织的结构或功能受损，免疫力低下，神经功能失调等。多数病症在短期飞行结束后可逐步减轻或消失，但潜在的疾病风险尚属未知，同时人们对长期飞行后出现的生理病症及病理机制也知之甚少。因此，由微重力而产生的航天飞行综合征的发生机制及对抗措施研究是亟待解决的航天医学难点问题。

航天医学研究者对微重力生理效应的关注始于对空间运动病的研究。航天员通过飞行前的模拟训练，能够有效预防或改善飞行时出现的空间定向失常、肠胃不适、头晕嗜睡等症状。但是，有些病症难以预防（如失重性骨丢失和肌肉萎缩），需要飞行结束后接受康复训练及恢复治疗。1982 年，在“礼炮”7号空间站上对航天员进行的一组肠胃实验发现，随着飞行时间的延长，航天员消化道内激素含量减少，消化酶分泌失调，肠胃动力不足，消化不良。在航天飞行中，由于重力缺失导致人体肺部和胸膜受到的压力发生改变，呼吸系统随之发生适应性变化，肺循环功能、肺组织细胞结构与功能发生显著性改变。失重也是空间环境中导致生物体生殖能力下降的原因之一。此外，微重力会导致内分泌系统紊乱、激素失调；通过影响免疫细胞的数量与功能造成免疫力下降；引起神经系统发育失调和功能失常等。由此可见，微重力是现阶段制约人类长期驻留太空的主要因素之一。

受科学技术发展、航天飞行难以长期重复进行的限制，地面模拟失重实验方法的建立就显得尤为重要。由于人体实验不能进行有创监测，从而限制对其进行更深入的生理病理机理研究，而动物实验的开展正好弥补了人体实验的这一缺陷。动物实验可从不同的研究角度制定不同的研究方案，从细胞、分子等微观水平揭示失重生理病理发生机制，了解模拟微重力对机体各系统的影响，确定在模拟微重力条件下机体的变化特征，并探讨变化机制，从而针对机体的变化特征设计有效的预防措施，为航天飞行过程中航天员的健康保障提供理论基础。

5.2 实验原理

由于受到地心引力的作用，地面减少重力作用的模型只是模拟重力减少对机体的影响，而不能完全消除重力的影响。模拟微重力实验与空间实验相比具有实验便于操作、实验时间容易把握、实验条件便于控制、可重复性强等特点，有利于研究和了解重力变化对机体的影响。模拟微重力动物实验常用的方法主要有大/小鼠后肢去负荷法、动物头低位倾斜法、豚鼠后肢悬吊法和动物卧床法。

5.2.1 大/小鼠后肢去负荷法

当大/小鼠处于全身禁动状态时，其健康所需的基本活动也受到了限制，因此美国国家航空航天局与重力生物学会联合发展了头低位悬吊的方法。大/小鼠的后肢去负荷法可进一步分为尾部悬吊法、盆骨悬吊法和贴身笼具悬吊法。大/小鼠后肢去负荷法作为地面研究模拟失重的动物模型已被学术领域广泛接受和认可，而尾部悬吊法由于实验动物应激小的优点逐渐为国内外实验室所采用。

1. 大/小鼠尾部悬吊法

大/小鼠尾部悬吊模型作为公认的模拟微重力效应动物模型被广泛应用。该模型将大/小鼠后肢悬空提起，保持去负荷状态，前肢依然触地承重，从而使大/小鼠后肢处于模拟微重力状态，尾吊大/小鼠体液的头向转移还可模拟大鼠体液循环在航天飞行中的改变。尾吊大/小鼠导致其循环系统发生紊乱、立位耐力降低、心肌萎缩、心血管功能受损、血浆容量减少、红细胞质量降低、异性红细胞增多、免疫细胞功能降低、骨膜形成受到抑制、骨质脱钙、肌肉萎缩，这些变化与人在失重或模拟失重时的变化趋势一致。因此，大/小鼠尾部悬吊模型成为研究模拟失重效应最常用的模型。

（1）模型大/小鼠尾部处理。用肥皂水或酒精仔细清洗去除尾部皮肤表面污垢，无水乙醇分别溶解安息香及松香至饱和状态，用棉签蘸取适量安息香酊，均匀涂抹尾部粘贴区（从根部起始至少覆盖尾部表面积 2/3），吹干，使粘贴区均匀覆盖安息香以增加皮肤表面涩度，安息香也可起到防腐止痛作用。按照同样的操作方法涂抹松香酊并吹干，松香可增加尾部皮肤表面的黏性。

（2）模型大/小鼠尾套制作。剪取大约 2 倍于粘贴区长度的胶带作为纵向牵引胶带，将牵引胶带沿尾根部开始粘贴，覆盖粘贴区，轻轻按压贴紧，胶带的宽度根据鼠尾根部的粗细程度选择，保证鼠尾两侧牵引胶带之间无重叠，牵引胶带在鼠尾尖部预留出 2 cm，剪取长条胶带围绕鼠尾横向缠绕牵引胶带（图 5－1）。

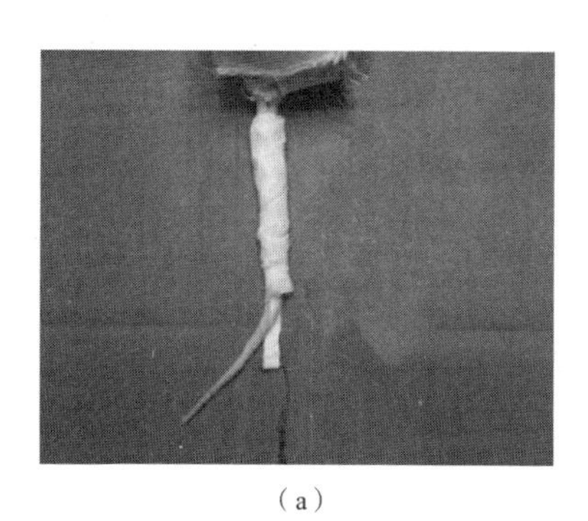
（a）

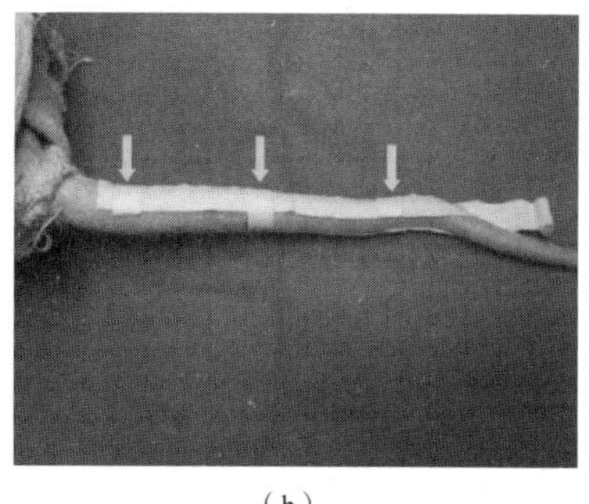
（b）

图 5－1　模型大/小鼠尾套制作方法（附彩图）

（3）模型大/小鼠尾部悬吊方法。将尾套制作好的大/小鼠放入尾部悬吊笼内，每笼 1 只，将鱼线转环或铁链与吊臂上的滑轮相连或固定在吊臂上，调节鱼线或铁链的长度使大/小鼠后肢悬空去负荷，保证后肢完全伸直时无法触及鼠笼底面即可。大/小鼠始终处于头低位状态，躯干与鼠笼底面形成大约 30°角。操作者需要经常观察大鼠整体健康状况是否良好，尾套是否脱落，鱼线或者铁链的长度是否过长导致后肢着地。对照组饲养在相同悬吊笼内，各项条件与悬吊组保持一致。根据检测指标的不同，小鼠尾悬吊的时间通常为 2～8 周，大鼠尾悬吊的时间最长可以达到 120 天。图 5－2 为大鼠尾吊模型。

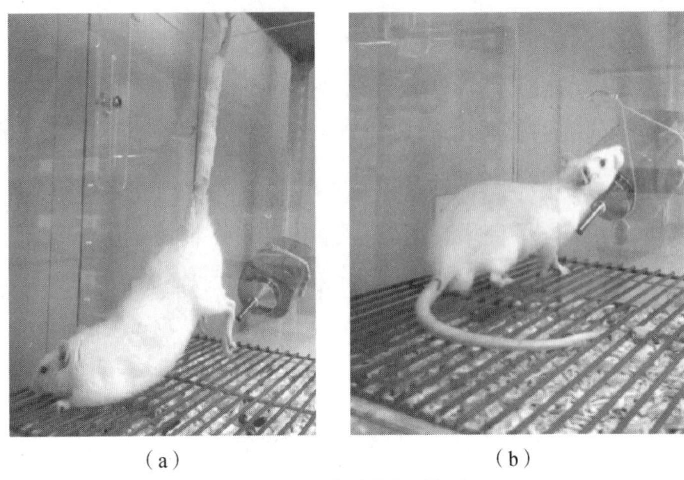

图 5-2 大鼠尾吊模型

(a) 尾吊组；(b) 对照组

2. 大/小鼠盆骨悬吊法

骨盆悬吊支撑线由粗的绝缘铜丝（芯径 1.5 mm，外径 4 mm）制成，将其中心模具制成用于固定悬绳的环状结构，如图 5-3 所示。模具调整为紧贴但不要挤压大腿内侧，将模具插入腹部和相应的大腿内侧之间，并向后折叠，尽可能紧随老鼠的身体弯曲。铜丝的受力部分用纱布填充的聚酯管（外径 7 mm）包裹，有助于将压力分布在更大的线体接触区域上，减少大鼠身体受伤的可能性。

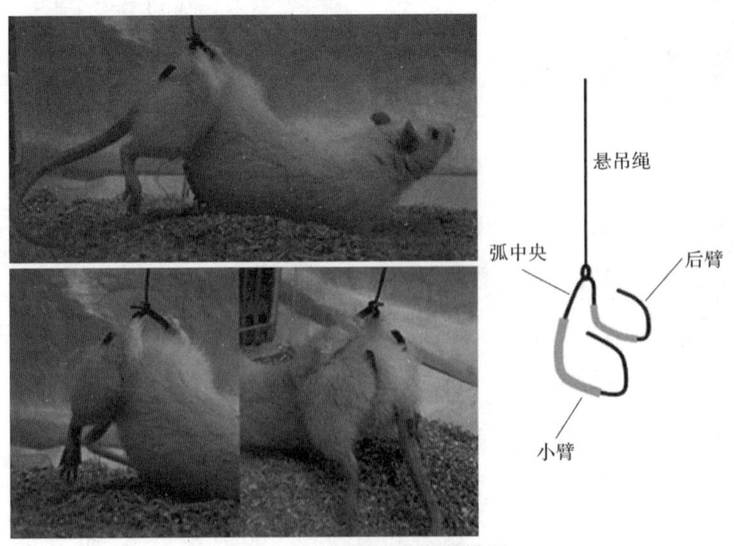

图 5-3 盆骨悬吊大鼠模型

3. 大/小鼠贴身笼具悬吊法

为研究单独的体液分布变化在该模型中对骨丢失的作用，樊瑜波团队对大鼠尾吊模型进行改进，设计了可调节后肢去负荷大鼠体位的新型模拟微重力效应悬吊装置。

新型大鼠模拟微重力效应悬吊装置主要由大鼠尾吊实验箱、滑轨、悬挂链条、塑料套管、平台（食盒）、饮水器、活动炉底组成，其悬吊装置结构如图5－4所示。

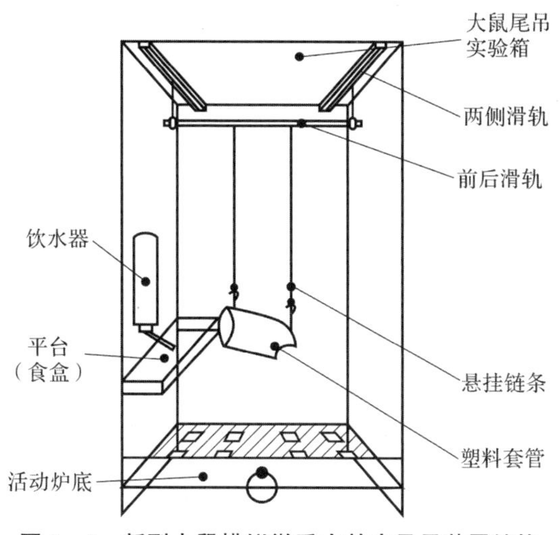

图5－4　新型大鼠模拟微重力效应悬吊装置结构

将大鼠置于塑料套管，塑料套管前后两端分别连接有两条带扣环的悬挂链条，通过连接悬挂链条的不同扣环位置调节大鼠体位。使用该装置进行实验时，大鼠会处于以下3种体位（图5－5）：一是大鼠头部低于后肢的头低位体位，此时大鼠全身体液向头部转移，后肢体液减少，与传统大鼠尾吊模型情况相同；二是大鼠躯干保持水平的水平体位，此时大鼠全身体液不会发生明显转移；三是大鼠头部高于后肢的头高位体位，此时大鼠体液向后肢转移，头部体液相对减少，用于模拟微重力效应下大鼠后肢体液充盈的情况。

5.2.2　动物头低位倾斜法

兔头低位倾斜对兔耳、脑、各脏器微循环、血液流变性指标、血液学指标、心血管调节功能、超重耐力、内分泌、免疫学指标等影响及进行重要防护作用的

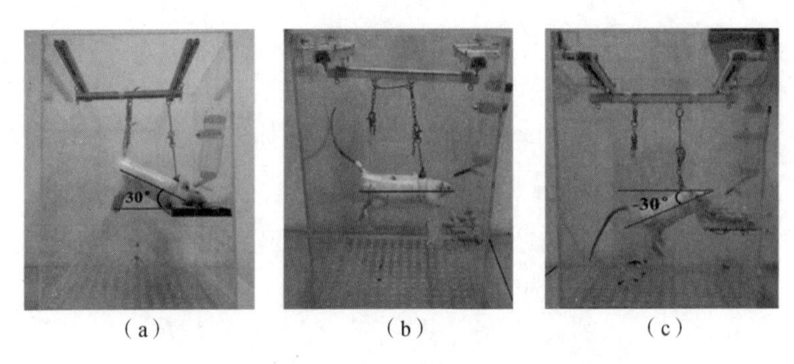

(a)　　(b)　　(c)

图 5-5　大/小鼠贴身笼具悬吊法体位调节装置

(a) 头低位体位；(b) 水平位体位；(c) 头高位体位

研究，证明兔头低位倾斜所引起的生理变化与失重飞行所引起的人和动物的生理变化十分相似，是一种很好地模拟失重的动物模型。

沈羡云等在进行模拟失重实验时建立了一种新的模拟失重动物模型——兔头低位倾斜法。将兔子放在特定的笼子里，笼体后部采用活动式挡板，根据兔子大小，移动后挡板的前后位置，用其顶住兔子的臀部，再用卡条将挡板固定。笼体上部有可活动的弧形板，根据兔子的大小调节笼顶的高度，可有效限制兔子的运动。兔笼的前部有脖颈卡环，在装兔时，可将兔头露于笼外并固定。兔笼底部可调节，通过调节底部可达到调节头低位角度的目的。蒋程等人为了研究模拟微重力对家兔血液流变性的影响，设计了笼具头低位（-20°）、笼具头低位（0°）、全身悬吊头低位（-20°）的实验，处理时间一般为 7~21 d，如图 5-6 所示。

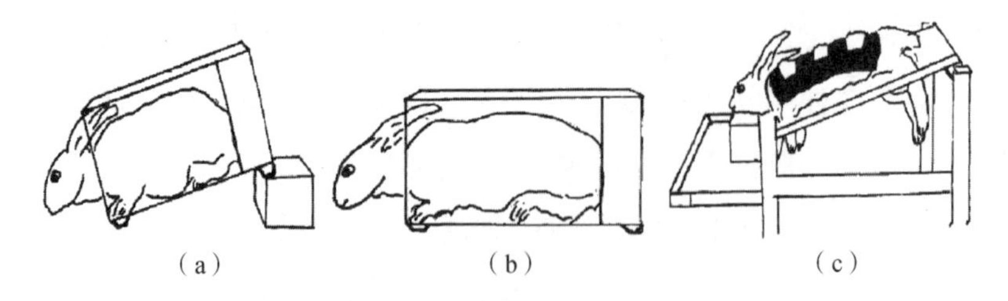

(a)　　(b)　　(c)

图 5-6　兔头低位倾斜模型

(a) 笼具头低位（-20°）；(b) 笼具头低位（0°）；(c) 全身悬吊头低位（-20°）

5.2.3　豚鼠后肢悬吊法

由于豚鼠耳壳较大，听觉器官和人类接近，其听觉器官功能、结构及各种损害等基础研究成熟，是模拟失重状态下进行听觉研究的良好实验动物。

由于豚鼠体积小，尾巴短小，因此用大鼠尾部悬吊的方法进行实验研究是不可取的。韩浩伦等发现豚鼠后肢结构的特点，膝部关节较大，皮肤和皮下组织活动灵活，用薄层棉片包裹豚鼠后肢踝部关节以上部位，再用胶布围绕棉片缠绕数圈，将固定好的豚鼠后肢吊起，使整个身体纵轴与水平面呈现 -30°（该角度可调），豚鼠前肢承担身体大部分重量，活动范围可达笼的 2/5，每个笼内悬吊 5 只，分别位于 4 个角落和中间位置，将饲料和水放置于豚鼠能够达到的位置，如图 5-7 所示。实验时间要求不能过长，一般 10 d，时间过长时少量动物后肢固定部位会出现颜色发红、充血，个别出现皮肤破溃。

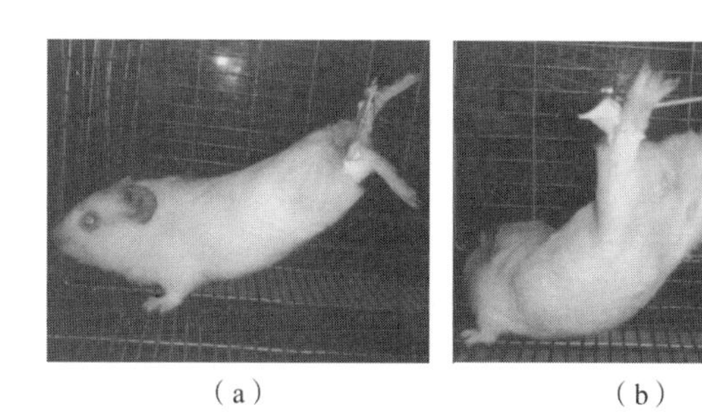

（a）　（b）　（c）

图 5-7　豚鼠后肢悬吊模型（附彩图）

5.2.4　动物卧床法

用猴子来做模拟微重力效应的实验时，将动物用绷带或石膏固定在特制的压板上，调整压板的角度，使动物的头呈不同角度的低位状态。凌树宽等人在进行模拟微重力对心肌重塑影响的研究中，用到了猕猴卧床实验。10~14 只青壮年猕猴，按体重配对，随机分为 2 组，实验周期 4 周：对照组 5~7 只，实验期间在笼内自由活动；实验组 5~7 只，在特制的头低位模拟失重效应装置上生活 4 周。

5.3　实验方法

5.3.1　仪器、试剂与实验动物

（1）仪器：医用棉布基胶带、鱼线转环或铁链、大/小鼠尾部悬吊笼、大鼠

盆骨悬吊模具、大鼠贴身悬吊笼具、家兔头低位倾斜笼、豚鼠悬吊笼。

（2）试剂：安息香、松香、无水乙醇。

（3）实验动物：根据具体实验分组，每组大鼠或小鼠最少 6 只，SPF 级 SD 大鼠质量 260～280 g，SPF 级小鼠 8～12 周；家兔每组 8 只，质量 2～2.5 kg；青壮年猕猴每组 5～7 只。

5.3.2 模拟微重力下大/小鼠的分组饲养

实验前对大/小鼠独立隔离饲养动物笼饲养 1 周，自由进水，标准颗粒进食。1 周后，将适应环境后的大/小鼠按照体重配对原则随机分为 8 组（$n=6$），分别设置 3 d、7 d、14 d、21 d 正常重力组及模拟失重组，模拟失重组统一采用大/小鼠尾部悬吊法建立动物模型。

5.3.3 检测指标

1. 模拟微重力对前庭神经功能的影响

检测大/小鼠学习记忆能力，抑郁水平；检测海马神经元可塑性变化，感受器突触可塑性变化。

2. 模拟微重力对心血管系统的影响

小动物超声心动在体检测心脏的结构和功能；离体检测心脏的大小、重量、心重/体重比值、心重/胫骨长比值；组织切片观察心脏大小、结构的变化。对于血管的影响，检测活体动物尾静脉血压，静脉顺应性；离体检测动脉血管收缩力；切片观察血管组织结构的变化。

3. 模拟微重力对血液系统的影响

检测血浆容量、红细胞质量、异形红细胞数量、网织红细胞数量、红细胞形态、红细胞寿命、红细胞代谢的变化；检测血液流变性的变化。

4. 模拟微重力对肌肉系统的影响

测定动物骨骼肌形态学指标，分离大/小鼠后肢比目鱼肌、腓肠肌、趾长伸肌、跖肌及胫前肌进行冰冻切片，切片进行骨骼肌肌纤维染色（ATP 酶钙钴法）、毛细血管内皮染色（碱性磷酸酶钙钴法），采用自动图像分析仪对Ⅰ、Ⅱ型肌纤维比例及其横截面积进行定量观察；对切片均在 100 根相邻的肌纤维范围内计数肌纤维和毛细血管的数量，最后计算毛细血管数/肌纤维数比值；用透射电子显微镜观察比目鱼肌肌梭超微结构；测量比目鱼肌肌梭传入放电活动。

5. 模拟微重力对骨骼系统的影响

检测大/小鼠血清生化指标（Ca^{2+}、ALP、BGP、CTX1、NTX1、PINP）；分离股骨进行 Micro－CT 扫描，检测股骨微观结构的改变；三点弯曲实验检测股骨的力学性能。对猕猴进行腰椎核磁扫描，观察腰椎间盘横向弛豫时间（T2 值）、各向异性分数（FA）和腰椎间盘表观扩散系数（ADC 值），并进行统计学分析；采集血清，采用生化分析和 ELISA 方法分析骨代谢、糖脂代谢指标。椎间盘组织、骨骼组织采用 Trizol 提取总 RNA，采用实时定量 RT－PCR 检测细胞外基质成分（如Ⅰ型和Ⅱ型胶原、蛋白多糖，基质分解代谢因子 MMP－3、IL－1B，基质合成代谢因子 IGF－Ⅰ、BMP－2，以及基质分解代谢抑制因子 TIMP－1、骨钙素、胰岛素等）基因的变化。骨切片进行 HE 染色，在光学显微镜下分别观察骨结构的变化。

6. 模拟微重力对免疫系统的影响

检测脾脏指数，即脾脏重量/体重；检测胸腺指数，即胸腺重量/体重；测定腹腔巨噬细胞功能；检测 IL－2、IL－6 生物学活性；检测有丝分裂原诱导细胞增殖；测定 NK 细胞活性和数量；测定特异性 IgG 抗体；检测免疫细胞表面分子 CD3、CD4、CD8、CD20、CD68 及相关细胞因子（L－1β、IL－5、IL－6、IL－17、IL－18、IL－22、IL－23）的表达。

5.4　注意事项

（1）在模拟失重的实验动物中，大/小鼠因其自身特质，且体积相对小，实验易操作。因此，应用最为普遍，实验资料相对丰富，可以根据不同的研究方案选择不同的悬吊角度，但是悬吊方法不当所引起的应激反应也大。

（2）在后肢去负荷悬吊模型中，尾部悬吊法是最常用的实验方法。但是，尾部悬吊容易导致鼠尾的溃烂和坏死，以及椎骨的过度拉伸，因此尾部悬吊不能用于研究模拟微重力对椎骨的影响，贴身笼具悬吊法主要用于研究体液分布变化对骨丢失的作用。

（3）家兔应用次之，目前多集中在血液系统、耳、脑、球结膜微循环改变的观察，特别是失重下血瘀证模型的建立，是研究中医药对血瘀证影响的首选实验动物。豚鼠尾巴短小，限制了尾部悬吊法的应用，但因其耳壳较大，是听觉器官研究最常用的动物，也是研究失重环境下前庭器官改变、听力改变的首选。猴类体积较大，性情比较暴躁，不适合长时间实验，而且由于实验费用高、实验重复性差等缺点限制，它们并非最常用的实验动物，国内外报道文献也少。

参 考 文 献

[1] 钟国徽，李玉恒，凌树宽，等. 太空微重力环境对人体的影响及防护措施 [J]. 生物学通报，2016，51（10）：1－4.

[2] 孙永彦，张紫燕，黄晓梅，等. 微重力环境人体健康效应研究进展 [J]. 军事医学，2018，42（4）：317－321.

[3] 郭彪，李成林，崔彦. 失重对消化系统影响的研究进展 [J]. 胃肠病学和肝病学杂志，2013，22（5）：482－487.

[4] PRISK G K. Microgravity and the respiratory system [J]. The European Respiratory Journal，2014，43（5）：1459－1471.

[5] 付子豪，王臻，吴洁，等. 改良的大鼠模拟失重模型制备方法 [J]. 中国应用生理学杂志，2019，35（2）：189－192.

[6] CHOWDHURY P，LONG A，HARRIS G，et al. Animal model of simulated microgravity：A comparative study of hindlimb unloading via tail versus pelvic suspension [J]. Physiological Reports，2013，1（1）：e12.

[7] SASAKI F，HAYASHI M，ONO T，et al. The regulation of RANKL by mechanical force [J]. Bone and Miner Metabolism，2021，39（1）：34－44.

[8] 王敏，王守辉，杨肖，等. 大鼠后肢去负荷体位调节装置设计与实验研究 [J]. 空间科学学报，2019，39（1）：100－104.

[9] 孟京瑞，沈羡云，向求鲁. 兔模拟失重装置的设计及其应用 [J]. 航天医学与医学工程，1996（1）：57－59.

[10] 耿捷，孙喜庆，孙会品，等. 模拟失重 21d 对兔脑含水量和组织形态的影响 [J]. 第四军医大学学报，2005 (20)：89 - 91.

[11] 董丽，王琼，刘新民，等. 地面模拟失重实验方法概况 [J]. 中国实验动物学报，2013，21 (5)：90 - 94.

[12] 韩浩伦，吴玮，薄少军，等. 豚鼠模拟失重的实验设计与应用 [J]. 总装备部医学学报，2011，13 (2)：107 - 108.

[13] LING S，LI Y，ZHONG G，et al. Myocardial CKIP - 1 overexpression protects from simulated microgravity - induced cardiac remodeling [J]. Frontiers in Physiology，2018 (9)：40.

[14] WU X，LI D，LIU J，et al. Dammarane sapogenins ameliorates neurocognitive functional impairment induced by simulated long - duration spaceflight [J]. Front Pharmacol，2017 (8)：315.

[15] ZHONG G，LI Y，LI H，et al. Simulated microgravity and recovery - induced remodeling of the left and right ventricle [J]. Frontiers in Physiology，2016 (7)：274.

[16] KIM D S，VAQUER S，MAZZOLAI L，et al. The effect of microgravity on the human venous system and blood coagulation：A systematic review [J]. Experimental Physiology，2021，39 (1)：34 - 44.

[17] RICE L，ALFREY C P. The negative regulation of red cell mass by neocytolysis：Physiologic and pathophysiologic manifestations [J]. Cellular Physiology and Biochemistry，2005，15 (6)：245 - 250.

[18] YU Z B. Tetanic contraction induces enhancement of fatigability and sarcomeric damage in atrophic skeletal muscle and its underlying molecular mechanisms [J]. Chinese Journal of Applied Physiology，2013，29 (6)：525 - 533.

[19] WANG X，GUO B，LI Q，et al. MiR - 214 targets ATF4 to inhibit bone formation [J]. Nature Medicine，2013，19 (1)：93 - 100.

[20] SUN W，CHI S，LI Y，et al. The mechanosensitive Piezo 1 channel is required for bone formation [J]. Elife Sciences，2019 (13)：8e47454.

[21] CHEN Y，XU C，WANG P，et al. Effect of long - term simulated microgravity

on immune system and lung tissues in rhesus macaque [J]. Inflammation, 2017, 40 (2): 589 - 600.

[22] CAO D, SONG J, LING S, et al. Hematopoietic stem cells and lineage cells undergo dynamic alterations under microgravity and recovery conditions [J]. The FASEB Journal, 2019, 33 (6): 6904 - 6918.

[23] DAI S, KONG F, LIU C, et al. Effect of simulated microgravity conditions of hindlimb unloading on mice hematopoietic and mesenchymal stromal cells [J]. Cell Biology International, 2020, 44 (11): 2243 - 2252.

第 2 部分

模拟空间辐射生物实验设计

第 6 章
模拟空间辐射微生物实验设计

6.1 实验目的

21 世纪的微生物在人类面临的能源、食物、医疗和环境等问题中正发挥着越来越重要的作用。工业微生物涉及食品、制药、冶金、采矿、石油、皮革、轻化工等多种行业。在这些行业中，人们迫切希望有更多优良的微生物能应用于生产中，实现经济最大化和资源可持续化。由于微生物自发突变率非常低，一般为 $10^{-10} \sim 10^{-6}$，因此人们为了获得高产、优质、低耗的菌种，常常通过外界物理、化学、生物因子等因素的改变诱发基因突变，使微生物的遗传物质 DNA 和 RNA 的化学结构发生改变，从而引起微生物的遗传变异。

考虑到空间环境的独特性与复杂性，探索微生物在空间环境中的生存能力与适应机制成为推进人类空间探索可持续发展、支撑人类开展地外生命探索和宇宙生命起源等基础科学研究的核心问题。同时，在载人航天活动支撑下，利用微生物在空间环境下特有的生命机能、活动特性和代谢过程，发展服务于空间和地面环境的微生物技术和转化应用，将极大促进地面医药、环境、能源和农业等领域的发展。

近年来，有关空间辐射对微生物生物学性状的影响、应用及其分子遗传逐渐成为研究热点。微生物具有结构简单、繁殖速率快、周期短等特点，有利于遗传变异效应研究，是空间生命科学研究的重要模式生物。另外，多种细菌（如耐辐射奇球菌、枯草芽孢杆菌等）具有很强的耐辐射能力，它们对辐射环境的修复

(如核废料的处理)有至关重要的作用。抗辐射微生物均具有一定的抗旱能力，研究抗辐射微生物，在作物抗干旱方面具有潜在价值。除此之外，抗辐射菌的研究，可以为抗氧化药物研制提供新的思路。

由于空间辐射实验的费用高昂、场所有限、操作难度大等限制，因此通过地面不同辐射源模拟空间辐射环境，了解空间辐射对微生物特性的影响，包括微生物形态结构、生长速率、细胞代谢、毒力、生存能力和基因表达等方面，为空间诱变育种及航天员健康、飞行器安全提供理论支持。地面模拟装置的优点是既避免了空间搭载资源的限制，又能够对实验环境参数进行精确控制，但其缺点在于难以为生物样品提供长期综合的模拟环境。

6.2 实验原理

太空环境的极端物理条件，是一种地球上无法比拟的特殊诱变源，可造成细菌生长、生物学性状及遗传代谢等方面发生一系列不可预测的变化。

空间辐射由银河系宇宙射线、太阳粒子和地磁滞留粒子组成：第一组由高能质子（90%）、α粒子（9%）和重离子（1%）组成；第二组主要由质子和电子、α粒子和重离子组成；第三组由质子和电子组成。太空辐射对微生物的危害主要是引起DNA变异，其中，太空粒子流对细菌等生物的生物学效应与细胞核酸物质直接吸收粒子流能量或因粒子流电离细胞水分子的间接作用有关，包括细胞染色体畸变、特定基因突变、DNA断裂，甚至导致细胞死亡等。

6.2.1 太阳紫外辐射对微生物的影响

紫外辐射（ultraviolet radiation，UV）是空间环境中对微生物最具影响力的辐射源之一。太阳紫外辐射由4部分组成：UVA（315~400 nm）约占总电磁辐射的6.3%；UVB（280~315 nm）约占总电磁辐射的1.5%；UVC（100~280 nm）约占总电磁辐射的0.5%；还有部分波长小于100 nm的真空紫外辐射，它们能被大气中的氧气等分子吸收，因而只存在于真空。

基于空间搭载及地面模拟实验的研究结果显示，不同波长的太阳紫外辐射会引起不同程度的 DNA 损伤。紫外辐射中的 UVB、UVC 射线能够诱发微生物 DNA 链中相邻的嘧啶碱基产生嘧啶二聚体，阻碍 DNA 的复制和碱基的配对，并可能引起突变或死亡，还会使 DNA 的空间构象发生改变，从而影响 RNA 与蛋白质的生物功能。与 UVB、UVC 辐射不同，高能量的真空紫外辐射会被生物 DNA 分子吸收，与 DNA 相互作用产生一些活性氧，直接或间接导致生物体 DNA 链断裂，引发生物的高突变率或者死亡。

6.2.2　重离子辐射对微生物的影响

重离子束为特殊的辐射形式，对生物体有着特殊的作用和过程。例如，加速的重离子传能线密度大，离子接触受体样品后首先发生物理过程，引起细胞表面穿孔，甚至直接穿透微生物，而在此过程发生能量沉积，并伴随发生一系列的化学反应，改变生物大分子的结构或空间构象，最终引起生物大分子生物学功能的改变，产生终极生物学效应。

对微生物而言，DNA 双链断裂是重离子束粒子辐射造成的最严重损伤。例如，对大肠杆菌、异常球菌及枯草芽孢杆菌等微生物的飞行搭载结果均支持了上述观点。高能重离子束粒子对生物 DNA 分子的电离与激发作用，导致生物体产生一些活性氧自由基，造成生物 DNA 分子损伤及细胞功能紊乱。尽管大部分 DNA 损伤在后续阶段被生物体修复，但仍有部分修复难度大、修复错误率高的损伤会通过信号转导引起临近细胞的损伤。Moeller 等认为，微生物孢子主要通过两种方式降低电离辐射损伤：一是休眠态的微生物孢子通过 DNA 保护机制，原位保护 DNA；二是休眠态积累的 DNA 损伤在孢子萌发时通过 DNA 修复系统被快速修复。

6.2.3　激光辐射对微生物的影响

激光辐射产生光效应、热效应、压力效应和电磁场效应来影响微生物，引起微生物细胞 DNA 或 RNA 改变，导致酶的激活或钝化，以及细胞分裂和细胞代谢活动的改变。不同种类的激光辐射生物有机体，所表现出的细胞学和遗传学变化也不同。这给生物诱变育种提供了有利条件。

6.2.4 γ射线对微生物的影响

γ射线与X射线由光子组成，是间接电离辐射，一般具有较高的能量，能产生高速运动的次级电子，因而直接或间接地改变DNA结构。直接效应是可以氧化脱氧核糖的碱基，或者脱氧核糖的化学键和糖－磷酸相连接的化学键；间接效应是能使水或有机分子产生自由基，而这些自由基可以与细胞中的溶质分子发生化学变化，导致DNA分子缺失和损伤。

6.2.5 电离辐射对微生物的影响

电离辐射是射线将能量直接传递给生物分子。从照射之时起，在细胞学上观察到可见损伤的过程包括物理、物理－化学和化学3个阶段。在此过程中，辐射能量的吸收和传递、分子的激发和电离、自由基的产生和化学键的断裂等都是在有机体内进行的。能量的吸收和传递使细胞中排列有序的生物大分子处于激发和电离状态，特殊的生物结构也使电子传递和自由基连锁反应得以进行，这导致了初始的生物化学损伤。由于亚细胞的破坏引起了酶的释放，代谢的方向性和协调性的紊乱促使初始的生物化学损伤得以进一步发展，引起了机体内的进一步变化。

6.3 实验方法

6.3.1 仪器、试剂与实验微生物

（1）仪器：^{60}Co光源（γ射线辐照）、CFBR－Ⅱ堆（中子辐照）、冰箱、分光光度计、恒温培养箱、培养皿、吸管、烧杯、量筒、三角瓶、水浴锅、冻存管、摇床、移液管等。

（2）试剂：牛肉膏、蛋白胨、NaCl、蒸馏水、琼脂、可溶性淀粉、磷酸盐缓冲液。

（3）实验微生物：以枯草芽孢杆菌黑色变种（Bacillus subtilis var. Niger，ATCC 9372）为例。枯草芽孢杆菌是一种重要的模式微生物，其芽孢对干旱、极

端温度、紫外辐射及电离辐射等环境具有极强的耐受性，被先后用于空间环境搭载，并完成了数分钟到6年的飞行。

6.3.2　样品制备

1. 培养皿的制备

（1）缓冲蛋白胨水（buffered peptone water，BP）培养基：牛肉膏3 g、蛋白胨10 g、NaCl 5 g、水1 000 mL（pH 7.0）、琼脂25 g。

（2）淀粉琼脂培养基：可溶性淀粉5 g、蛋白胨10 g、牛肉膏3 g、琼脂25 g、水1 000 mL（pH 7.0）。

2. 芽孢制备

首先将平皿扩大培养，随机挑取菌落，在BP培养基上分别进行平皿扩大，在37 ℃恒温培养箱中培养7~8天，进行芽孢染色，检测芽孢率；然后进行芽孢悬液的制备，待芽孢率达到95%以上时，刮下菌苔，在装有磷酸盐缓冲液的三角瓶中充分打散、混匀；其次进行断链，45 ℃水浴断链24 h，每隔4 h摇晃一次，使芽孢分散成单个个体；最后进行样品分装，将芽孢悬液充分混匀，每个样品分装于2 mL冻存管中，存放在4 ℃冰箱中备用。

6.3.3　辐照处理

1. γ射线辐照枯草芽孢杆菌

γ射线处理枯草芽孢杆菌采取了两种辐照方案，即相同剂量、不同剂量率γ射线处理和相同剂量率、不同剂量γ射线处理。

在相同剂量率7.4 Gy/min下，采用的γ射线总辐照剂量分别为80 Gy、200 Gy、400 Gy、800 Gy、2 000 Gy和4 000 Gy。在相同总辐照剂量4 000 Gy下，剂量率分别为7.4 Gy/min、15.0 Gy/min、37.0 Gy/min、60.0 Gy/min和74.0 Gy/min。

2. 快中子辐照枯草芽孢杆菌

快中子对枯草芽孢杆菌的辐照连续进行了两次。第一次辐照采取低、中、高、特高剂量，即在剂量率为7.4 Gy/min下，剂量分别为80 Gy、800 Gy、2 000 Gy、20 000 Gy的中子辐照枯草芽孢杆菌。

将第一次不同剂量辐射后的存活菌落随机选取 5 个，扩大培养后，再在剂量率为 7.4 Gy/min 下进行剂量为 1 000 Gy 的二次中子辐照。

两次辐照间隔 60 d。

6.3.4 检测指标

1. 枯草芽孢杆菌产淀粉酶活性的鉴定

将辐照组与对照组作倍比稀释到适当的浓度（以每个平板长出 10 个左右菌落为宜），后取 100 μL 涂于淀粉琼脂培养基平板中（记为平板 1，每个稀释度涂 3 个平板上），然后将平板放入 37 ℃恒温培养箱培养 48 h 后作产酶活性鉴定。鉴定方法如下：测量平板 1 菌落大小；另取 1 个平板，记为平板 2，平板 2 用基本培养基，将平板 1 上的单个菌落挑起，接入平板 2 的对应位置；在平板 1 中滴加现配制的鲁格尔氏碘溶液，直至弥漫平板，稍停片刻，测量其菌落形成的透明圈的大小；确定平板 1 上透明圈的位置，从平板 2 上挑出对应的菌接入斜面保存。

2. 高产淀粉酶菌株的筛选

将前面处理得到的最大菌落直径、最大透明圈直径和菌体直径的比值（HC 值）的菌株作为初选出来的菌株，再采用透明圈方法进行复筛，以菌落直径、透明圈直径、HC 值为标准，复筛出稳定高产淀粉酶的变异菌株。

3. 淀粉酶活力测定

将菌体接入液体基本培养基中，在 37 ℃ 摇床培养 48 h 后，将发酵液以 4 000 r/min 离心除去菌体，取上清液，获得粗酶液。取 10 mL 2% 淀粉溶液放入 50 mL 三角瓶内，在 40 ℃预热 10 min 后，加入 1 mL 的粗酶液，摇匀，精确保温 30 min。用移液管吸取 2 mL 反应液于试管内，再吸取 3,5 - 二硝基水杨酸（3,5 - Dinitrosalicylic Acid，DNS）试剂 2 mL 置沸水浴中加热 5 min，取出后迅速冷却，用蒸馏水稀释至 25 mL，混匀后用分光光度计在 540 nm 下进行比色；同时，以发酵上清液作为对照。

一个酶活单位（international unit，IU）定义为 1 min 转化底物产生 1 μmol 还原糖（以葡萄糖计）所需的酶量。

4. 遗传稳定性研究

对选出的高产菌株在 BP 斜面上连续传代 15 代。在第 3 代、第 6 代、第 10

代、第 15 代分别测定其淀粉酶活性，考察变异菌株产淀粉酶的稳定性。

6.4　注意事项

（1）不同的辐照源、辐照剂量对微生物会产生不同的影响，因此本书的检测项目只作参考，具体项目可以根据情况选定。

（2）辐照剂量是影响辐射效果的最主要原因，因此选定适宜的辐照剂量是诱发突变的前提条件。

（3）辐照处理方法在一定程度上决定诱变效果，根据生物特性选择急性照射、慢性照射或重复照射。

（4）辐照处理时的外部条件也会对辐照效果有影响。

参考文献

[1] 石磊，梁运章．物理因子对微生物诱变作用的研究进展［J］．内蒙古大学学报（自然科学版），2006（1）：111－115.

[2] 袁俊霞，印红，马玲玲，等．载人航天工程中的微生物科学与技术应用［J］．载人航天，2020，26（2）：237－243.

[3] SENATORE G，MASTROLEO F，LEYS N，et al. Effect of microgravity & space radiation on microbes［J］. Future Microbiology，2018，13（7）：831－847.

[4] BEEGLE L W，WILSON M G，ABILLEIRA F，et al. A concept for NASA's Mars 2016 astrobiology field laboratory［J］. Astrobiology，2007，7（4）：545－577.

[5] 张学林，刘长庭．空间微生物制药研究进展［J］．中国医药导报，2015，12（8）：30－32.

[6] WANG J，LIU C，LIU J，et al. Space mutagenesis of genetically engineered bacteria expressing recombinant human interferon α1b and screening of higher yielding strains［J］. Microbiology and Biotechnology，2014，30（3）：943－949.

[7] 陈振鸿，刘长庭．太空环境对细菌的影响及作用机制 [J]．解放军医学院学报，2014，35（7）：763－765.

[8] HORNECK G，KLAUS D M，MANCINELLI R L．Space microbiology [J]．Microbiology and Molecular Biology Reviews，2010，74（1）：121－156.

[9] 袁俊霞，张美姿，印红，等．空间环境对微生物的影响及应用 [J]．载人航天，2016，22（4）：500－506.

[10] HORNECK G，RETTBERG P．Complete course in astrobiology [M]．New York：Wiley－VCH，2007：273－320.

[11] 缪建顺，杨建设，张苗苗，等．重离子辐照微生物效应及诱变育种进展 [J]．辐射研究与辐射工艺学报，2014，32（2）：3－10.

[12] MICKE U，HORNECK G，KOZUBEK．Double strand breaks in the DNA of *Bacillus subtilis* cells irradiated by heavy ions [J]．Advances in Space Research，1994，14（10）：207－211.

[13] ZIMMERMANN H，SCHAFER M，SCHMITZ C，et al．Effects of heavy ions on inactivation and DNA double strand breaks in Deinococcus radiodurans R1 [J]．Advances in Space Research，1994，14（14）：213－216.

[14] SCHAFER M，SCHMITZ C，BUECKER H．Heavy ion induced DNA double strand breaks in cells of E．Coli [J]．Advances in Space Research，1994，14（10）：203－206.

[15] MOELLER R，REITZ G，LI Z，et al．Multifactorial resistance of Bacillus subtilis spores to high－energy proton radiation：role of spore structural components and the homologous recombination and non－homologous end joining DNA repair pathways [J]．Astrobiology，2014，12（11）：1069－1077.

[16] 毛淑红，靳根明，卫增泉．药用微生物辐照诱变研究进展 [J]．激光生物学报，2004（1）：25－29.

[17] 吴德昌．放射学 [M]．北京：军事医学科学出版社，2001.

[18] 曹友声，刘仲敏．现代工业微生物学 [M]．长沙：湖南科学技术出版社，1998.

[19] 夏寿萱．分子放射生物学 [M]．北京：高等教育出版社，1992.

[20] 陈晓明，谭碧生，张建国，等. 快中子辐照对枯草芽孢杆菌的灭菌效果研究 [J]. 辐射研究与辐射工艺学报，2007 (3)：166 - 170.

[21] 董志扬，祝令香，于巍，等. 纤维素酶高产菌株的诱变选育及产酶条件研究 [J]. 核农学报，2001 (1)：26 - 31.

[22] 喻东，陶科，国锦琳. 沙雷氏菌产硫酸软骨素酶菌种的 CO_2 激光辐照选育 [J]. 激光技术，2007 (1)：41 - 43.

[23] 张一青，陆兆新，邹晓葵. N^+ 离子注入对 Aspergillus sp. 产原果胶酶的诱变效应 [J]. 辐射研究与辐射工艺学报，2005 (3)：140 - 144.

第7章
模拟空间辐射细胞实验设计

7.1 实验目的

载人航天在人类的历史上虽然刚刚经历了短短60多年的发展历程，却取得了巨大的成就，如登月、多次进入太空、太空持续飞行438 d等。我国的航天技术与载人航天也在新世纪之初取得了辉煌的进步，先后实现了3个航天员遨游太空的壮举。相应地，登月飞行、火星探险也列入了我国的航天发展规划。载人航天脱离了地球稠密大气层这一天然屏障的保护，不可避免地要暴露于外层空间的强辐射环境下，这是航天期间必然遇到的主要有害环境因素之一。这一环境包括空间天然存在的和在航天器载荷中产生的电离辐射与非电离辐射。空间天然电离辐射源主要是银河宇宙辐射、地磁捕获辐射和随机发生的太阳粒子事件。随着人类探索脚步的不断延伸和在太空中滞留时间的延长，空间辐射对载人航天的影响也越发重要和不可忽视，甚至会成为主要的制约因素之一。

细胞是生物体结构和功能的基本单位，是辐照响应单元。射线通过能量在细胞内的直接沉积导致辐射对生物产生效应，这是辐射生物学的直接效应。研究表明，辐射会引起旁效应和基因组不稳定性等间接效应。辐射引起细胞DNA损伤后，会导致细胞分裂停滞。如果DNA修复通路不能对损伤进行修复，那么细胞就会停滞生长或凋亡。部分染色体突变的细胞可能会触发癌基因进而诱发癌变。辐射诱发细胞凋亡的影响因素有线性能量传递（linear energy transfer，LET）、辐照剂量、辐照剂量率和辐照时间等。此外，辐射诱导的基因组不稳定性对细胞伤害极大，也是辐射造成人体生理病理变化的主要方式。

空间辐射的复杂性和空间飞行的稀缺性严重制约了空间辐射细胞实验的开展。因此，模拟空间辐射环境下对细胞水平的研究，是空间辐射动物和人体实验的基础，有利于阐明辐射损伤机制，为辐射物理防护和药物防护提供理论依据。

本章对模拟空间辐射细胞实验提供设计方案，模拟空间辐射细胞培养方法，检测细胞在两种不同模拟空间辐射条件（^{60}Co γ 射线和 $^{12}C^{6+}$ 重离子束）、不同辐照剂量下的细胞形态、细胞凋亡情况，进行细胞生长速率测定、细胞活性氧测试、染色体畸变检测等，分析不同检测指标下两种辐射源对细胞造成的相对生物效应（relative biological effect，RBE）。

7.2　实验原理

空间辐射环境包括地球辐射带、太阳粒子事件和银河宇宙射线，以及这些辐射在穿过航天器器壁与内部结构时产生的中子、电子和光子等次级辐射。

银河宇宙线主要包含电子、质子到铀核的各种带电粒子，其中 98% 为质子及重离子，2% 为电子和正电子。在核子中，质子占 85%，α 粒子占 14%，重离子仅占 1%。这些高原子序数、高能粒子所带能量主要为 100～1 000 MeV/u。太阳粒子事件则为太阳耀斑爆发时发射的高能带电粒子，绝大部分成分为质子(90%～95%)，也有少量的 α 粒子和极少量的其他重离子。这些粒子的能量范围主要为 10～500 MeV/u。地球辐射带为地球磁场捕获的大量高能带电粒子，主要是电子、质子以及少量的重离子。地球辐射带从距离赤道表面 200 km 的高度一直延伸到 75 000 km 的高空，其中电子的能量最高可达到 7 MeV，质子的能量可达到 600 MeV。这些空间初级宇宙辐射具有非常高的能量。空间辐射对航天员的影响和风险在于破坏人体组织细胞、染色体、DNA，造成多系统和器官损伤，引发癌症、白血病及白内障等疾病。对耗时较长的空间站任务与深空探测活动而言，高能空间重离子具有比其他种类辐射更为显著的生物学效应。虽然高能空间重离子的通量很低，辐照剂量与剂量率也很小，但其电离辐射能力强，沿粒子径迹会发生很大的能量沉积（高 LET），从而对细胞造成损伤。空间辐射实验和地面辐射实验都表明，对包括细胞死亡、凋亡、基因突变、染色体畸变等生物效应，高LET重离子比低LET辐射的效应更强。因此，正确认识高LET重离子引起的DNA损伤效应和细胞反应机制，对空间辐射危害评价具有重要的意义。

带电粒子辐射对航天员造成的重要损伤是不可逆的。由于辐照剂量是累积的，所以大辐照剂量的主要危险可能引发滞后的癌变，次要危险会引发遗传因子的改变而影响子孙后代。辐射对细胞的直接损伤会影响中枢神经系统，还会引发白内障，降低航天员的视力。带电粒子辐射不仅是载人航天公认的主要问题之一，还是太阳系内载人探测器潜在的限制性因素之一。许多空间探测结果表明，空间的辐射水平比地球表面的辐射水平高出很多，航天员在空间接受的辐照剂量比在地面接受的辐照剂量可能高100倍甚至更高。更为重要的是，空间存在高能重离子，它们的生物效应比其他的带电粒子更大。迄今为止，航天员在空间飞行的时间较短，仅有俄罗斯的几个航天员飞行的时间超过了1年。虽然他们接受的辐射水平超过了致癌风险，但还是比美国国家辐射保护和测量委员会所推荐的航天员一生容许的接受辐射水平限制的风险要小，即小于航天员一生容许可超出接受辐照剂量水平的3%。

深入理解空间环境对机体带来的影响并研究有效的应对措施是当务之急。太空环境是开展此类研究的理想场所，但受到时间、空间、现有科技水平等多方面实际因素的限制，目前还不具备依托航天器进行长时间、大规模空间生物实验研究的能力。因此，空间辐射生物学地基模拟实验装置成为地面模拟空间辐射环境的主要方式。空间辐射生物学地基模拟实验装置可以用于开展空间辐射环境对航天员生命健康的影响，以及作用方式、空间辐射在生命起源与进化中的作用等研究，从而有效促进空间辐射防护措施的研发、肿瘤发生及生命起源与进化等基础研究的开展，同时为空间生命支持系统的实验验证提供平台。

我国现有的2台重离子辐射模拟源中，中国原子能科学研究院HI－13串列重离子加速器的LET范围为0.017～86.1 $MeV \cdot cm^2 \cdot mg^{-1}$；HIRFL的LET值可达到100 $MeV \cdot cm^2 \cdot mg^{-1}$左右，它由两台回旋加速器组成，能加速$^{12}C$到$^{209}Bi$等多种重离子，是我国规模最大、加速离子种类最多、能量最高的重离子研究装置，其主要技术指标达到国际先进水平，国内大部分单粒子效应实验都在这两台回旋加速器上进行。

7.3　实验方法

7.3.1　仪器与试剂

（1）仪器：^{60}Co γ 辐射源、重离子辐射源、CO_2 细胞培养箱、台式高速冷冻离心机、超声破碎仪、流式细胞仪、Muse 细胞分析仪、雪花制冰机、－80 ℃低温冰箱、－20 ℃低温冰箱、液氮罐、细胞活力测定试剂盒。

（2）试剂：干细胞培养液 Neurobasal、DMEM/F12 培养基、10% 胎牛血清、胰蛋白酶－EDTA 溶液、Giemsa 溶液、DCFH－DA 染液、碘化丙啶染液、秋水仙素、100% 甲醇、磷酸盐缓冲盐水、双抗、无水乙醇、75% 乙醇、70% 乙醇。

7.3.2　细胞培养

将神经干细胞以 5×10^5 个/mL 密度接种，置于 37 ℃、5% CO_2 环境下培养。2 d 后隔天换液。通常 1 周左右，神经球长出。在光镜下观察，当细胞球中心已出现灰黑色区域时进行传代，将培养基转移至 15 mL 离心管中，800 r/min 离心 5 min，弃上清液。加入 0.125% 胰酶＋0.02% EDTA 消化 2～3 min，加入胰酶抑制剂终止消化，轻轻吹打神经球至细胞悬液，800 r/min 离心 5 min，弃上清液。加入适量干细胞培养液（DMEM/F12＋2% B27＋bFGF 20 ng/mL＋EGF 20 ng/mL），调整细胞浓度为 5×10^5 mL，置于 37 ℃、5%　CO_2 下继续传代培养。

7.3.3　辐照

将 2×10^5 个神经干细胞接种到 35 mm 的培养皿中。进行实验的 NSC 的传代数为 3 代。接种后 24 h，以 0.5 Gy/min 的剂量率对 NSCs 分别进行 0.5 Gy、1 Gy、2 Gy、4 Gy 或 8 Gy 的 ^{60}Co γ 射线和 $^{12}C^{6+}$ 重离子束辐照，设置对照组。

中国科学院近代物理研究所兰州重离子加速器可以将单能碳离子加速至 18.3 MeV/u，或从 ^{60}Co 辐射源发射的 γ 射线辐照。细胞表面的碳离子辐射和 γ 射线的 LET 值分别为 108 keV/μm 和 0.2 keV/μm。

辐照后培养细胞 0 h、24 h、48 h、72 h。

7.3.4 细胞预处理

实验组、对照组用 PBS 洗涤两次，并在 37 ℃下加入 2～3 mL 的 0.25% 胰蛋白酶－EDTA 溶液。在 37 ℃下以 1 000 r/min 离心 5 min，弃去上清液。收集的细胞在－80 ℃下保存用于后续检测。

7.3.5 检测指标

1. 细胞形态

将辐照后 0、24 h、48 h 和 72 h 及对照组细胞从培养皿收集，并用 PBS 洗涤，用 100% 甲醇固定，然后用 Giemsa 溶液染色 5 min。将实验组和对照组细胞放在倒置显微镜中观察细胞的生存能力和形态，并进行拍照对比。

2. 生长速率测定

使用细胞分析仪和细胞活力测定试剂盒，在辐照后 0、24 h、48 h 和 72 h 对从培养皿收集的细胞进行计数。通过将特定时间的细胞数除以前一时间的细胞数，得出每 24 h 的生长速率。通过将 72 h 的细胞数除以 0 的细胞数也可以获得总生长量；通过线性插值法评估将总生长量减少 1/2（LD 50）所需的剂量；通过将 γ 射线的 LD 50 除以碳离子辐射的 LD 50 可获得基于生长抑制的 RBE 值。

3. 细胞凋亡分析

为检测凋亡细胞的死亡，使用膜联蛋白 V 和死细胞试剂盒，在辐照后 24 h、48 h 和 72 h 从培养皿中收集的细胞用荧光标记的膜联蛋白 V 和 7－氨基放线菌素 D（7－AAD）进行染色。用 Muse 细胞分析仪测量 2 000 个细胞的荧光强度。根据实验确定的阈值，将膜联蛋白 V 和 7－AAD 处理的双阳性细胞计数为凋亡细胞的指标。为评估辐照对凋亡细胞死亡的影响，从辐照后的假阴性细胞中减去双阳性细胞的百分数。在照射后 72 h 通过线性插值获得使凋亡细胞的百分比增加 15% 所需的剂量。通过将 γ 射线的剂量除以碳离子辐射的剂量可以计算出RBE 值。

4. 细胞内活性氧的测定

使用DCFH－DA（2′,7′－二氯荧光黄双乙酸盐）染色，用流式细胞仪分析细胞内活性氧（ROS）。将实验组和对照组细胞预处理后，在黑暗中与DCFH－DA（10 mol/L）孵育20 min。使用荧光显微镜和流式细胞仪监测荧光强度。

5. 细胞周期分析

将样品在4 ℃的无水乙醇中固定过夜，并用10 μg碘化丙啶溶液染色，使用流式细胞仪，每个实验样品至少分析15 000个事件。使用FlowJo软件根据DNA含量直方图分析细胞周期分布。

6. 染色体畸变

照射结束后，立即在实验组细胞中加入秋水仙素（0.015 μg/mL），加入适量PHA，在37 ℃培养72 h，收获制片，Giemsa染色。

在显微镜下选择染色体数目为46 ± 1、分散良好、长度适中的分裂中期细胞，准确计数：双着丝粒体、着丝粒和无着丝粒环、断片、单体型的断裂数目，以及可分辨的不对称易位和臂间倒位等。每例分析200个细胞，并计算染色体畸变率。畸变率 = 畸变细胞个数/200 × 100%。

RBE分析以^{60}Co γ射线为基准，即

$$\text{RBE}=\frac{\text{诱发一定数量染色体畸变所需}\gamma\text{射线剂量（Gy）}}{\text{诱发相同数量染色体畸变所需重离子剂量（Gy）}}$$

7.4　注意事项

（1）实验组辐照剂量和剂量率可根据检测指标不同进行预实验确定。

（2）根据实验条件和需求，也可进行神经干细胞原代培养。原代取材方法如下：脱颈处死2周龄孕鼠，孕鼠腹部以75%酒精消毒后，用手术剪打开腹腔，取出子宫，剪开子宫，取出胎鼠，将其置于含冰冷PBS液的10 cm培养皿中。将胎鼠断头，用眼科剪分离颅骨及硬脑膜，取出脑组织；在显微镜下充分取出脑膜和血管组织。将脑组织用PBS清洗3次，剪成1 mm大小的组织块，置于含DMEM/F12的离心管中，用吸管轻吹打10次，静置离心管1～2 min，取细胞悬液。重复2～3次。细胞悬液以700 r/min离心6 min，吸除上清液，获得细胞沉

淀。用 DMEM/F12 +2% B27 + bFGF 20 ng/mL + EGF 20 ng/mL 重悬后，过 200 目筛网并计数。按 5×10^5 个/mL 密度接种，置于 37 ℃、5% CO_2 培养。2 d 后隔天换液。通常 1 周左右，神经球长出。

（3）传代培养时机的影响。神经干细胞经过原代培养细胞大量增殖，必将导致大部分神经干细胞因缺乏营养而死亡，因此及时进行传代是防止其死亡的关键，一般选用原代培养 5 ~ 7 d 时进行，既可避免细胞过度增殖而死亡，又可保持细胞增殖的活性。

（4）根据实验条件也可选择其他细胞进行实验，或选择其他模拟空间辐照种类。对不同的细胞和辐照种类需进行预实验来确定实验条件。

参 考 文 献

[1] 周平坤. 模拟空间辐射生物学效应的研究进展 [J]. 辐射防护通讯，2009，29（5）：2 -6.

[2] CHEW M T，NISBET A，JONES B，et al. Ion beams for space radiation radiobiological effect studies [J]. Radiation Physics Chemistry，2019（165）：108373.

[3] 马晓环，魏力军，郑红霞，等. γ 辐照与模拟微重力效应对大鼠终末分化 PC12 细胞损伤的研究 [J]. 现代生物医学进展，2008，8（12）：2204 - 2207，2213.

[4] 胡凯骞，党秉荣，李文建，等. 重离子辐照对人肝细胞、肝癌细胞端粒酶活性表达的影响 [J]. 辐射研究与辐射工艺学报，2008（3）：166 -170.

[5] SCHIMMERLING W. Radiobiological problems in space [J]. Radiation and Environmental Biophysics，1992，31（3）：197 -203.

[6] FRANCIS A C，HOOSHANG N，DUDLEY T G. The effects of delta rays on the number of particle - track traversals per cell in laboratory and space exposures [J]. Radiation Research，1998，150：115 -119.

[7] TOWNSEND L W，CUCINOTTA F A，WILSON J W，et al. Estimates of HZE

particle contributions to SPE radiation exposures on interplanetary missions [J]. Advances in Space Research, 1994 (14): 671 -674.

[8] VANALLEN J A. Radiation belts around the earth [J]. Scientific American, 1959 (20): 39 -47.

[9] FRANCIS A C, IANIK P, ARTEM L P, et al. Nuclear interactions in heavy ion transport and event - based risk models [J]. Radiat Prot Dosimetry, 2011, 143: 384 -390.

[10] 刘建忠, 刘惠英, 胡波. 空间辐射剂量测量简介 [J]. 核电子学与探测技术, 2011, 31 (10): 1098 -1103.

[11] 胡文涛, 丁楠, 裴海龙, 等. 空间重离子辐射效应及 microRNA 的调控作用 [C] // 中华医学会第九次全国放射医学与防护学术交流会论文集, 珠海, 2012: 16 -17.

[12] 李贺, 徐丹, 华君瑞, 等. 中科院近代物理所空间辐射环境地基模拟实验平台 [C] //第一届全国辐射物理学术交流会 (CRPS2014) 论文集, 西安, 2014: 1 -8.

[13] KIFFER F, BOERMA M, ALLEN A. Behavioral effects of space radiation: A comprehensive review of animal studies [J]. Life Sciences in Space Research, 2019 (21): 1 -21.

[14] 孔福全, 隋丽, 刘建成, 等. 中国原子能科学研究院辐射育种技术及研究概述 [J]. 中国原子能科学研究院年报, 2019 (38): 67.

[15] SONG H Y, KIM H M, MUSHTAQ S, et al. Gamma - irradiated chrysin improves anticancer activity in HT -29 colon cancer cells through mitochondria - related pathway [J]. Journal of Medicinal Food, 2019, 22 (7): 713 -721.

[16] FU H J, SU F, ZHU J, et al. Effect of simulated microgravity and ionizing radiation on expression profiles of miRNA, lncRNA, and mRNA in human lymphoblastoid cells [J]. Life Sciences in Space Research, 2020 (24): 1 -8.

[17] LAGGNER M, COPIC D, NEMEC L, et al. Therapeutic potential of lipids obtained from gamma - irradiated PBMCs in dendritic cell - mediated skin

inflammation [J]. EBioMedicine, 2020 (55): 102 – 107.

[18] QUAN Y, TAN Z, YANG Y, et al. Prolonged effect associated with inflammatory response observed after exposure to low dose of tritium beta – rays [J]. International Journal of Radiation Biology, 2020: 1 – 8.

[19] FARHOOD B, ASHRAFIZADEH M, KHODAMORADI E, et al. Targeting of cellular redox metabolism for mitigation of radiation injury [J]. Life Sciences, 2020 (25): 9.

[20] 王仲文，孟昭菊，杜杰，等. 18MeV 质子照射人外周血淋巴细胞染色体分析报告 [C] //2008 年全国个人剂量监测研讨会论文集，北京，2008: 64 – 67.

第8章 模拟空间辐射植物实验设计

8.1 实验目的

植物能够通过光合作用将 CO_2 和 H_2O 转化为氧和有机物，通过呼吸作用将 O_2 和有机物分解为 CO_2 和 H_2O，维持自然界的碳氧平衡。植物的光合作用，使其对包括人类在内的所有其他生物提供了物质保障。

由于以上特性，使得植物是长时间航天任务或空间站所必不可少的。高等植物是生物生产生命支持系统的一个重要组成部分，用于生产食物和药物活性分子，补充空气、过滤水和改善航天员的精神健康。目前，这些物资几乎全部是随发射飞船送入太空，成本高昂，而在太空栽培植物可以产生更多的氧气，也可以培育蔬菜达到自给自足的目的。这些不仅可以降低航天员在太空生活的成本，有利于航天员的心理健康，还可能会对人类进入太空中长期生活具有重大意义。在空间站中培养植物分为有土栽培与无土栽培两种。在设计时需考虑为植物提供所必需的因素并对其进行交换及固定，包括空气、土壤（培养液）、定时光照，也要考虑温度、湿度、光度等因素。另外，由于空间中的微重力环境，植物产生的水分无法有效地回到土壤中，因此还需要考虑水分的补充和有效循环。空间辐射对植物的染色体具有强烈的破坏重组作用，因此除了充分利用其诱导植物突变的特性外，同样需要考虑如何能保障植物在空间高强度辐射的环境中生长、发育、繁殖。模拟空间辐射的植物实验可以有效地筛选适合培育于太空的植物并进行先行育种。太空中对植物影响最大的并非重力，而是多种已知、未知的空间辐射。这些射线可能直接作用于植物的染色体，打破原有的脱氧核糖核酸序列后再重新链接，使植物基因变异的可能性增大。这种变化是不可逆的，还将随着植物繁殖一代代遗传下去。根据这种原理，对植物进行辐照可以作为培育某些高活性的中草药或高产量的粮食等的良好方式。辐射照射到植物的种子、器官、组织或完整植株时，对它们造成的影响都有所不同，通过筛选可以在短时间内获得具有优良性状的突变体，供直接利用或在此基础上进行进一步的培育、诱导和繁殖。

空间实验具有费用高昂、场所有限、操作难度大等限制，宇宙中的辐射射线组成复杂，变化多端，具有难以控制、不确定性大、无法有效控制剂量等诸多限制。通过充分了解空间辐射的射线，我们完全可以有效地在地面对其进行模拟，研究不同种类、不同剂量射线对诱导植物生长的不同作用，了解空间辐射对植物生长发育、遗传编码、生理活性等的影响，可以有效地推动在空间站种植植物的项目和设计。

8.2 实验原理

宇宙空间中的天然辐射主要包括银河宇宙射线和太阳粒子事件等，包含 γ 射线、高能质子和宇宙射线的特殊混合体。银河宇宙射线的主要成分为质子、α 粒子、重离子等。太阳粒子事件是随着太阳爆发时间歇性产生的高能带电粒子流，由低能到中能量的质子和 α 粒子组成。宇宙射线是来自外太空的带电高能次原子粒子。

目前，空间辐射风险是在太空环境种植植物的重要影响因素之一。辐射种类、质量、剂量和植物种类、特征、年龄不同，造成的后果也有所不同，从生长刺激到生长抑制都有可能发生。在太空中生长的植物接触到新的环境信号，会改变其各项生理状态，其中电离辐射影响占重要地位。为保护航天员和各种仪器设备在航天期间尽量减少受到空间辐射的危害，航天器在设计舱壁时尽可能地使舱内所受的空间辐照剂量保持在合理并尽可能低的水平。在近地轨道飞行，由于地球磁场与大气层的防护，航天器受到的辐射主要来源于地磁捕获辐射和银河宇宙辐射；在火星等其他远地航天轨道，辐射源主要是银河宇宙射线和太阳粒子事件。目前植物对辐射反应的认识主要基于受核事故影响地区进行的研究，主要研究植物物种在辐射应力下的高变异性。电离辐射最有害的影响（如X射线和γ射线），可以造成DNA损伤。辐射的影响取决于不同的因素，包括辐射类型、照射的组织/器官/生物的生物学特性、剂量、暴露和恢复时间，以及与其他可能的应激剂的协同作用。

电离辐射是一种强环境应激因子，慢性和急性辐射对植物的影响也有所不同，主要取决于总辐照剂量、剂量率和植物的固有特性。电离辐射的关键作用位置是DNA。急性暴露通常具有靶向效应，通过传递能量和产生自由基直接导致DNA分子损伤；慢性电离辐射具有较强的随机性和非靶向性。另外，电离辐射也能够通过将能量直接转移到其他大分子（如蛋白质或脂质）或间接损伤（包括水的辐射分解）从而导致细胞的结构和功能成分受到损害。

α粒子是氦核，具有质量大、在组织内穿透范围很短的性质。由于其高能量(4~10 MeV)、具有高能线性转移的特征，因此它们能够在很短的时间内引起大量的电离。

γ射线是在不同类型的电磁辐射中具有最高的能量和相应的高穿透能力的射线，其能够穿透植物组织，通过离子的形成和通路导致突变。这些离子能够引起化学反应，进而破坏染色体和DNA，导致植物基因组的突变。研究发现，急性γ射线剂量与存活率（平均致死剂量LD 50）之间存在相关性。

紫外线辐射对植物的损伤主要取决于紫外线的类型及植物对其的耐受程度。研究表明，经过紫外线辐照后的植物，其胡萝卜素与叶绿素的比例可能发生改变，β-胡萝卜素的含量也会有所变化。

重离子束具有高速率和广谱诱变，具有比X射线、γ射线和电子更高的LET。LET表示电离辐射在其单位轨道上的能量沉积，这种高浓度的沉积能量可能对目标生物分子（如蛋白质、膜脂质和核酸）造成更严重的破坏。

8.3 实验方法

以拟南芥为例，这是由于拟南芥是分子植物生物学和遗传学研究中非常流行的植物模式种，具有基因组较小且已全部测序、生长周期短、耐受性强的优点。本章将以常用的 α 射线、γ 射线、重离子辐射源和质子辐射源为例，读者也可以根据需求选择其他辐射源。辐射源仪器的具体情况可参照第 6 章，这里不再重复。辐照采用的样品可以分为植物局部组织、植物种子、植物幼苗等不同的类型，可以按照需要进行选取。辐射实验需要设置对照组，对照组除不需要辐照以外其余步骤与辐照模型相同，本章不再赘述。

8.3.1 仪器、试剂与实验植物

模拟空间辐射植物实验根据需要会用到大量不同类型的仪器与试剂。

（1）仪器：模拟空间辐射环境粒子加速器（见第 6 章）、超声破碎仪、PCR 仪、HPLC 等。

（2）试剂：无菌土壤、水培培养液、MS 配制所需试剂（成品 MS 培养基粉末）、次氯酸钠、乙醇、高锰酸钾、缓冲液等。

（3）实验植物：拟南芥幼植株及种子。

8.3.2 拟南芥植物样品的制备

局部离体培养植物组织。首先配制 Murashige 和 Skoog 培养基，可以购买培养基所需的化学药品自行配制，也可以购买混合好的培养基基本成分粉剂进行调制。MS 培养基的配方见第 4 章附表。在培养基中添加 3%（W/V）蔗糖、0.5 mg/L α－萘乙酸和 0.05 mg/L 激动素，使用缓冲液将培养基的 pH 值调至 5.8。培养皿加 10 mL 培养液，进行高压蒸汽灭菌，降温后备用。将拟南芥的茎或根截成约 0.5 cm^2 的小块进行无菌接种于培养基上。将接种好的培养皿放置于光照、温度适宜的无菌培养室中培养。可以诱导其分化为根、茎、叶等所需的部位，并将生长的组织分离备用。

取拟南芥种子，采用 12.5% 次氯酸钠溶液和 70% 乙醇对种子进行消毒后用

无菌水洗净，自然风干后即可接受辐照。经过辐照后可再将其种植于 3% 高锰酸钾溶液消毒后的土壤中，置于 18 h 光照和 6 h 黑暗、室温（22 ℃）、65% 相对湿度的条件下培育，诱导其发芽长成幼苗并进行后续研究。

培育拟南芥幼苗。用 3% 高锰酸钾溶液对土壤进行消毒，用 12.5% 次氯酸钠溶液和 70% 乙醇对种子进行消毒后用无菌水洗净，播种于土壤，置于 18 h 光照和 6 h 黑暗、室温（22 ℃）、65% 相对湿度的条件下培育，诱导其发芽并长成幼苗。按照后续实验要求将适当生长年龄的幼苗分批移栽，准备进行后续辐射实验。实验后可直接接受指标检测，也可在正常环境下培育一段时间后再进行检测。

8.3.3　模拟空间辐射

1. α 粒子辐射

可以采用 Am－241（^{241}Am）进行辐照，添加物为 Am_2CO_3。可以将样品暴露于 0、50 Bq/L、500 Bq/L、5 000 Bq/L 和 50 000 Bq/L 强度下进行辐照 4～7 d。

2. γ 射线辐射

γ 射线辐射可以分为慢性照射和急性照射两种。慢性照射为实验组的拟南芥从种子生长到开花的过程均长期放置于辐射源进行慢性照射，总剂量为 3 cGy，剂量率为 10^{-7} cGy/s。急性照射为将生长时长 28 d 左右的幼苗给予总剂量 17 cGy、剂量率 6.8×10^{-6} cGy/s 的大剂量照射。

可以使用 Co－60、Cs－137、Zn－65 等辐射源进行辐照。

辐照完成后，可以直接进行检验，也可以将培养物在恒温 22℃ 下移至生长室 3 d，以使生理恢复和反应机制激活。

3. 重离子辐射

采用 $^{12}C^{6+}$ 离子以 200 Gy（43 MeV /核子；样品内平均 LET 为 50 keV /μm）进行辐照。平均 LET 即 dE/dx，其中 dE 为能量损失（单位为 keV），dx 为路径长度的增量（单位为 μm）。

4. 质子辐射

将样品置于质子直线加速器设施的辐射舱内，以 0、3 Gy、5 Gy、10 Gy 的剂量，加速至 150 MeV 的质子束室温照射。束流在舱内的能量由束流在水中的距离（R = 200 mm）决定。

8.3.4 检测指标

1. 植物样品的鲜质量和长度

从辐照前和辐照后的样品中分别取样，截取其根和茎组织，测定至少 18 个生物学重复的鲜质量和长度并进行对比。

2. 植物细胞的活/死染色分析实验

该实验方法主要用于计算死亡率，其原理为使用染料对植物细胞进行染色，染色后死细胞和仍有代谢活性的细胞呈现不同的颜色，从而进一步计算。可以使用 FUN1 染料对其进行染色，使每个细胞都带上明亮的、扩散的、黄绿色的荧光标记。随着活细胞的代谢，染料的荧光性质发生变化，变成橙红色或橙黄色，因此可以有效地区分活细胞和死细胞，并计算死亡率。

3. DNA 氧化损伤分析（8 - 羟基脱氧鸟苷的含量）

将辐照后的拟南芥根部组织冷冻后用磁珠机械粉碎（ - 80 ℃、30 Hz 下运行 2.5 min），选用 DNeasy Plant Mini Kit 试剂盒进行定量分析，按照检测试剂盒说明书的方法提取 DNA，并用分光光度法测定其浓度。取 38 μL DNA 提取物在 100 ℃下孵化 2 min，然后在 3 μL 250 mmol/L 的醋酸钾缓冲液（pH = 5.4）和 3 μL 10 mmol/L的硫酸锌溶液中被核酸酶 P1（2 μL 5U/μL）消化。在 6 μL 0.5 mol/L Tris - HCl 缓冲液（pH = 8.3）中将消化液用碱性磷酸酶（2 μL 0.3U/μL）处理 2 h，然后在37 ℃下过夜处理，选用竞争性 ELISA 试剂盒（新的 8 - OHdG 检测试剂盒）于 415 nm 的分光光度检测 8 - 羟基脱氧鸟苷的含量。

4. RNA 提取和转录水平分析

将辐照后的拟南芥根部和芽组织冷冻，取 50 ~ 100 mg 并用组织粉碎机在 - 80 ℃、30 Hz 下匀浆提取 RNA。选取合适的试剂盒提取组织中的 DNA（芽组织可选取 Ambion RNAqueous Kit，根组织可选取 RNeasy Plant Mini Kit）。通过电泳与分光光度计检测其完整性和数量，使用 TURBO DNA - free™试剂盒从溶液中除去 DNA。取 1 μg 样品，使用高容量 cDNA 反转录试剂盒将 RNA 转化为 cDNA。使用快速实时 PCR 系统进行荧光分析，使用相应软件计算出基因排序并与 DNA 进行对比。

5. 代谢分析（抗坏血酸和谷胱甘肽含量）

将辐照后的拟南芥根部和芽组织冷冻，取 50 ~ 100 mg 并用组织粉碎机在 -80 ℃、30 Hz 下匀浆，然后加入 800 μL 0.1 mol/L HCl 进行萃取。

谷胱甘肽总浓度通过检测在谷胱甘肽还原酶（glutathione reductase，GR）存在下还原 DTNB 的能力来测定，总抗坏血酸总浓度通过将氧化型转化为还原型后再进行测量。

6. 类胡萝卜素、叶绿素的含量测定

采集辐照后的拟南芥叶片，在液氮中冷冻并于 -80 ℃下保存。取冷冻的叶子样品 1.5 g 于研钵中研磨，预冷后用含 0.1% 二丁基羟基甲苯（dibutyl hydroxytoluene，BHT）的己烷/乙醇/丙酮（50：25：25，V/V/V）匀浆。将混合物温育 10 min 后在 4 ℃、3 000*g* 离心 5 min，添加标准品后用己烷/乙醇/丙酮（50：25：25，V/V/V）萃取 3 次，除去上清液，在氮气下干燥。残留物溶于 100 μL 流动相后进入反相高压液相色谱（HPLC）进行分析。

7. 可溶性酚类化合物的定量分析

采集辐照后的拟南芥叶片，在液氮中冷冻并于 -80 ℃下保存，在黑暗条件下将其冻干。将冻干后的样品在 40% 甲醇中研磨并超声处理 5 min，在 3 500*g* 下离心 3 min。取 2 μL 上清液通过 0.2 μm 过滤，并用 HPLC 进行分析，最终确定每种可溶性酚类化合物的含量。

8. 植物组织制备和组织学研究

分别从辐照后的拟南芥幼苗中分离 3 mm 的茎尖和 3 mm 的根尖，将其固定在 4% 甲醛溶液和 0.025% 戊二醛的磷酸钠缓冲液（sodium phosphate buffer，PBS，pH = 7.3）中，在室温真空浸润 1 h，在 4 ℃保存过夜。将固定的样品用 PBS 洗涤，并在分级乙醇系列中脱水。采用 LR 白树脂与乙醇比例逐渐增加的方式浸润，最终将样品埋入树脂中。使用切片机将其切成 1 μm 薄片，并用甲苯胺蓝染色，对细胞进行可视化分析，并在光学显微镜下进行观察。

9. 光合作用测定

选取拟南芥幼苗同一位置的叶片，摘取后将其在黑暗且封闭的培养皿中，培养皿内放置有湿棉花或湿纸。使叶子预先适应黑暗条件至少 15 min 后，使用

PAM 荧光法（Dual PAM－1000；Waltz，德国）测定光系统Ⅱ（P680）的诱导曲线（IC），进而计算出实际光化学效率（ϕPSⅡ）、调节和非调节非光化学猝灭（YNPQ 和 YNO）与光合能力（Fv/Fm）。

8.4 注意事项

（1）不同的辐照类型剂量、照射的植物种类及部位等都会对植物产生不同的影响，因此本书的检测项目只作参考，具体项目可以根据情况选定。

（2）植物种子和植株在接受辐照时，其适应能力和恢复能力均远强于单纯的植物细胞或植物种子，因此在对后者进行辐照时需要适当地降低辐照时间与强度。可以根据细胞的存活率、DNA 的损伤等指标进行多次预实验后再选定合适的实验条件，也可以设定一系列辐照强度或时间的梯度条件，以探索得到所需结果的条件。

（3）根据不同植物的生长特性不同，除了可以采取土壤培养种植以外，还可以采取水培的方式。

参考文献

[1] BARKER R，LOMBARDINO J，RASMUSSEN J，et al. Test of arabidopsis space transcriptome：A discovery environment to explore multiple plant biology spaceflight experiments [J]. Frontiers in Plant Science，2020（11）：147.

[2] WANG L，MA R，YIN Y，et al. Antioxidant response of *Arabidopsis thaliana* seedlings to oxidative stress induced by carbon ion beams irradiation [J]. Journal of Environmental Radioactivity，2018（19）：1－8.

[3] ARENA C，DEMICCO C，MACAEVA E，et al. Space radiation effects on plant and mammalian cells [J]. Acta Astronautica，2014，104（1）：419－431.

[4] SAKAMOTO A N，LAN T T，FUJIMOTO S，et al. An ion beam－induced *Arabidopsis* mutant with marked chromosomal rearrangement [J]. Journal of

Radiation Research, 2017, 58 (6): 772 – 781.

[5] LUO S, ZHOU L, LI W, et al. Mutagenic effects of carbon ion beam irradiations on dry Lotus japonicus seeds [J]. Nuclear Instruments and Methods in Physics Research Section B: Beam Interactions with Materials and Atoms, 2016 (383): 123 – 128.

[6] KRYVOKHYZHA M V, KRUTOVSKY K V, RASHYDOV N M. Differential expression of flowering genes in *Arabidopsis thaliana* under chronic and acute ionizing radiation [J]. International Journal Radiation Biology, 2019, 95 (5): 626 – 634.

[7] BIERMANS G, HOREMANS N, VANHOUDT N, et al. Biological effects of alpha – radiation exposure by Am – 241 in *Arabidopsis thaliana* seedlings are determined both by dose rate and Am – 241 distribution [J]. Journal of Environmental Radioactivity, 2015, 149: 51 – 63.

[8] BLAGOJEVIC D, LEE Y, DAG A, et al. Comparative sensitivity to gamma radiation at the organismal, cell and DNA level in young plants of Norway spruce, Scots pine and *Arabidopsis thaliana* [J]. Planta, 2019, 250 (5): 1567 – 1590.

[9] CHANG S, LEE U, HONG M J, et al. High – throughput phenotyping (HTP) data reveal dosage effect at growth stages in *Arabidopsis thaliana* irradiated by gamma rays [J]. Plants (Basel), 2020, 9 (5): 557.

[10] GARMASH E V, VELEGZHANINOV I O, ERMOLINA K V, et al. Altered levels of AOX1a expression result in changes in metabolic pathways in *Arabidopsis thaliana* plants acclimated to low dose rates of ultraviolet B radiation [J]. Plant Science, 2020 (291): 110332.

[11] BISWAS D K, MA B L, XU H, et al. Lutein – mediated photoprotection of photosynthetic machinery in *Arabidopsis thaliana* exposed to chronic low ultraviolet – B radiation [J]. Journal of Plant Physiology, 2020 (248): 153160.

[12] DU Y, LUO S, LI X, et al. Identification of substitutions and small insertion – deletions induced by carbon – Ion beam irradiation in *Arabidopsis thaliana* [J].

Frontiers in Plant Science, 2017 (8): 1851.

[13] KAMAL K, VANLOON J. W. A, et al. Embedding *Arabidopsis* plant cell suspensions in low - melting agarose facilitates altered gravity studies [J]. Microgravity Science and Technology, 2017, 29 (1/2): 115 - 119.

[14] WANG L, MA R, YIN Y, et al. Role of carbon ion beams irradiation in mitigating cold stress in *Arabidopsis thaliana* [J]. Ecotoxicology and Environmental Safety, 2018 (162): 341 - 347.

[15] DESIDERIO A, SALZANO A M, SCALONI A, et al. Effects of simulated space radiations on the tomato root proteome [J]. Frontiers in Plant Science, 2019, 10: 1334.

[16] HASE Y, SATOH K, SEITO H, et al. Genetic consequences of acute/chronic gamma and carbon ion irradiation of *Arabidopsis thaliana* [J]. Frontiers in Plant Science, 2020 (11): 336.

[17] DU Y, LUO S, YU L, et al. Strategies for identification of mutations induced by carbon - ion beam irradiation in *Arabidopsis thaliana* by whole genome re - sequencing [J]. Mutation Research - reviews In Mutation Research, 2018 (807): 21 - 30.

[18] OPRICA L, GRIGORE M N, CARACIUC I, et al. Impact of proton beam irradiation on the growth and biochemical indexes of barley (*Hordeum vulgare L.*) seedlings grown under salt stress [J]. PLANTS - BASEL, 2020, 9 (9): 1234.

[19] THERESA B, JOACHIM M, RENE′ D O. Characterization of viability of the lichen buellia frigida after 1. 5 years in space on the International Space Station [J]. Astrobiology, 2019, 19 (2): 233 - 241.

[20] DONG Y, GUPTA S, SIEVERS R, et al. Genome draft of the *Arabidopsis* relative *Pachycladon* cheesemanii reveals novel strategies to tolerate New Zealand's high ultraviolet B radiation environment [J]. BMC Genomics, 2019, 20 (1): 838.

[21] OGITA N, OKUSHIMA Y, TOKIZAWA M, et al. Identifying the target genes

of suppressor of gamma response 1, a master transcription factor controlling DNA damage response in Arabidopsis [J]. Plant, 2018, 94 (3): 439 -453.

[22] BRELSFORD C C, MORALES L O, NEZVAL J, et al. Do UVA radiation and blue light during growth prime leaves to cope with acute high light in photoreceptor mutants of *Arabidopsis thaliana*? [J]. Physiology Plant, 2019, 165 (3): 537 -554.

第 9 章
模拟空间辐射动物实验设计

9.1 实验目的

目前，人类已能够在太空中的国际空间站度过 6 个月以上。国际空间站在大约 400 km 的高度环绕地球，空间站上的生活环境对航天员构成了挑战，因为微重力会引起肌肉骨骼萎缩，孤立和有限的可居住性会导致心理压力，同时暴露于太空辐射可能会危害航天员的健康。

对人类而言，下一个具有挑战性的重要步骤包括对月球的探索，然后是对火星的探索。在火星探索任务中，地球与火星之间的距离较长，因此总任务持续时间为 800 ~ 1 100 d，具体取决于最终的任务设计。显然，与在国际空间站进行为期 6 个月的航天飞行相比，航天员预计受到的辐射会更大。在这样的长时间任务中，一个主要的健康问题是在航天员的整个生命周期中积累的辐射量。因此，与火星辐射有关的健康风险是人类执行火星任务的重要课题。

空间辐射是长期载人航天飞行中导致生物体损伤、威胁航天员健康的主要因素之一。NASA 的研究表明，近地轨道的国际空间站内受到的辐照剂量约为 2 mSv/d，而国际放射防护委员会（International Commission on Radiological Protection，ICRP）建议的职业照射限值是平均每年不超过 20 mSv。由于天基实验存在所需成本高、样本数量少、检测方法有限等缺点，要了解空间辐射对生物体造成的损伤与机制等，需要依据准确的空间辐照剂量，建立相应的地面模拟空间辐射损伤模型，选取合适的模式生物，通过地面不同辐射源模拟空间辐射环境，了解空间辐射对非灵长类或啮齿类动物各系统的影响，探究空间辐射中各系统的变化机制，为进一步的人体实验提供理论支持。

9.2 实验原理

研究发现，历经为期 3 年的深空飞行（如火星探测），尽管采取屏蔽措施，每个细胞核仍会受到 400 个质子、0.6 个 C 离子、0.03 个 Fe 离子的轰击。空间辐射对动物组织和器官会产生较大影响，其中对中枢神经系统、造血系统、免疫系统、内分泌系统、心血管系统等都会造成不同程度的损伤。地面模拟通常采用粒子加速器对啮齿类动物的全身或局部辐照进行造模。造血系统中的骨髓、胸腺、脾脏、淋巴结等组织器官对辐射均具有高度敏感性，其参与的免疫功能在辐射环境中会受到明显的抑制。造血损伤最先表现出来的是外周血细胞（白细胞、红细胞、血小板和淋巴细胞等）减少，外周血细胞变化的严重程度和辐照剂量呈正相关。急性辐射损伤时，大剂量的电离辐射所造成的造血干细胞数目的减少会持续一段时间，其染色体也可能发生畸变。造血干细胞的再生修复从辐照后不久即开始，并且呈指数趋势进行，一般在 20 d 左右逐渐恢复至正常水平。免疫系统对辐射损伤具有较高的敏感性，受到电离辐射损伤时会产生一系列生物学效应。辐照剂量在 0.5 Gy 以上时，就会引起明显的免疫系统病理改变，主要表现为淋巴细胞和免疫活性细胞减少、抗体形成受到抑制、细胞因子网络调节异常等，进而影响其功能。低剂量的电离辐射能引起中枢神经系统功能的改变，但是较大剂量才会引起神经细胞的病理改变。成熟的神经细胞和神经胶质细胞对辐射不敏感，但是辐射损伤引起的微循环障碍可发生缺血缺氧、代谢障碍等病变，可使神经细胞和神经胶质细胞发生退行性病变、坏死和凋亡。

可用辐射源如表 9－1 所示。

表 9-1 可用辐射源

实验对象	辐射源	辐照剂量/Gy
小鼠	^{60}Co γ 射线	1~10
	^{137}Cs γ 射线	2~10
	$^{12}C^{6+}$ 重离子束	0.5~6
	^{56}Fe 重离子束	0.5~2
大鼠	^{60}Co γ 射线	0.5~12
	^{137}Cs γ 射线	0.2~8
	$^{12}C^{6+}$ 重离子束	0.5~5
	^{56}Fe 重离子束	1~4

9.3 实验方法

9.3.1 仪器与试剂

模拟空间辐射动物实验根据需要会用到大量不同类型的仪器与试剂。

（1）仪器：模拟空间辐射环境粒子加速器、Morris 水迷宫系统、台式高速冷冻离心机（Thermo；Micro 17R）、超声破碎仪（Sonics；SB5200D）、手术剪等手术器械、液氮冷冻球磨仪（Retsch；MM400）、蛋白质电泳装置（Bio-Rad）、全血细胞分析仪（SYSMEX；pocH-100iV Diff）、流式细胞仪（Beckman Coulter；FC500 MCL）、全自动脱水机（沈阳誉德电子仪器有限公司）、石蜡包埋机（沈阳誉德电子仪器有限公司）、病理取材台（沈阳誉德电子仪器有限公司）、烘烤漂片机（沈阳誉德电子仪器有限公司）、病理切片机（沈阳誉德电子仪器有限公司）、组织摊片机（沈阳誉德电子仪器有限公司）、脱色摇床（北京市六一仪器厂；WD-9405A）、实时荧光定量 PCR 仪（TIANLONG；Gentier 96E）、倒置荧光显微镜（Olympus；1X71）。

（2）试剂：水合氯醛、二甲苯、蔗糖，均购自北京银河天虹化工有限公司；4% 多聚甲醛固定液、高效 RIPA 裂解液、BCA 蛋白浓度测定试剂盒，均购自北京百瑞极生物科技有限公司；ELISA 试剂盒，购自南京建成生物工程研究所有限公司；所用一抗购自 Cell Signaling Technology 和 ABclonal，二抗购自北京中杉金桥生物技术有限公司；苏木精 – 伊红（hematoxylin – eosin，HE）染色试剂盒和 SDS – PAGE 凝胶制备试剂盒购自 Solarbio。

9.3.2　全身辐照

如图 9 – 1 所示，该鼠笼可分别容纳 12 只大/小鼠同时进行全身辐照，并避免辐照过程中动物随意移动导致辐照结果的不确定性。

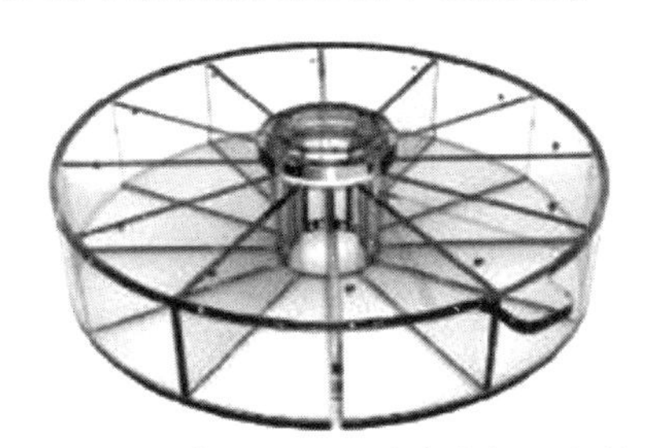

图 9 – 1　高通量分隔式全身辐照鼠笼

9.3.3　局部辐照

1. 垂直辐照

用 10% 水合氯醛腹腔麻醉后，将大/小鼠固定于自制固定板上，使大/小鼠所需照射部位位于照射窗口视野中，其他部位用铅板遮盖；将固定板放置于治疗床上，校准中心点，然后进行局部照射。图 9 – 2 为基于垂直辐射源设计的局部辐照装置。

（a）

（b）

图 9 – 2　基于垂直辐射源设计的局部辐照装置（附彩图）

2. 水平辐照

头部照射可采用 10% 水合氯醛腹腔麻醉后，将大/小鼠固定于自制固定板上；先将棉线绳用纸胶带固定在自制固定板上，使下端保持在同一个水平上；将鼠的两颗门牙钩挂在棉线绳上，自然下垂身体；从肩胛部和后臀部再用纸胶带加以缠绕固定，将前肢朝上、后肢朝下；为防止鼠尾在挪动过程中遭受挤压，必须牵引出来并加以固定。该方法固定之后，用铅板阻挡颈部以下部位，确保鼠在整个辐照期间均能保持稳定的体位，保证束流辐射的准确性和均一性，减少个体差异。除头部外的局部辐照可选择自制铅盒，将需要暴露在辐射源中的部位对应的铅板位置打孔使其组织暴露，将麻醉后的鼠放入铅盒中，进行局部照射。图 9－3为基于水平辐射源设计的局部辐照装置。

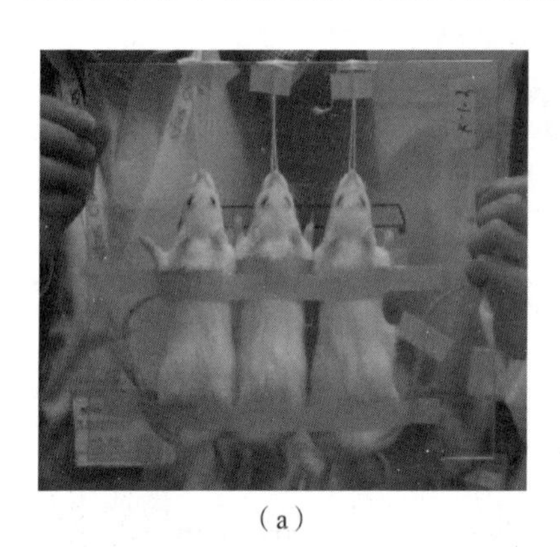

（a）

（b）

图 9－3　基于水平辐射源设计的局部辐照装置（附彩图）

9.3.4　检测指标

1. 动物的一般情况

动物的一般情况具体包括存活率、体重变化、活动情况、毛发光泽度、身体立毛情况、眨眼情况、饮食饮水情况和粪便性状等，据此判断模拟空间辐射环境对动物精神行为的影响。

2. 动物行为学实验

动物行为学实验通常用来检测模拟空间辐射对啮齿类动物学习记忆能力、运动功能和外界环境兴奋性的影响，衡量所选取的辐照剂量是否造成了啮齿类动物应激状态的产生。常用的啮齿类动物行为学实验如下。

1）Morris水迷宫实验

Morris水迷宫由黑色内壁圆柱形水池和一个位置可移动和高度可调节的塑料站台组成。水池标有东、南、西、北4个入水点，并将水池分为4个象限，在第四象限正中且距水池边缘20 cm处放一逃避平台，池中水没过平台1~2 cm。定位航行实验（place navigation test，PNT）实验周期为5 d，每天训练4次，训练时间段固定不变。训练时，将受试对象面向池壁从4个入水点分别放入水池，记录受试对象从入水到找到水下隐蔽平台并站立于其上所需时间，作为逃避潜伏期（escape latency，EL），单位为秒（s）。受试对象找到平台后，让其在平台上站立10 s；若入水后2 min内受试对象未能找到平台，则将其轻轻从水中拖上平台，并停留10 s，其EL记为120 s，然后进行下一次训练。每只受试对象从4个入水点分别放入水池为一次训练，两次训练之间间隔30 s。以受试动物每天4次训练的EL平均值记录为受试动物当天的EL。空间搜索实验（spatial probe test，SPT）在定位航行实验后进行，即第6天撤去平台，任选一个入水点将受试动物放入池中，保持所有受试动物入水点一致，记录1 min内受试对象的游泳轨迹并进行分析。观察分析其穿过原平台所在位置的次数，记录受试对象在原平台象限停留时间、平台象限游泳距离及穿越平台次数，以检测受试对象的空间记忆能力。

2）避暗实验

利用啮齿类动物趋暗和喜钻洞的习性，主要观察其情景记忆能力。实验所用避暗箱（515 mm×260 mm×445 mm）由明箱和暗箱组成；明箱由无色透明有机玻璃构成，暗箱由黑色有机玻璃构成；明箱箱壁上方安有白炽灯，暗箱箱壁上方安有红外装置；两箱之间通过一个拱形小门相通，两箱底均有铜栅，其中暗箱底部的铜栅通39 V、50 Hz交流电。实验训练时，先将受试对象放入避暗箱适应环境3 min，然后给暗箱铜栅通39 V、50 Hz交流电，再将受试对象背对洞口放入明箱，当其一进入暗箱且四足接触铜栅时即受到电击，电击后受试对象会自行逃回明箱，然后将受到过电击的受试对象放回笼中。24 h后，再次将其背对暗箱置于明箱中，将受试对象5 min内首次进入暗箱的时间记为潜伏期，若受试对象5 min内未进入暗室则潜伏期记为300 s。每只受试对象实验结束后用10%乙醇擦拭箱体、铜栅及底面，防止气味对实验结果的影响。

3）旷场实验

旷场实验是评价实验动物在新环境中自主行为、探究行为与紧张度的一种方法。大鼠旷场反应箱高30～40 cm，底边长100 cm，内壁涂黑，底面平均分为25个4 cm×4 cm小方格，正上方搭架摄像头，其视野可覆盖整个旷场内部。旷场光照为全人工照明，可人为设定“白天”和“黑夜”；白天由两侧墙壁的4只节能灯来模拟，夜晚由一侧墙的红外光源提供照明。将大鼠放置在正中央格，同时进行摄像和计时，时间为5 min，通过计算机示踪分析系统来分析大鼠在一定时间内的活动状态。实验过程中保持安静，实验室背景噪声控制在65 dB以下。小鼠旷场反应箱高25～30 cm，底边长72 cm，内壁涂黑，底面平均分为64个小方格，其余操作同大鼠。观察指标：方格间穿行次数（动物的四肢从一个格进入另一个格为穿行一次）、直立次数（动物双前肢同时离地，或者双前肢放在墙壁上作直立一次）、中央格停留时间、穿越中央格的次数、尿便次数等。实验动物在旷场装置中的总穿越格子数、直立次数可以反映其兴奋程度，而在中央区停留时间越长、直立次数越多、格间穿行次数越频繁则代表实验动物的焦虑性越低。

4）糖水偏好实验

啮齿类动物喜欢甜食，糖水偏好实验通过检测动物对蔗糖水的偏好情况来评价快感缺失与否，模拟空间辐射致啮齿类动物产生的应激反应使其糖水偏好率降低。实验在安静隔音的房间进行，每笼放置2个饮水瓶，共持续3 d。第一个24 h，2瓶均装有等体积1%的蔗糖水，用来训练动物适应含糖饮水。第二个24 h，1瓶装1%的蔗糖水，1瓶装纯净水。第三个24 h，禁食禁水。之后在暗光环境中进行糖水消耗实验，每笼同时放置2个水瓶，1瓶装200 mL的纯水，另外1瓶装200 mL浓度为1%的蔗糖水。30 min后调换2个水瓶的位置，1 h后取走水瓶进行称量并计算糖水偏好率，计算公式为：

$$糖水偏好率(\%)=(糖水消耗量/总消耗量)\times 100\%$$

3. 脏器指数

脏器指数计算公式为

$$脏器指数=脏器质量（mg）/动物个体质量（g）$$

4. 制作组织器官病理切片

采用苏木精－伊红染色（HE染色）观察各组织器官的结构变化。石蜡切片制作步骤如下。

（1）取材。生理盐水灌注取新鲜离体组织块放入4%多聚甲醛固定液中固定，48 h后更换一次固定液。

（2）脱水。组织经固定后仍有大量水分，以石蜡为包埋剂时，应在浸蜡包埋前用脱水剂逐步将组织内水分置换出来，有利于石蜡充分渗入组织内。常选用乙醇作为脱水剂。为避免脱水过程中的组织过度固缩，采用梯度浓度的乙醇依次脱水，浓度依次为50%、70%、80%、95%、100%。脱水时间每种浓度约为30 min，不同脏器的脱水程序略有不同。

（3）透明。脱水完毕的组织块，应经过一种能与乙醇混合，又能溶解石蜡的媒介剂的作用，将不能与石蜡结合的脱水剂乙醇置换出来，从而达到使石蜡浸入组织中的目的。在此进程中，媒介剂浸入组织内，其光折射指数接近细胞蛋白的折射指数，使组织块变得透亮。常用的媒介剂有氯仿、甲苯、二甲苯等。

（4）浸蜡。组织经脱水透明之后，为使组织硬度均一以利于切片，要在熔化的石蜡包埋剂内浸渍。浸蜡的目的是石蜡能充分浸入组织内，形成组织块的支撑物，使组织具备一定的硬度和韧度，以保证切出厚度满意的切片，一般需要经过2~3次浸蜡过程。

（5）包埋。包埋即浸蜡后的组织块与熔化的石蜡固定成为均一硬度、易于切片的过程。其主要步骤：一是向包埋盒内注入少量的熔化石蜡，垫底；二是从浸蜡容器中去除组织块，放入包埋盒底部；三是继续向包埋盒内注入石蜡，淹没组织块；四是将包埋盒移至制冷台上，用镊子轻轻将组织固定，使包埋面贴平，至包埋盒内石蜡冷却固化；五是从包埋盒中取出冷却固化的石蜡块；六是用手术刀除去周围多余的石蜡。

（6）切片与贴片。将包埋好的蜡块固定于切片机上，切成薄片，一般为5~8 μm厚。切下的薄片往往皱褶，要放到加热的水中烫平，再贴到载玻片上，放45 ℃恒温箱中烘干。

（7）脱蜡。常用HE染色，以增加组织细胞结构各部分的色彩差异，利于观察。苏木精（hematoxylin，H）是一种碱性染料，可将细胞核和细胞内核糖体染成蓝紫色，被碱性染料染色的结构具有嗜碱性。伊红（eosin，E）是一种酸性染料，能将细胞质染成红色或淡红色，被酸性染料染色的结构具有嗜酸性。染色前，必须用二甲苯脱去切片中的石蜡，再经由高浓度到低浓度酒精，最后投入蒸馏水，就可染色。

（8）HE 染色。将已入蒸馏水后的切片放入苏木精水溶液中染色数分钟；在酸水及氨水中分色，各数秒；流水冲洗 1 h 后入蒸馏水片刻；放入 70% 和 90% 酒精中脱水各 10 min；放入酒精伊红染色液染色 2～3 min。

（9）脱水透明。染色后的切片经纯酒精脱水，再经二甲苯使切片透明。

（10）固封。将已透明的切片滴上加拿大树胶，盖上盖玻片封固。待树胶略干后，贴上标签，切片标本就可使用。

5. 外周血血常规检测

取外周血（大于 20 μL 为宜）于含有肝素的抗凝管中，用全自动细胞计数仪测定外周血中红细胞计数、白细胞计数、血小板计数、血红蛋白、红细胞比积、红细胞平均容量、红细胞平均血红蛋白量、淋巴细胞绝对值、中间细胞绝对值及中性粒细胞绝对值。

6. 模拟空间辐射对免疫系统的影响

观察记录动物模型的一般情况、测定脾脏、胸腺等免疫器官的脏器指数，制作免疫器官的病理切片，观察其形态结构的变化，确认是否造模成功。

测定外周血血常规，尤其关注白细胞计数的变化，测定巨噬细胞吞噬率、淋巴细胞增殖活性、红细胞溶解度，用流式细胞仪检测 T 淋巴细胞亚群（如 CD^{3+}、CD^{4+}、CD^{8+}、CD^{4+}/CD^{8+}）、NK 细胞、B 淋巴细胞表达水平，用酶联免疫吸附法（ELISA）测定免疫相关的细胞因子 IL－1α、IL－1β、IL－2、IL－4、IL－5、IL－6、IL－7、IL－9、IL－10、IL－12（p70）、IL－13、IL－15、IL－17、TNF－α、IFN－γ、G－CSF、GM－CSF、MIP－1α、MCP－1、KC。

7. 模拟空间辐射对造血系统的影响

观察记录动物模型的一般情况，测定脾脏、胸腺的脏器指数，制作脾脏、胸腺的病理切片，观察其形态结构的变化，确认是否造模成功。

测定外周血血常规，用流式细胞仪检测骨髓细胞中造血干细胞和造血祖细胞所占比例；DCFH－DA 荧光探针显示骨髓有核细胞内 ROS 水平；低倍显微镜观察检测动物模型的骨髓细胞克隆形成能力（CFU－GM）。

8. 模拟空间辐射对中枢神经系统的影响

脑组织一般进行分区研究，大致分为海马、前额皮质、纹状体、下丘脑、小脑等，海马和前额皮质为辐射敏感区。

观察记录动物模型的一般情况，行为学实验测定受试动物的空间记忆能力，测定脑组织的脏器指数，制作脑组织的病理切片，观察其形态结构的变化，确认是否造模成功。

TUNEL 试剂盒染色观察脑组织细胞凋亡情况，测定外周血血常规；脑组织匀浆后试剂盒测定其氧化应激水平，包括 SOD 活力、MDA 含量、GSH 含量、CAT 含量、LDH 含量等。

提取蛋白，用免疫印迹法（western blot，WB）检测相关通路蛋白分子的表达，用酶联免疫吸附法（ELISA）测定脑组织中神经递质含量，如 γ－氨基丁酸、5－羟色胺、乙酰胆碱（Ach）、去甲肾上腺素（NE）；测定脑组织中炎症因子含量，如 TNF－α、IL－6 等；UPLC－MS 测定脑组织中蛋白质组学、代谢组学，对神经系统辐射损伤分子机制进行探究。

9. 模拟空间辐射对心血管系统的影响

观察记录动物模型的一般情况，测定心脏组织的脏器指数，制作心脏、主动脉的病理切片，观察其形态结构的变化，确认是否造模成功。

测定外周血血常规，用全自动生化分析仪进行血生化检测，如 LDH 活性、AST 活性、Ca^{2+} 含量等。提取心肌组织蛋白，用 WB 检测相关通路蛋白分子的表达。

10. 模拟空间辐射对内分泌系统的影响

观察记录动物模型的一般情况，用放射免疫分析法测定血清中内分泌相关指标，包括三碘甲状腺原氨酸（triiodothyronine，T3）、游离三碘甲状腺原氨酸（free triiodothyronine 3，FT3）、甲状腺素（thyroxine，T4）、游离甲状腺素（free thyroxine，FT4）、促甲状腺素（thyroid stimulating hormone，TSH）、醛固酮（aldosterone，ALD）、皮质醇（cortisol，COR）、促肾上腺皮质激素（corticotropin，ACTH）等。

11. 模拟空间辐射对消化系统的影响

观察记录动物模型的一般情况，测定小肠、回肠、胃等消化系统器官的脏器指数，制作病理切片，观察其形态结构变化，如小肠绒毛长度、隐窝计数等。

免疫组化染色观察小肠微血管密度、内皮细胞凋亡率，提取所需胃肠道组织总蛋白，用 WB 检测相关通路蛋白分子的表达。

用粪便标本进行 16 s rDNA 法测序测定胃肠道菌群变化。

12. 模拟空间辐射对生殖系统的影响（多以雄性生殖器官为主）

观察记录动物模型的一般情况，测定睾丸或卵巢、输卵管生殖组织器官的脏器指数，制作生殖器官病理切片，观察其形态结构的变化。

用 TUNEL 染色测定生殖组织器官中细胞凋亡情况；用试剂盒测定生殖器官中的氧化应激水平；观察测定生殖细胞总数，检测其生成能力及活动度；用流式细胞仪检测生殖细胞周期阻滞情况。

用 ELISA 测定血清及生殖器官中的激素含量，如睾酮、雌二醇、孕酮等。提取生殖器官组织蛋白，用 WB 检测相关通路蛋白分子的表达。

9.4 注意事项

（1）本实验设计提出的辐照剂量范围仅供参考，具体辐照剂量、辐照后处理动物时间点需依据自身实验情况而定。

（2）对粒子加速器的剂量分布、辐照均匀性提前进行调试，并予以实时监测和保障，以保证实验的顺利进行。

（3）所有动物实验的实验计划和操作流程均应向各级伦理委员会进行上报，经过许可后在动物实验伦理委员会的监督下依照标准的实验动物操作流程开展实验。

（4）取外周血时要迅速，防止凝血。

（5）取组织样品时，最好取出后先迅速浸于液氮中 2～3 s，再置于 -80 ℃冰箱中保存。

参 考 文 献

[1] KUBANCAK J, AMBROZOVA I, PLOC O, et al, Measurement of dose

equivalent distribution on - board commercial jet aircraft [J]. Radiat Prot Dosimetry, 2014 (162): 215 - 219.

[2] SETLOW R. The US National Research Council's views of the radiation hazards in space [J]. Mutation Research/Fundamental and Molecular Mechnisms of Mutagenesis, 1999 (43): 169 - 175.

[3] CEKANAVICIUTE E, ROSI S, COSTES S V. Central nervous system responses to simulated galactic cosmic rays [J]. International Journal of Molecular Science, 2018, 19 (11): 3669.

[4] HUGHSON R L, HELM A, DURANTE M. Heart in space: Effect of the extraterrestrial environment on the cardiovascular system [J]. Nature Reviews Cardiology, 2018 (15): 167 - 180.

[5] FERNANDEZ - GONZALO R, BAATOUT S, MOREELS M. Impact of particle irradiation on the immune system: From the clinic to Mars [J]. Front Immunol, 2017 (8): 177.

[6] KUMAR S, SUMAN S, FORNACE A J, et al. Space radiation triggers persistent stress response, increases senescent signaling, and decreases cell migration in mouse intestine [J]. Proceedings of the National Academy of Sciences, 2018 (115): E9832 - E9841.

[7] WATSON G, POCOCK D, PAPWORTH D, et al. In vivo chromosomal instability and transmissible aberrations in the progeny of haemopoietic stem cells induced by high - and low - LET radiations [J]. International Journal of Radiation Biology, 2001 (77): 409 - 417.

[8] TAJIMA G, DELISLE A J, HOANG K, et al. Immune system phenotyping of radiation and radiation combined injury in outbred mice [J]. Radiation Research, 2013 (179): 101 - 112.

[9] LUMNICZKY K, SZATMARI T, SAFRANY G. Ionizing radiation - induced immune and inflammatory reactions in the brain [J]. Front Immunol, 2017, 8: 517.

[10] LAACK N N, BROWN P D. Cognitive sequelae of brain radiation in adults [J]. Semin Oncol, 2004 (31): 702 - 713.

[11] WANG B, TAKEDA H, GAO W, et al. Induction of apoptosis by beta radiation from tritium compounds in mouse embryonic brain cells [J]. Health Physics, 1999 (77): 16 - 23.

[12] YAN J, LIU Y, ZHAO Q, et al. ^{56}Fe irradiation - induced cognitive deficits through oxidative stress in mice [J]. Toxicology Research, 2016 (5): 1672 - 1679.

[13] ZALESSKAYA G A, BATAY L E, KOSHLAN I V, et al. Combined impact of gamma and laser radiation on peripheral blood of rats in vivo [J]. Journal of Applied Spectroscopy, 2017 (84): 796 - 803.

[14] VESNA J, DANICA J, KAMIL K, et al. Effects of fullerenol nanoparticles and amifostine on radiation - induced tissue damages: Histopathological analysis [J]. Journal of Applied Biomedicine, 2016 (14): 285 - 297.

[15] AL - MASSARANI G, ALMOHAMAD K. Evaluation of circulating endothelial cells in the rat after acute and fractionated whole - body gamma irradiation [J]. Nukleonika, 2014 (59): 145 - 151.

[16] GRIDLEY D S, OBENAUS A, BATEMAN T A, et al. Long - term changes in rat hematopoietic and other physiological systems after high - energy iron ion irradiation [J]. International Journal of Radiation Biology, 2008 (84): 549 - 559.

[17] ARYANKALAYIL M J, CHOPRA S, MAKINDE A, et al. Coleman, microarray analysis of miRNA expression profiles following whole body irradiation in a mouse model [J]. Biomarkers, 2018 (23): 689 - 703.

[18] SHIN H S, YANG W J, CHOI E M. The preventive effect of Se - methylselenocysteine on gamma - radiation - induced oxidative stress in rat lungs [J]. Journal of Trace Elements in Medicine and Biology, 2013 (27): 154 - 159.

[19] BALA M, GUPTA M, SAIN M, et al. Sea buckthorn leaf extract protects jejunum and bone marrow of (60) Cobalt – gamma – irradiated mice by regulating apoptosis and tissue Regeneration [J]. Evidence Based Complementary and Alternative Medicine, 2015 (2015): 765705.

[20] SCANFF P, GRISON S, MARAIS T, et al. Dose dependence effects of ionizing radiation on bile acid metabolism in the rat [J]. International Journal of Radiation Biology, 2002 (78): 41 – 47.

[21] JELVEH S, KASPLER P, BHOGAL N, et al. Investigations of antioxidant – mediated protection and mitigation of radiation – induced DNA damage and lipid peroxidation in murine skin [J]. International Journal of Radiation Biology, 2013 (89): 618 – 627.

[22] 孟令杰. 低剂量 X 线辐照对大鼠缺血皮瓣血管新生影响的实验研究 [D]. 苏州：苏州大学，2016.

第 3 部分

模拟空间其他环境及
复合空间环境动物实验设计

第 10 章 模拟狭小空间动物实验设计

10.1 实验目的

美国国家标准学会（American National Standards Institute，ANSI）对狭小空间的定义如下："狭小空间是一种大小和内部构造能够使人员身体进入的封闭环境，具有以下特征：主要功能不是供人类居住；进出会受到限制；存在可能的或者已经明确的危害。"一些专家学者认为，狭小空间不仅包括密闭空间，还包括受限制的空间（如储罐、管道、轮船隔舱），还有因灾害及突发事故造成人员被迫处在狭小空间中（如地震建筑物坍塌、航天返回舱内、狭小空间中火箭推进剂作业等）。狭小空间环境十分复杂，对外隔绝、环境密闭、信息封闭，还有可能出现人员密集、设备繁多的情况，可想而知存在多种不利因素，构成了一种特殊的应激环境。若在其中，则要承担更多的职责、更大的压力和风险，在社会心理学等方面完全不同于常规环境。

应激是机体在对生存环境中多种不利因素（应激源）的适应过程中，由于实际或认知上的要求与适应能力之间存在不平衡，而产生的身心紧张及其他反应。应激是导致心理问题的重要因素之一。例如，采用蒙特利尔认知评估量表（MoCA）对 181 名官兵认知功能进行动态测评，发现密闭驻训中后期的官兵会出现不同程度的认知损伤，需要开展针对性的防护措施。在航天环境下，应激是多方面的，狭小空间、隔离环境就是其中两种应激源。隔离是指其身体与社会环境相分开，意味着与家人、朋友和社会的普遍别离，在社会中曾担任角色的丧失。

许多地面模拟研究（如南北极科学探险、核潜艇、海底实验室执行任务及航天模拟器实验等）结果表明，人对隔离的表现大多一致，如厌烦、焦虑、睡眠障碍、躯体症状、时间和空间的定向障碍、愤怒及工作效率降低等。在长期航天飞行过程中，由于空间站空间固定和有限，航天员一直处于一种狭小固定的环境中，会对航天员的认知功能和心理幸福感造成负面影响，长期和相同的人处在同一环境里可能会产生额外的心理压力。

随着航天科技事业的不断发展，航天员的任务越来越复杂，在空间站飞行时间越来越长，了解狭小空间环境对机体生理功能、心理状态等方面的影响至关重要。通过模拟狭小空间环境，探索其可能的影响机制，可为处于狭小且密闭作业环境中的航天员提供科学支持与帮助。

10.2 实验原理

载人空间站为一类近地轨道运行的航天器，主要由核心舱、实验舱、科学仪器舱、节点舱和货运飞船等构成。航天员在空间站的作业环境密闭，空间相对狭小，多数航天活动由 2 人以上的航天员完成。2010 年，俄罗斯组织了 6 名志愿者在 500 m^3 的密闭舱内生活 520 个昼夜来模拟载人登陆火星计划——Mars 500。结果表明，长期隔离于狭小空间很容易出现焦虑、抑郁等负面情绪，同时运动能力也会下降。1999 年 7 月至 2000 年 4 月，国际空间站让 8 名受试者分别限制于 100 m^3、200 m^3 的空间，其间发现他们的免疫系统被激活，表现为 β_2 整联蛋白（β_2 - Integrins）表达增强、循环粒细胞（Circulating Granulocytes）含量升高；回到正常环境后，受试者的免疫系统发生了强烈的变化，这可能是由于参与者的自由空间有限造成的紧张和压力。

在地面实验中模拟隔离环境，是将大鼠单独饲养在比较狭小的空间，只提供生活所必需的材料即可。因此，我们将大鼠单独饲养，彼此不能看见对方；抽拉式取放门可以方便抓取大鼠；笼内设置隔板，改变隔板位置可以改变笼子的长度和高度。根据大鼠体型大小，随时调整大鼠所处空间大小，以保证大鼠始终处于狭小空间环境。图 10 - 1 为模拟狭小空间实验笼示意图。

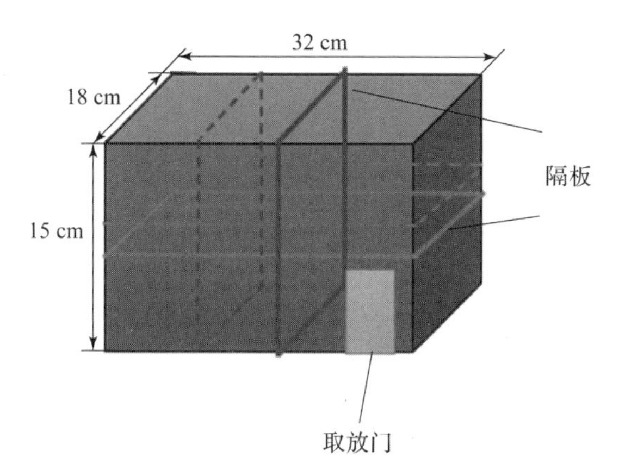

图 10－1　模拟狭小空间实验笼示意图

10.3　实验方法

10.3.1　仪器、试剂与实验动物

（1）仪器：自制实验笼、电子天平、注射器及手术剪等手术器械、细胞超声破碎仪、超速冷冻离心机、超纯水发生器、透射电镜/光镜、全自动酶标仪、流式细胞仪、多导电生理记录仪、液质联用仪。

（2）试剂：心肌热休克蛋白 70（Heat Shock Protein 70，HSP 70）检测试剂盒、免疫检测试剂盒、分子生物学相关试剂（生理盐水、戊巴比妥钠、10% 水合氯醛、无水乙醇、磷酸缓冲液）等。

（3）实验动物：20 只健康 Sprague－Dawley（SD）雄性大鼠（SPF 级，10 周龄，个体质量 220～260 g），随机分为对照组和模型组，每组 10 只。饲养环境温度控制在 18～22 ℃，相对湿度大于 40%，加压送风 150 Pa，自由饮水，标准颗粒食物供给，垫料两天更换一次，饲料每日固定量（50 g/只）更换供给，人工控制室内照明，保持 12 h 的昼夜交替。

10.3.2　模拟狭小空间大鼠实验

对照组大鼠单笼正常饲养。

模型组大鼠在 32 cm×18 cm×15 cm（长×宽×高）的笼内单笼隔离饲养，不能看见对方，且每一个笼内设置隔板，调节隔板的位置来调节笼内尺寸大小，使大鼠始终隔离于狭小空间。

10.3.3 检测指标

1. 行为学检测

狭小空间饲养 8 周后，开始行为学实验。

1）摄食和体重

分别于造模当天和造模结束称量大鼠体重，其间每 24 h 投食 100 g（过量投放），并于次日收集剩余饲料称重记录。

2）糖水偏爱实验

糖水偏爱实验用于评定大鼠的快感缺失水平。实验大鼠单笼饲养在安静的房间，在每个笼子里同时放置 2 个水瓶，实验共需 72 h。在第一个 24 h，2 个水瓶中均装有 1% 的蔗糖水，让实验大鼠适应糖水的甜味；在第二个 24 h，1 个水瓶装有 1% 的蔗糖水，另外 1 个水瓶装纯水；在第三个 24 h，前 23 h 对大鼠禁食、禁水，在最后 1 h 给予每只大鼠事先定量好的 2 瓶分别装有 1% 的蔗糖水和纯水的水瓶进行糖水消耗实验测定，1 h 后取走 2 个水瓶并对水瓶进行定量，以确定 2 个水瓶中剩下的液体量。计算大鼠糖水偏爱率的公式如下：

糖水偏爱率（%）＝（糖水消耗量/总消耗量）×100%

3）旷场实验

旷场实验可用于评定动物在新环境中的肢体活动性、探索兴趣及焦虑水平。旷场实验箱底部由 16 个方格组成，最外面的方格称为外围格，其余的称为中央格（内 4、外 12）。实验中保持环境安静，将大鼠小心放置在旷场实验箱的中央，进行观察并记录，每次 5 min。观察指标：①跨格次数，记录观察期内大鼠四肢爬过的格子数；②直立次数，记录观察期内后肢站立，前肢离地 1 cm 以上或攀附箱壁的次数；③中央停留时间，从放入旷场实验箱中开始至大鼠进入外围格的时间；④粪粒数，观察期内大鼠所排出的粪粒数；⑤清洁次数，包括洗脸、理毛、挠痒。在每只大鼠完成实验后，清理旷场箱内的残留物，清除上一只大鼠的气味，防止影响下一只大鼠的行为。

4）强迫游泳实验

强迫游泳实验用于评定动物的行为水平。第一天，大鼠依次单独置于强迫游泳桶中（高 40 cm、直径 20 cm 的透明钢化玻璃筒），水深 30 cm，水温（25 ± 1）℃，强迫游泳装置置于安静的房间，让大鼠在筒内适应15 min 后将其捞出，用干布擦干后用电暖器烤干。24 h 后，将大鼠再次放入强迫游泳装置内（水深及水温与前一天相同），观察并记录大鼠 5 min 内在桶内静止不动的时间，即大鼠静止漂浮在水面，仅有尾巴和前爪轻微摆动以维持身体平衡并使头露出水面的时间，静止漂浮时间反映了大鼠的行为绝望水平。

5）高架十字迷宫实验（elevated plus maze，EPM）

所有大鼠提前 1 h 进入行为学测试实验室。实验室温度、湿度相对稳定，安静，光线较暗（以 1.5 m 距离处能区分大鼠细微活动的最低亮度为准）。EPM 装置由两条相对开放臂（50 cm × 10 cm × 10 cm）和两条相对封闭臂（50 cm × 10 cm × 10 cm）及中央区（10 cm × 10 cm）连接并相互垂直成“十”（plus）形状，迷宫距地面高 50 cm，置于实验室中间，四周无杂物。每只大鼠测试 5 min，清洁迷宫后再测试下一只大鼠。每只大鼠置于迷宫中央平台区，使其头部面向其中一个开放臂，释放大鼠后即开始记录以下指标的情况：进入开放臂次数（open arm entry，OE），进入到任意开放臂的次数，以大鼠 4 只足爪完全进入臂内为准，中途一只足爪从该臂中完全退出，则该次进入活动完成；进入开放臂时间（open arm time，OT），单位为秒（s）；进入封闭臂次数（close arm entry，CE），进入到任一封闭臂的次数，以大鼠 4 只足爪完全进入臂内为准；进入封闭臂时间（close arm time，CT），单位为秒（s）。由此分别计算：①开放臂和封闭臂总的进入次数（OE + CE），表示大鼠的运动活力（locomotor activity）；②开放臂进入次数比例（OE%），即 OE/(OE + CE) × 100%；③开放臂停留时间比例（OT%），即 OT/(OT + CT) × 100%。开放臂进入次数及停留时间与大鼠的焦虑情绪呈负相关，进入开放臂次数越少，停留时间越短，说明大鼠的焦虑情绪越严重。

6）Morris 水迷宫实验

Morris 水迷宫（morris water maze，MWM）实验是测定大鼠空间学习记忆能力的经典行为学实验，Morris 水迷宫由圆形水池和自动录像系统组成，Morris 水迷宫实验在行为检测过程中常进行两项实验。

第一项是定位航行实验：保持水温 23 ~ 25 ℃，实验室物品及人员位置固定以作为大鼠的空间参照物。首先将大鼠放在第三象限内的平台上适应 15 s；然后分别从第一、二两个象限放入迷宫中，每次实验 90 s，后适应 15 s，训练大鼠找到藏于水面的平台并爬上平台。入水到成功寻找平台所需时间为潜伏期，寻找失败的潜伏期与实验设定时间相同。用潜伏期评价大鼠空间定位学习能力。

第二项是空间搜索实验：定位航行实验结束次日，拆除平台，将大鼠从第一象限入水，记录大鼠在 90 s 内穿过原平台位置的次数、原平台象限游程占总游程比率及所用时间比率，评价大鼠的空间记忆能力。

2. 模拟狭小空间对免疫系统的影响

（1）观察免疫器官的变化，即观察大鼠免疫器官（如胸腺、脾脏）质量、形态、功能的变化。

（2）观察免疫细胞组分、功能的变化。用流式细胞仪检测大鼠脾脏和骨髓细胞表达的表面抗原标志，分析的指标有 NK 细胞、细胞介素 -2 受体、全白细胞标志、辅助 T 细胞、抑制 T 细胞、Ig Fab、全 T 细胞等；观察 T 淋巴细胞和 B 淋巴细胞对有丝分裂原的刺激反应性、NK 细胞的活性、炎性细胞（中性粒细胞、淋巴细胞、巨噬细胞）产生超氧化物的能力。

（3）观察免疫分子的变化，即用酶联免疫吸附法（ELISA）测定免疫球蛋白、细胞因子的变化。

3. 模拟狭小空间对心血管系统的影响

（1）观察心电、心率、心脏的形态和功能、心肌病理组织学变化，即检测大鼠心电、心率、心脏的形态和功能的变化。心脏的形态和功能主要检测心脏大小、收缩间期、心输出量、心肌的收缩能力、心肌结构等。

（2）观察大鼠心律失常的情况，即应用多导电生理记录仪记录大鼠心律失常的类别及频次。1.5% 戊巴比妥钠注射液 2 mL/kg 腹腔注射麻醉，大鼠被麻醉后固定在实验台上；按照右上肢红色、左上肢黄色、左下肢绿色、右下肢黑色的连接方式，将电极针插入动物四肢的皮下，连接好导线；用多导电生理记录仪进行心电记录。从心电图上获得的指标主要有 P 波的幅度、QRS 波的时间、P - R 间期的时间、R - R 间期的时间、S - T 段的变化、T 波的变化等，根据波形确定心律失常类型和频率。

（3）观察心肌热休克蛋白 70（HSP 70）表达。HSP 70 是指各种应激原刺激时细胞新合成或合成增加的一组非分泌型蛋白质，其对细胞应激反应具有保护作用。可以用免疫组织化学法、Western - Blot、ELISA、核酸原位杂交技术等方法检测 HSP 70。

4. 模拟狭小空间对神经系统的影响

（1）观察神经系统中神经递质的变化。多巴胺能、5 - 羟色胺能神经内分泌系统作为神经内分泌免疫系统重要组成部分，在维持内环境稳态、增强生物体环境适应性、认知、情感等方面发挥着重要作用。可应用高效液相色谱 - 荧光检测法（HPLC - FLD）或 LC - MS/MS 检测大鼠血清中多巴胺（Dopamine，DA）和 5 - 羟色胺（5 - Hydroxytryptamine，5 - HT）的含量。

DA 在儿茶酚氧位甲基转移酶（Catechol - O - Methyltransferase，COMT）和单胺氧化酶（Monoamine Oxidase，MAO）作用下代谢成 3,4 - 二羟基苯乙酸（3,4 - Dihydroxyphenylacetic Acid，DOPAC）和 3 - 甲氧酪胺（3 - Methoxytyramine，3 - MT）。5 - HT 在神经元中主要被 MAO 代谢为 5 - 羟吲哚乙酸（5 - Hydroxyindoleacetic Acid，5 - HIAA），这些代谢物没有专用转运体。利用 LC - MS/MS 研究其代谢物的细胞外浓度有助于更好地把握外部刺激对多巴胺能或 5 - 羟色胺能系统的影响。

（2）观察大鼠海马凋亡相关因子的变化。用 WB 法检测大鼠海马组织细胞色素 C、Caspase - 3 和 AIF 的蛋白表达水平；用 DCFH - DA 荧光探针技术检测大鼠海马组织活性氧（reactive oxygen species，ROS）的含量；用 TUNEL 染色检测海马的凋亡水平。

（3）观察大鼠前额皮质的变化。前额皮质是将情绪信息转换为应激行为的关键场所，并且参与了有关应激的调适和病理的神经机制。观察大鼠前额皮质细胞形态结构变化，采用 RT - PCR（逆转录 - 聚合酶链反应）实验检测大鼠前额皮质中炎性因子水平（IL - 1β、IL - 6、TNF - α）。

10.4　注意事项

（1）鼠笼的制作是造模成功的关键，要保证大鼠单笼饲养，密切关注大鼠的生长情况，及时改变鼠笼中隔板的位置，以保证大鼠始终处于狭小空间环境。

(2) 所有动物实验的实验计划和操作流程均应向各级伦理委员会进行上报，经过许可后在动物实验伦理委员会的监督下依照标准的实验动物操作流程开展实验。

参考文献

[1] 岳茂兴，夏锡仪，李瑛，等. 狭窄空间事故的特点及医学应急救援策略 [C] //第十二届中国中西医结合学会灾害医学专业委员会学术年会暨2016灾害医学与急危重症高端论坛、国家级继教项目“心肺复苏与急危重症学习班”、广东省继教项目“心肺复苏与急危重症培训班”，2016：4.

[2] 武涧松，原杰，王国治，等. 密闭驻训军人认知功能评价与相关因素 [J]. 中国健康心理学杂志，2019，27 (5)：741－749.

[3] 张其吉，白延强. 载人航天中的若干心理问题 [J]. 中国航天，1999 (6)：22－24，26.

[4] SASAHARA S I，ANDREA C S，SUZUKI G，et al. Effect of exercise on brain function as assessed by functional near－infrared spectroscopy during a verbal fluency test in a simulated International Space Station environment：A single－case，experimental ABA study in Japan [J]. Acta Astronautica，2020 (166)：238－242.

[5] 周建平. 我国空间站工程总体构想 [J]. 载人航天，2013，19 (2)：1－10.

[6] TAFFORIN C. The Mars 500 crew in daily life activities：An ethological study [J]. Acta Astronautica，2013 (91)：69－76.

[7] PAGEL J I，CHOUKER A. Effects of isolation and confinement on humans－implications for manned space explorations [J]. Journal of Applied Physiology，2016，120 (12)：1449－1457.

[8] 刘莹娟，李来福，鲍伟东，等. 长期社会隔离对雌性大鼠行为生理的影响

[J]. 陕西师范大学学报（自然科学版），2016，44（1）：71－77.

[9] 孙磊，张旭，王宁，等. 社会隔离对 SD 大鼠社会行为和 NMDA 受体相关基因在丘脑表达的影响 [J]. 环境与健康杂志，2008，25（12）：1063－1065.

[10] 孙洁，魏惠芳，仲大奎，等. 艾灸干预不同穴位对束缚应激模型大鼠心理行为改变的影响 [J]. 现代生物医学进展，2012，12（19）：3618－3623.

[11] 龚梦鹃，王立为，刘新民. 大小鼠游泳实验方法的研究概况 [J]. 中国比较医学杂志，2005（5）：311－314.

[12] 马静遥，陈铃铃，王琼，等. 模拟航天特因环境下大鼠认知功能的影响 [J]. 中国比较医学杂志，2013，23（10）：58－62.

[13] 汪涛，杨光华. 航天环境因素对免疫系统的影响及可能机制 [J]. 航天医学与医学工程，1996（1）：70－74.

[14] 张清伟，訾勇，吴海姗，等. 抑郁大鼠心律失常及交感神经活性变化 [J]. 吉林医学，2019，40（12）：2704，2788.

[15] 王丽双，温福兴，刘斌，等. 心理应激大鼠模型的建立及评价 [J]. 世界最新医学信息文摘，2016，16（78）：90－92.

[16] 贾云珂. 多巴胺、5－羟色胺能系统参与调节海洋无脊椎动物内环境稳态的初步研究 [D]. 青岛：中国科学院大学（中国科学院海洋研究所），2018.

[17] LIN Z B, CHEN Y C, LI J L, et al. Pharmacokinetics of N－ethylpentylone and its effect on increasing levels of dopamine and serotonin in the nucleus accumbens of conscious rats [J]. Addiction Biology, 2020, 25 (3): e12755.

[18] 孙阳，图娅，郭郁，等. 针刺对慢性束缚应激抑郁模型大鼠海马凋亡相关因子的影响 [J]. 针刺研究，2019，44（6）：412－418.

[19] 张波. 慢性应激诱发大鼠前额皮质炎性反应及小胶质细胞重构 [D]. 杭州：浙江理工大学，2018.

第 11 章
模拟噪声动物实验设计

11.1 实验目的

在载人航天阶段，噪声问题是航天员和空间医学关心的重要环境因素之一。载人航天工程在飞船载人研究阶段，重点关注飞船发射段和返回段的强噪声环境，注意研究强噪声对航天员听力的影响，并加强对航天员在噪声环境中的心理素质训练。在深空载人技术研究阶段，还需要研究空间站在进入轨道段的非动力飞行状态时，持续低强度噪声对舱内航天员的生理影响。空间站舱内噪声分为瞬态噪声和稳态噪声。瞬态噪声主要是由泄复压、密封舱排气等剧烈气体波动引起的，作用时间较短；稳态噪声是飞行器的振动性噪声，是密封舱的主要噪声来源。

噪声指的是人体不需要和令人不愉快的声音。生活在噪声环境中的儿童会出现挫败感、阅读能力差及听力受损。它是听力丧失最常见的原因之一。噪声会影响大脑不同区域的神经递质水平，减少树突细胞数量，提高血浆皮质酮水平，损害记忆和认知。据报道，噪声压力也会通过减少自然杀伤细胞来降低免疫功能。即使是低水平的噪声也会导致健康问题，如压力、焦虑、心脏病和尿中肾上腺素水平升高。在地面重力条件下，长时间暴露在噪声环境中的人和动物，其正常的生理功能会受到影响。研究发现，长期暴露于噪声下的大鼠会产生抑郁样行为。暴露在噪声中会引起生理反应，包括心率和血压的升高，周围血管的收缩，从而增加周围血管的阻力。高强度的环境噪声对听觉系统的影响主要包括听力损伤和听觉敏感性阈值的提高。此外，噪声还可导致失眠、烦躁或沮丧等。

目前，国际空间站的 6 个舱室中只有 2 个舱室达到 60 dB 标准，3 个舱室的环境噪声在 60 ~ 70 dB，1 个舱室的舱声高达 78 dB。即便是 60 dB 低频噪声，持续不断的噪声干扰依然会使长期空间活动（1 个月以上）的航天员产生心理和生理上的各种反应。为了解空间噪声对人体各系统的影响，确定在模拟空间噪声条件下机体的变化特征，探索模拟噪声对人体健康的影响及发生机制，为航天医学实施有效对抗措施的制定提供理论依据，因此模拟噪声生物实验的开展是非常有必要的。

11.2　实验原理

依据国内外载人航天医学要求，稳态噪声的指标要小于等于 65 dB。从美国、俄罗斯两国空间站的噪声控制标准来看，空间站舱内稳态环境的噪声控制在 50 ~ 60 dB 范围内，高于地面的正常环境声音 10 ~ 20 dB，因此我们将实验最低分贝设定为 65 dB。Pourbakht 等研究指出，出现听力损伤的噪声强度阈值为 85 dB。当强度低于 80 dB，即使长时间暴露也不会对听力造成损害。因此，实验最高分贝选用 85 dB 建模。空间站的环境噪声是振动性低频噪声，空间站舱内确定性振动的频率范围大致为 4 ~ 100 Hz。从声音传导方式来讲，低频率的声音是通过骨骼传导到人体的，与人的颅腔、内脏器官会形成共振。低频噪声的振幅大、能量高、穿透能力强，次声波会直接穿透人体的大脑和内脏。同样是声压级在 60 dB 的噪声，频率较高的一般噪声，人的感觉只是一般不适，而相同声压级的低频噪声，人会感觉烦躁。随着频率降低，烦躁加剧。本章设计中稳态噪声由白噪声信号发生器（UZ - 3 型），经均衡器（MEQ）、功率放大器（PA - 1000）传到扬声器（YZ20 - 7），并将扬声器放置于大鼠上方，如图 11 - 1 所示。稳态噪声声级用 BK2250 手持式分析仪测量。

声音在中枢神经系统（CNS）中有两条路径：一条路径是将声音传递到听觉中心，在听觉中心进行感知和解释；另一条路径是进入大脑深部，通过自主神经系统介导短期生理反应。航天员在主动段和返回段的飞行中，短时间的低频噪声导致暂时性听力损失。轨道飞行段长时间中等强度的噪声主要干扰睡眠，有时会引起烦躁和工作效率下降，更为严重的是造成航天员的听力损伤甚至失聪。

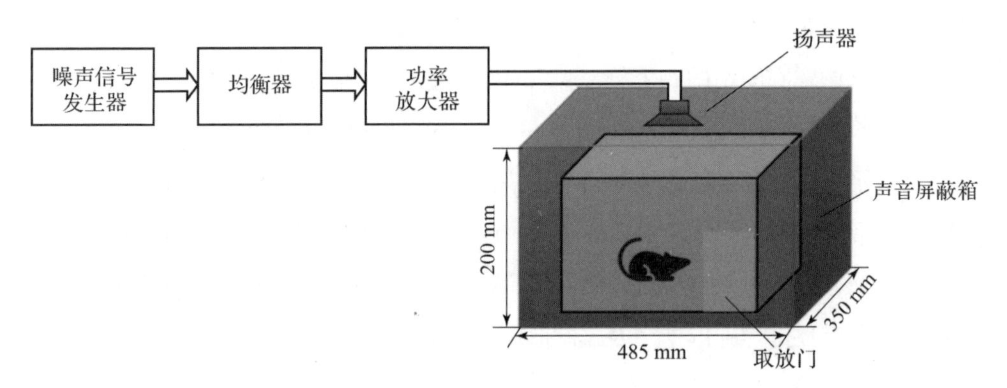

图 11－1 模拟噪声实验装置图（大鼠笼尺寸 485 mm×350 mm×200 mm）

11.3 实验方法

11.3.1 仪器、试剂与实验动物

（1）仪器：噪声信号发生器、声级计、电子天平、注射器及手术剪等手术器械、细胞超声破碎仪、超速冷冻离心机、超纯水发生器、透射电镜/光镜、全自动酶标仪、液质联用仪、流式细胞仪、全自动血液分析仪、全自动生化分析仪、电热恒温水浴箱、pH 计等。

（2）试剂：免疫检测试剂盒、超纯水、质谱鉴定试剂（甲酸、乙腈）、分子生物学相关试剂（生理盐水、10% 水合氯醛、无水乙醇、磷酸缓冲液）等。

（3）实验动物：健康 SD 雄性大鼠，SPF 级。

11.3.2 模拟噪声大鼠实验

（1）动物分组：用 Morris 水迷宫测试并选择学习记忆能力相近、10 周龄的雄性 SD 大鼠 50 只随机分为正常对照组、低频低分贝噪声组（65 dB、70 Hz）、低频高分贝噪声组（85 dB、70 Hz）、高频低分贝噪声组（65 dB、100 Hz）、高频高分贝噪声组（85 dB、100 Hz）各 10 只。

（2）实验过程：实验前一周大鼠分笼饲养于安静环境下，自由饮水，标准饲料喂养。1 周后，将噪声组大鼠全天置于特定频率、分贝的噪声中，每只大鼠独立饲养并暴露于噪声中（大鼠笼尺寸 485 mm × 350 mm × 200 mm）。在动物正上方约 15 cm 设置一个给声喇叭，维持给予动物噪声暴露的声音强度在 65/85 dB SPL，整个过程鼠笼内声压级变化范围不超过 2 dB，并将鼠笼放置于声音屏蔽箱里，声音屏蔽箱的静音排气扇保持通风状态。暴露期间，每天对动物进食情况进行检测。持续暴露 28 d 后处置大鼠。对照组与噪声组大鼠除噪声暴露外其他实验条件一致，自由饮水、进食，在第 7 d、15 d、21 d、28 d 时给予糖水偏好测试。

11.3.3　检测指标

1. 模拟空间噪声对大鼠平均摄食和体重的影响

每天同一时间记录模拟空间噪声对大鼠平均摄食及大鼠体重的影响。

2. 大鼠行为学评价

在建立模型前对大鼠进行一次糖水偏好实验，在处死大鼠前再进行一次糖水偏好实验以检测大鼠反应快感是否缺失，快感缺失指的是对奖励刺激缺乏兴趣，这是一种情感障碍（包括抑郁症）的表现形式。

Morris 水迷宫实验用于对大鼠空间学习记忆能力进行测试。通过定位航行实验测量大鼠对水迷宫学习和记忆的获取能力；通过空间搜索实验测量大鼠学会寻找平台后，对平台空间位置记忆的保持能力。

旷场实验用于评价动物在新环境中自主行为、探究行为与紧张度的关系。以实验动物在新奇环境之中某些行为的发生频率和持续时间等，反应实验动物在陌生环境中的自主行为与探究行为，以尿便次数反映其紧张度。

3. 对大鼠听力及内耳超微结构的影响

每个噪声组实验动物在噪声暴露前及噪声暴露后分别进行一次听性脑干反应（auditory brainstem response，ABR）阈值检测，检测噪声对大鼠听力的影响，测听过程在隔声屏蔽室进行。通过扫描及透射电镜、光镜制作观察标本，观察外毛细胞、窝底及窝顶处静纤毛形状，观察细胞核、线粒体、内质网、溶酶体、神经突触结构等变化。

4. 模拟空间噪声对大脑海马组织的影响

形态学观察：对组织进行染色，电镜观察海马神经元细胞、线粒体、神经元突触结构变化。

海马神经递质的含量变化：采用液质联用的方法检测单胺类神经递质（DA、去甲肾上腺素和5－HT）和氨基酸类神经递质［谷氨酸（glutamic acid，Glu）、γ－氨基丁酸（γ－aminobutyric acid，GABA）］的变化。

5. 模拟空间噪声对心血管系统的影响

心脏的变化：检测大鼠心电、心率、心脏的形态和功能的变化；心脏的形态和功能主要检测心脏大小、收缩间期、心输出量、心肌的收缩能力、心肌结构等。

血管的变化：检测大鼠血压、中心静脉压、血管紧张度、血循环状态、血管结构和功能的变化。

6. 对血清激素的影响

使用全自动酶标仪检测大鼠血清中血清、促肾上腺皮质激素、促肾上腺皮质激素释放因子的含量。

7. 对免疫系统的影响

对体液免疫的影响：暴露于噪声中后，测试动物血清 IgM、IgG 水平，研究 B 淋巴细胞的抗体形成及抗体效价水平。

对细胞免疫的影响：机体通过细胞免疫功能清除细胞内抗原。T 细胞是细胞免疫功能的主体细胞。T 细胞除介导细胞免疫反应外，还协同抗原提呈细胞激活 B 细胞。暴露于噪声中后，测试脾脏 T 淋巴细胞增殖能力、流式细胞仪检测脾脏 T 淋巴细胞亚群（如 CD3＋、CD4＋、CD8＋、CD4＋/CD8＋）含量变化、外周血 ANAE＋的 T 淋巴细胞百分率水平等。

对非特异免疫功能的影响：单核巨噬细胞和 NK 细胞是免疫系统的重要组成成分。它们的功能代表了机体的先天免疫功能，也称非特异免疫功能，是机体免疫系统的第一道防线。暴露于噪声中后，测试脾脏 NK 细胞活性、吞噬细胞活性，单核巨噬细胞产生各种细胞因子（如 NO、IL－1α、TNF－α 等）。

11.4 注意事项

（1）取下所需组织要立即放入－80 ℃冰箱储存。

（2）需要进行固定的组织需要立刻放到 4% 多聚甲醛固定液中，防止组织变质。

（3）要保证实验环境的隔音效果，防止外部环境噪声对实验造成误差。

（4）所有动物实验的实验计划和操作流程均应向各级伦理委员会进行上报，经过许可后在动物实验伦理委员会的监督下依照标准的实验动物操作流程开展实验。

参考文献

[1] 魏传锋，张伟，曹剑峰，等. 载人航天器密封舱噪声控制与试验 [J]. 航天器环境工程，2013，30（1）：91-93.

[2] COHEN S. Aftereffects of stress on human performance and social behavior：A review of research and theory [J]. Psychological Bulletin，1980，88（1）：82-108.

[3] SUN W，ZHANG L，LU J，et al. Noise exposure induced enhancement of auditory cortex response and changes in gene expression [J]. Neuroscience，2008，156（2）：374-380.

[4] MANIKANDAN S，PADMA M K，SRIKUMAR R，et al. Effects of chronic noise stress on spatial memory of rats in relation to neuronal dendritic alteration and free radical-imbalance in hippocampus and medial prefrontal cortex. [J]. Neuroscience Letters，2006，399（1/2）：17-22.

[5] NOWAKOWSKA E，CHODERA A，KUS K，et al. Reversal of stress-induced memory changes by moclobemide：The role of neurotransmitters [J]. Polish Journal of Pharmacology，2001，53（3）：227-233.

[6] KAY G，TARCIC N，POLTYREV T，et al. Prenatal stress depresses immune function in rats. [J]. Physiology & Behavior，1998，63（3）：397-402.

[7] EVANS G W，JOHNSON D. Stress and open-office noise [J]. Journal of Applied Psychology，2000，85（5）：779-83.

[8] STANSFELD S A，MATHESON M P. Noise pollution：Non-auditory effects on health [J]. British Medical Bulletin，2003（1）：243.

[9] NAQVI F，HAIDER S，BATOOL Z，et al. Sub-chronic exposure to noise

affects locomotor activity and produces anxiogenic and depressive like behavior in rats [J]. Pharmacological Reports: PR, 2012, 64 (1): 64 -69.

[10] AIZAWA N, EGGERMONT J J. Effects of noise - induced hearing loss at young age on voice onset time and gap - in - noise representations in adult cat primary auditory cortex [J]. Journal of the Association for Research in Otolaryngology, 2006, 7 (1): 71 -81.

[11] TURNER J G, PARRISH J L, HUGHES L F, et al. Hearing in laboratory animals: Strain differences and nonauditory effects of noise [J]. Comparative Medicine, 2005, 55 (1): 12.

[12] CARRIE A R, JONATHAN B C. Short - duration space flight and hearing loss [J]. Otolaryngology - Head and Neck Surgery, 2003, 129 (1): 98 -106.

[13] SHOU J, ZHENG J L, GAO W Q. Robust generation of new hair cells in the mature mammalian inner ear by adenoviral expression of Hath 1 [J]. Molecular & Cellular Neuroscience, 2003, 23 (2): 169 -179.

[14] 刘经建. 空间站舱内环境噪声的危害与降噪措施 [C] //中国宇航学会深空探测技术专业委员会第六届学术年会暨 863 计划“深空探测与空间实验技术”重大项目学术研讨会, 2009.

[15] 魏金河. 航天医学工程概论 [M]. 北京: 国防工业出版社, 2005.

[16] 中国人民解放军总装备部军事训练教材编委会. 载人航天环境模拟技术 [M]. 北京: 国防工业出版社, 2006.

[17] POURBAKHT A, YAMASOBA T. Cochlear damage caused by continuous and intermittent noise exposure [J]. Hearing Research, 2003, 178 (1/2): 70 -78.

[18] 孔繁永. 大型宇宙飞船的火箭噪声 [J]. 声学学报, 1965 (3): 52 -53.

[19] RYLAW DER R. Noise, stress and annoyance [J]. Noise Notes, 2006, 5 (4): 35 -40.

[20] 司少艳. 噪声对免疫系统影响的研究进展 [C] //2015 第十一届全国中西医结合灾害医学大会, 江苏省中西医结合学会第二届灾害医学学术会议, 中华卫生应急电子杂志第二届编委会会议暨 2015 江苏国际医疗器械科技博览会学术论文集, 2015.

第 12 章
模拟时间节律动物实验设计

12.1 实验目的

生物体的各种行为、生理过程都呈现昼夜节律变化，这种生物节律受到生物钟的调控。生物时间节律是指按照一定规律运行的、周期性的生命活动现象。该节律是内源性的，是生物体在进化过程中为抵御大自然环境（如射线、气温、光照等）周期变化的影响而逐渐形成的机体内在的节律，与大自然环境周期性变化相似。根据周期的长短，生物节律可分为近日节律或昼夜节律（circadianrhythm，20～28 h）、超日节律（ultradianrhythm，小于 20 h）和亚日节律（infradianrhythm，大于 28 h）。生物时间节律是生物体生命活动不可分割的重要组成部分，起着生物能量和物质的吸收与释放的调节作用。这些节律一旦遭到破坏会对生物体带来不利的影响。

随着人类航天活动的快速发展，人类活动的空间不断拓展，而处于地球以外的空间环境（如近地轨道、月球和地外行星等），其日、月、年的时间周期与地球上迥然不同。航天员昼夜节律的正常轮转受到空间与时间等因素的改变和相互作用的严重干扰。在空间飞行中，没有地球昼夜概念，飞船绕近地轨道一周相当于地球约 90 min，在 24 h 的周期中，经历 16 次日落、日出；近月运行轨道为 28 d 一个昼夜。失眠与昼夜节律改变密切相关，而失眠患者中最为常见的并发症是精神疾病。光照、睡眠时间、压力等节律因素的改变和时钟基因及其启动子的变异都会促进机体情绪障碍的发展。进入轨道飞行后，航天器座舱内航天员的时间节律处于自激振荡状态，这种状态的节律很容易受一些因素的干扰，使航天员内分泌紊乱、心律失常、失眠、身心疲惫、神经紧张、抑郁和工作能力下降等。在这种情况下，如果不对航天员的时间节律加以控制和调整，将很难完成长期及星际间空间飞行。

为实现长期航天飞行，满足人类探索外层空间的需要，航天飞行对昼夜节律的影响是一个研究重点，为航天器设计中保证节律正常转轮的工程问题和制定生物节律导引的综合防护措施奠定基础。

12.2 实验原理

哺乳动物的生理功能受内源性生物钟产生的昼夜节律影响。这个生物钟以丘脑下部的视交叉上核（suprachiasmatic nucleus，SCN）作为主起搏器，产生与周围环境同步化的昼夜节律。该节律钟系统是由一系列具有正向或负向调节功能的钟基因及其产物构成的复杂反馈网络，并以近日基因转录/翻译调控所形成的分子振荡为机制，参与调控近日节律的生理和行为。在外周组织中同样存在这样的生物钟基因自激振荡产生昼夜节律。SCN 主要接收来自视网膜的光信息，经视网膜下丘脑路径控制绝大多数外周节奏，其主要授时因子或同步器为光/暗周期（1 个周期大约要 24 h）。机体的生理功能、生化代谢、行为改变均表现出稳定的时间节律现象，包括睡眠/觉醒交替、体温节律及激素的分泌节律等。在昼夜节律中，5 - HT 与褪黑素相配合发挥作用，是调节昼夜节律生理活动的主要激素，也是昼夜节律研究的重要指标。如图 12 - 1 所示的模拟时间节律生物实验笼，笼内安装自动定时光控系统，光照及时长可调节，其他条件控制一致，研究时间节律对大鼠的影响。

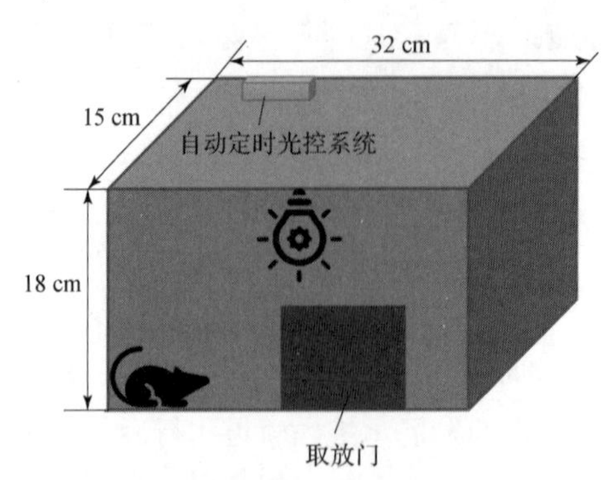

图 12 - 1 模拟时间节律生物实验笼示意图

12.3　实验方法

12.3.1　仪器、试剂与实验动物

（1）仪器：YSI 热探头（黄泉仪器公司，黄泉，OH）连续监测室温（每隔 10 min记录一次）、心电图仪、血压仪、高效液相色谱仪、电子天平、注射器及手术剪等手术器械、细胞超声破碎仪、超速冷冻离心机、电子显微镜。

（2）试剂：血清皮质酮（corticosterone，CORT）试剂盒、促肾上腺皮质激素（adrenocorticotrophic hormone，ACTH）试剂盒、超氧化物歧化酶（superoxide dismutase，SOD）试剂盒、丙二醛（malondialdehyde，MDA）试剂盒、谷胱甘肽（glutathione，GSH）试剂盒、晚期糖基化终末产物（advanced glycation end - products，AGEs）试剂盒。

（3）实验动物：SD 雄性大鼠 20 只，SPF 级，个体质量 220 ~ 260 g。

12.3.2　模拟时间节律大鼠实验

20 只健康 SD 雄性大鼠（SPF 级，10 周龄，个体质量 220 ~ 260 g）适应性饲养 5 d 后置于通风、避光、隔声、屏蔽状态的箱体内独立饲养，采用自动定时光控系统对大鼠的生活环境实行 L/D（光/暗）= 12 h/12 h 的明暗交替循环模式（光亮时间 7：00 至 19：00），室温（20 ± 2）℃，湿度 40% ~ 70%，噪声小于或等于 40 dB，光照度 300 lux。自由饮水，标准颗粒食物供给，垫料两天更换一次，饲料每日固定量（100 g/只），每日更换一次供给。

独立饲养 14 d 后，将 20 只大鼠随机分为模型组和对照组，每组各 10 只。改变模型组 L/D 周期为 1.5 h/1.5 h，对照组不变，其他条件相同。

12.3.3　检测指标

1. 行为学检测

4 周后开始行为学实验。

1）摄食和体重

分别测量记录造模当天和造模结束全部大鼠体重，其间每 24 h 投食 100 g

（过量投放），并于次日收集剩余饲料称重记录。

2）糖水偏好实验

糖水偏好实验用于评定大鼠的反应快感缺失水平。快感缺失指对奖励刺激缺乏兴趣，这是一种情感障碍（包括抑郁症）的表现形式。实验前48 h，训练大鼠适应1% 蔗糖水，然后断水 4 h，所有大鼠单笼放置，同时给予事先称重的 2 瓶水，分别为 1% 蔗糖水和纯水。测定 1h 糖水和纯水消耗量，计算糖水饮用百分比。

3）旷场实验

该实验可用于评定动物在新环境中的肢体活动性、探索兴趣及焦虑水平。实验装置为一灰色、顶部无盖、内壁均为黑色的木制敞箱，大小约 100 cm × 100 cm × 50 cm，底面划分成 25 个方格（20 cm × 20 cm）。实验时将大鼠轻置于敞箱中心方格内，观察 5 min 内活动情况。观察指标包括：一是水平运动，即穿越格数（4 爪均进入方格）；二是垂直运动，即后肢直立次数（两前爪腾空或攀附墙壁）；三是中央格停留时间，即从放入实验箱中心开始至大鼠进入外围格的时间；四是粪粒数，即观察期内大鼠所排出的粪粒数；五是清洁次数，包括洗脸、理毛、挠痒。一次实验完成后彻底清洁敞箱再进行下一只大鼠观察。

4）Morris 水迷宫实验

该实验是测定大鼠空间学习记忆能力的经典行为学实验，Morris 水迷宫由圆形水池和自动录像系统组成。Morris 水迷宫实验在行为检测过程中常进行两项实验。

第一项是定位航行实验。保持水温 23 ~ 25 ℃，实验室物品及人员位置固定以作为大鼠的空间参照物。首先将大鼠放在第三象限内的平台上适应 15 s；然后分别从第一、二两个象限放入迷宫中，每次实验 90 s，后适应 15 s，训练大鼠找到藏于水面的平台并爬上平台。入水到成功寻找平台所需时间为潜伏期，寻找失败的潜伏期与实验设定时间相同。用潜伏期评价大鼠空间定位学习能力。

第二项是空间搜索实验。定位航行实验结束次日，拆除平台，将大鼠从第一象限入水，记录大鼠在 90 s 内穿过原平台位置的次数、原平台象限游程占总游程比率及所用时间比率，评价大鼠的空间记忆能力。

2. 监测体温节律、睡眠/觉醒脑电图、肌电图、心电图和血压

（1）监测体温节律、睡眠/觉醒脑电图、肌电图。大鼠被植入信号传送器，以连续无线记录体温、睡眠/觉醒脑电图（sleep/wake electroencephalography,

EEG）和肌电图（electromyography，EMG）。具体操作为将大鼠皮下注射麻醉剂，颅内电极固定在颅骨上以收集脑电图信号，电极连接到颈部肌肉以收集肌电图信号。

（2）监测心电图。心电信号采集过程中应保持周围安静，减少噪声干扰。左下肢连接正极、右上肢连接负极，连接心电图仪（日本 Cardiofax GEM ECG－9020k 心电图机）检测标准肢体Ⅱ导联心电图，弃去心电图异常者。参数：滤波100 Hz、电压 50 V、走纸速度 50 mm/s、标定电压 20 mm/mV、描记Ⅱ导联心电图。

（3）监测血压。①大鼠尾动脉无创性血压测量。BESN－Ⅱ四通道动物尾动脉无创测压系统（南京德赛生物技术有限公司）仪器开启预热约 20 min，进行压力信号定标，根据大鼠体重将其装入固定盒内固定后放入动物固定架，大鼠尾部通过加压套插入至接近尾根部，此时鼠尾应已穿过脉搏传感器插入尾部加热器中的加热管内，使鼠尾刚好处于脉搏传感器的“脉搏信号传感片”上方，并调节鼠尾压迫片使传感片紧贴鼠尾下方的尾动脉，待大鼠脉搏稳定后进行血压测量。②大鼠颈动脉插管血压测量。正常清醒大鼠 4% 戊巴比妥钠 40 mg/kg 腹腔麻醉后固定，颈正中切口，分离右侧颈总动脉，结扎其远心端，将充满肝素生理盐水的动脉导管从向心端插入颈总动脉并固定，经压力换能器和 BL－420E 机能实验记录仪，进行血压测量。

3. 相关激素水平的检测

（1）血浆 5－HT 含量检测。（仪器）日本岛津 LC－6A 高效液相色谱仪；（色谱分析条件）C18 色谱柱；流动相（磷酸盐缓冲液，pH＝3.2）；流速为 0.8 mL/min；5－HT 及内标（DHBA）均为美国 Sigma 产品。

（2）褪黑素（melatonin，MT）含量检测。MT 主要由松果体分泌，结构为 5－甲氧基－N－乙酰基色胺（5－methoxy－N－acetyltryptamine），分子式 $C_{13}H_{16}N_2O_2$，由 5－HT 在多种酶的作用下转变而成。MT 的合成与分泌受光/暗周期信号调节，参与调节睡眠觉醒节律和多种生理功能。采用高效液相色谱法测定大鼠 MT 含量，采用 HypersilODS2（5.0×200 mm）色谱柱，流动相为甲醇与水（3∶2），流速为 1.0 mL/min，柱温为 35 ℃，检测波长 225 nm。

（3）血清 CORT、ACTH 含量检测。ELISA 检测 CORT、ACTH，大鼠断头取血，静置后弃去血细胞，分离上清液，分装后在－80 ℃保存。ELISA 检测方法严格按试剂盒说明书操作。

4. 氧化应激相关因子的检测

按照检测试剂盒说明书，测定大鼠血清中 SOD、MDA、GSH 的水平，用 ELISA 测定 AGEs。

12.4 注意事项

（1）制作通风、避光、隔声、有屏蔽效果的大鼠饲养箱，且对大鼠进行独立饲养，只改变对大鼠生活环境的光照时间，探究时间节律对大鼠的影响。

（2）所有动物实验的实验计划和操作流程均应向各级伦理委员会进行上报，经过许可后在动物实验伦理委员会的监督下依照标准的实验动物操作流程开展实验。

参考文献

[1] 范晓静，陈德福，曾晶，等. 光影响生物节律的研究进展 [J]. 中国激光医学杂志，2021，30 (1)：1－7.

[2] 陈善广，李莹辉. 太空活动与生物节律——空间时间生物学，载人航天催生的新兴学科 [J]. 科技导报，2007，13 (21)：18.

[3] 苏洪余，陈善广，李建辉，等. 空间时间生物学研究进展 [J]. 航天医学与医学工程，2008，21 (3)：215－223.

[4] MA L，MA J，XU K. Correction：Effect of spaceflight on the circadian rhythm，lifespan and gene expression of drosophila melanogaster [J]. PLoS One，2015，10 (10)：e0139758.

[5] ZIMECKI M. The lunar cycle：Effects on human and animal behavior and physiology [J]. Postepy Higieny I Medycyny Doswiadczalnej，2006，60：1.

[6] ROTH T，ROEHRS T. Insomnia：Epidemiology，characteristics，and consequences [J]. Clinical Cornerstone，2003，5 (3)：5－15.

[7] ALBRECHT U. Circadian clocks and mood – related behaviors [J]. Handbook of Experimental Pharmacology, 2013, 42 (217): 227.

[8] 谭忠林. 抑郁症 5 – 羟色胺系统及外周激素昼夜节律研究 [D]. 合肥: 中国科学技术大学, 2007.

[9] 马静遥, 陈铃铃, 王琼, 等. 模拟航天特因环境下大鼠认知功能的影响 [J]. 中国比较医学杂志, 2013, 23 (10): 58 – 62.

[10] MARTI A R, PEDERSEN T T, WISOR J P, et al. Cognitive function and brain plasticity in a rat model of shift work: Role of daily rhythms, sleep and glucocorticoids [J]. Scientific Reports, 2020, 10 (1): 13141.

[11] 邓凤珠, 冯冲, 李春富, 等. 参附注射液对大鼠心肌缺血再灌注期间的心电图演变过程的影响及作用机制研究 [J]. 中国比较医学杂志, 2020, 30 (7): 51 – 56.

[12] 邓江, 吴芹, 黄燮南. 经大鼠尾动脉无创性血压测量的方法 [J]. 遵义医学院学报, 2008, 31 (2): 184 – 186.

[13] 刘卫, 钱令嘉, 杨志华, 等. 慢性温和应激抑郁模型大鼠 5 – 羟色胺, 色氨酸和应激激素的变化 [J]. 中国应用生理学杂志, 2006, 22 (2): 169.

[14] 潘建萍, 钟禹霖, 周敏, 等. 姜黄素改善慢性应激大鼠抑郁作用及其对大鼠血清皮质酮和海马 Caspase – 3 水平的影响 [J]. 国际感染杂志, 2019, 8 (2): 52.

[15] 姚海江, 莫雨平, 宋洪涛, 等. 外源性褪黑素对慢性应激抑郁模型大鼠行为学及血清相关激素含量的影响 [J]. 安徽医药, 2014, (6): 1038 – 1042.

[16] 陈娇月, 山秀杰, 刘敏, 等. 2 型糖尿病肾病早期血清 25 羟基维生素 D 水平及其与晚期糖基化终末产物的关系 [J]. 河北医学, 2021, 27 (1): 92 – 96.

第 13 章
模拟空间微重力与辐射复合环境动物实验设计

13.1 实验目的

随着载人航天活动的不断进行，随之而来的问题是航天员是否能够适应太空的特殊环境。航天员身处太空环境中时所感受到的一切均与地面环境相差甚远，他们不但会面对与正常生理状态下相异的微重力环境，还会面临电离辐射等各方面随之而来的难题。空间环境中的主要因素包括空间辐射、极端温度、异强度磁场及航天器中的特殊环境——微重力环境。其中，与长期载人航天任务相关的健康风险主要是由于长期暴露于微重力和低剂量/低剂量率（low dose rate，LDR）辐射引起的。众所周知，长时间单独或组合暴露于这些环境因素会对生理和心理产生一系列影响。

空间辐射生物学效应诱发生物有机体遗传性变异，射线导致细胞内遗传物质的靶分子 DNA 损伤，在 DNA 创伤修复过程中导致基因组变异出现突变、肿瘤形成、染色体畸变，进而出现发育异常、致畸和致癌等现象。微重力能够通过改变细胞骨架分布，影响细胞正常形态的维持和信号转导，导致细胞功能和增殖等细胞生物学特性的改变。两个复杂因素之间的相互作用可以是独立的、相加的、协同的或拮抗的。辐射和微重力的潜在相互作用已经在涉及细胞、植物（种子及整个植物）和动物材料的研究中被观察到。模拟微重力效应和常规辐射相结合作用的关注点集中在 DNA 损伤及修复方面。Mognato 等研究发现，模拟微重力效应可以影响细胞存活但并不影响 DNA 修复基因的表达，但增加了电离辐射的基因毒性。Horneck 发现模拟微重力效应和重离子辐射能够协同发挥作用，并推测可能是由于模拟微重力效应干扰了 DNA 的修复过程。也有研究发现，模拟微重力效应和重离子辐射均能引起睾丸损伤。

微重力效应是指在空间环境下所产生的一种特殊现象。微重力的生物学效应主要体现在无结构变形、无胞内组元位移、不减少胞外流体质交换等方面。微重力所引起的生理变化，特别是体液系统的生理变化，很可能改变对辐射的反应，特别是长期任务后的迟发反应。到目前为止，这方面还没有得到实验性的解决。为了解空间微重力与辐射复合环境对人体各系统的影响，确定在模拟空间微重力与辐射复合环境条件下机体的变化特征，我们需要在空间和地面上进行一系列适当的控制实验，为航天医学制定有效对抗措施提供理论依据。

13.2　实验原理

为解开人类或任何其他在空间中生存的生物所遇到的空间参数之间复杂的相互作用，需要在空间和地面上进行一系列适当的控制实验。为测试微重力对辐射响应的影响，除微重力条件外，使用 1g 参考离心机做重力影响因子的对照是必要条件。此外，还需要对撞击生物系统中的重离子进行定位（如 Biostack 概念可以分析宇宙辐射的单个 HZE 粒子所产生的生物效应），或在空间飞行期间从板载辐射源进行辐射或直接在任务之前控制附加辐射。

利用 Biostack 概念和机载 1g 参考离心机的组合，研究了在 Spacelab D1 任务期间，微重力和单个宇宙射线 HZE 粒子对竹节昆虫（*Carausius morosus*）胚胎发生和器官发生的联合影响。结果表明，在辐射敏感的胚胎发育阶段，HZE 粒子撞击和微重力共同作用对死亡率、孵化率和身体异常（如腹部和触角的畸形）有协同作用，随后这个发现在太空重复实验中被证实。在为期 20 d 的 biosatellite Cosmos－690 太空飞行任务的第 10 d，用机载^{137}Cs 源照射大鼠，剂量达 8 Gy。

研究电离辐射和微重力联合作用下的辐射敏感性和辐射损伤。研究内容为死亡率、活动性、体重、行为、造血系统代谢、肌肉和形态组织学。在研究的大多数端点中，γ 辐射在微重力下的有效性与地球上正常重力辐射下的有效性相似。然而，飞行辐照与地面辐照的动物相比，造血系统的再生明显延迟。从这些实验中可以推断出，微重力对整个动物辐射响应的调节作用可能是中等的。然而，在重新适应陆地条件期间观察到的延迟恢复过程可能值得关注。

目前，在模拟微重力模型中，后肢去负（hindlimb unloading，HLU）是一种被广泛接受的、基于地面的动物模型，它模拟了在微重力条件下遇到的去应力负荷和体液移动。在地面条件下模拟航天员在太空飞行时所受到的空间辐射效应模型主要是通过质子回旋加速器或重离子回旋加速系统等产生高能粒子束，再对实验动物进行不同剂量的辐射。

复合作用方式主要有两种：一种为微重力与辐射环境交替进行（图 13－1），即将实验小鼠用悬尾法模拟微重力环境一定时期后，再将实验动物暴露于特定辐射源中进行辐照，最后将其置于悬吊笼中进行模拟微重力实验；另一种为微重力与辐射条件同时进行（图 13－2），即在模拟微重力的同时，在动物笼下方安装长期辐射源（如^{57}Co 辐射板），使模拟微重力与辐射条件同时进行。

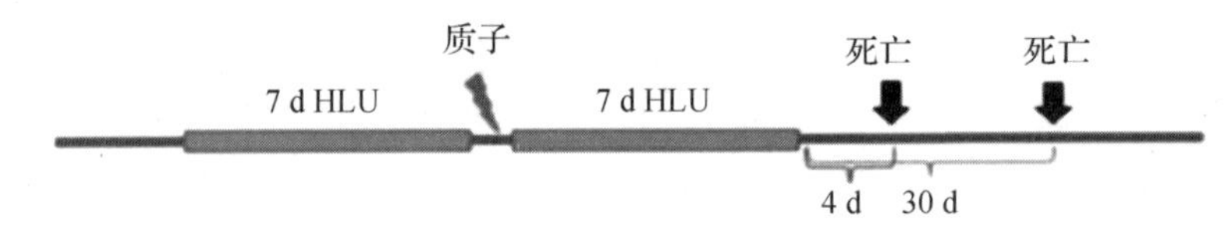

图 13－1　微重力与辐射环境交替进行

图 13－2　微重力与辐射环境同时进行

13.3　实验方法

13.3.1　仪器、试剂与实验动物

（1）仪器：模拟 SPE 样照射质子束、^{57}Co 辐射板、模拟微重力吊带和转环等、电子天平、注射器及手术剪等手术器械、细胞超声破碎仪、超速冷冻离心机、超纯水发生器、高效液相色谱、四级杆飞行时间质谱、电子显微镜、蛋白质

电泳装置、全血细胞分析仪、电热恒温水浴箱、pH 计、尼龙过滤器、拉伸实验机、线骨密度仪、切片机等。

（2）试剂：蛋白酶解试剂、过氧化氢检测试剂盒 、MDA 浓度测定试剂盒、SOD 浓度测定试剂盒、超纯水、质谱鉴定试剂、分子生物学相关试剂（生理盐水、3% 异氟醚、无水乙醇、EDTA）等。

（3）实验动物：成年（6 个月大）雌性 C57BL/6J 小鼠，SPF 级。

13.3.2　微重力与辐射环境交替进行的小鼠实验

如图 13－1 所示，雄性 C57BL/6J 小鼠暴露于质子的全调制光束中，用悬尾法使小鼠后肢卸载（HLU）。小鼠尾吊 7 d 后暴露于 50 cGy 辐照中，再尾吊 7 d。在联合模拟结束后的第 4 d 和第 30 d 对死亡小鼠进行组织分离。

1. 动物处理

购入 6 个月大的雌性 C57BL/6J 小鼠。它们在 20℃的标准栖息地适应了 7 d，12 h 光照和 12 h 黑暗循环。颗粒饲料和水可任意食用。每天监测动物健康状况、水和食物摄入量。

小鼠适应性饲养 7 d 后，每笼饲养 1 只，分为以下 4 组：对照组、全身质子辐照组、HLU 处理组、联合处理组，每组 10 只小鼠。

2. HLU 处理模拟微重力环境

笼子的地板由格子板制成，允许动物和食物垃圾通过笼子。为了悬挂，将尾巴插入尾巴束带的塑料管中，将尾巴的尖端处连接到胶带环上，并固定在一根贯穿笼体长度的导丝的转环上。调节杆的高度，使动物保持头向下倾斜 35°~40°，后腿抬高到笼子底部上方。在此模型中，前肢用于运动和梳理。对照组动物没有被尾巴悬挂。每天观察动物的外观和活动变化。

3. 质子辐照处理模拟辐射环境

小鼠接受假性照射或 50 cGy 质子全身照射（$n=10$/组）。小鼠分别被限制在 1.5 mm 厚、有气孔的矩形塑料盒（3 cm×3 cm×8.5 cm）中。质子束垂直向下定向，使小鼠受到背射。用 149.6 MeV 核子质子束模拟 SPE 样照射。单能质子束的完全调制是通过一个旋转的螺旋桨式调制器轮实现的，调制器轮在叶片上加工了 21 个厚度台阶，将单个入射质子能量转换为 21 个独立的质子能量。辐照采用

2.0 cm 厚的塑料水位移位器，保证了整个动物的剂量均匀性。当将塑料水位转换器与 1.5 mm 厚的鼠标盒壁结合使用时，入射到测试对象上的最低 Bragg 峰能量为 24.6 MeV，最高为 122.5 MeV。21 个 Bragg 峰的叠加会在整个动物中创建一个均匀的剂量区域（称为展开式 Bragg 峰），无论其在固定器中的朝向如何。对照组固定同样时间，放置在不进行辐照的质子辐照场中。

4. HLU 与辐照联合处理

联合处理组的动物 HLU 7 d，然后接受 50 cGy 质子全身照射，紧随其后的是 HLU 再处理 7 d。在 HLU 和照射期结束后，小鼠被送回集中饲养，每个笼子 10 只，在联合处理结束后的第 4 d 和第 30 d 分别对其进行安乐死。用 3% 异氟醚对小鼠进行深度麻醉，然后经下腔静脉（IVC）穿刺立即放血。每天需要对动物的健康状况、食物和水的摄入量进行监测。

13.3.3 微重力与辐射环境同时进行的小鼠实验

如图 13－2 所示，后肢负荷动物保持 35°~40°头向下倾斜，后肢抬高到笼底以上。在动物笼下面放置 ^{57}Co 辐射板，^{57}Co 辐射板提供长期低剂量/低剂量率 γ 射线辐照。在 21 d 内，总剂量 0.04 Gy 以 0.01 cGy/h 的剂量率递送。21 d 后结束尾吊和辐照，进行一定时期的再饲养后完成组织取样。

1. 动物处理

购入成年（6 个月大）雌性 C57BL/6J 小鼠，适应性饲养 7 d，方法与上述相同。小鼠适应性饲养 7 d 后，每笼饲养 1 只，分为以下 4 组：对照组、γ 射线辐照组、HLU 处理组、联合处理组，每组 10 只小鼠。

2. HLU 处理模拟微重力环境

HLU 方法与上述一致，动物保持 35°~40°头向下倾斜，后肢高于笼底。

3. γ 射线辐照处理模拟辐射环境

小鼠通过安装在笼子下 7 cm 处的 ^{57}Co 辐射板（GPI；Stoughton，WI）进行长期低剂量率照射（1 板/2 笼）。^{57}Co 辐射板的有效面积为 41.9 cm × 60.9 cm，剂量均匀度为 ±5%。小鼠以 0.01 cGy/h 的平均剂量率接受 0.04 Gy 的累积剂量，每个笼子有多个热释光剂量计进行剂量校准。

4. HLU 与 γ 射线辐照联合处理

在模拟微重力条件下，在鼠笼下方 7 cm 处安装^{57}Co 辐射板同时进行辐照，持续 21 d。其他饲养条件每组一致，所有的小鼠都被随机提供标准的食物和水，并在 12 h 光明和 12 h 黑暗周期中饲养。小鼠在 21 d 处理结束后可正常行走，分别于 7 d、30 d、120 d 或 270 d 后安乐死。

13.3.4　检测指标

1. 对大鼠体重及摄食的影响

每天需要固定同一时间对动物的健康状况、食物和饮水的摄入量进行监测，研究模拟空间微重力和辐射复合环境下小鼠平均摄食与体重的关系。

2. 对神经系统的影响

复杂的太空环境会对神经认知（通过改变决策和解决问题来衡量）和神经行为（通过受损的视觉感知、运动控制和睡眠觉醒周期来衡量）产生影响。

糖水偏好和 Morris 水迷宫实验：在建立模型前对小鼠进行一次糖水偏好实验，用于实验小鼠的筛选。安乐死小鼠前再进行一次糖水偏好实验以检测小鼠反应快感是否缺失。快感缺失指的是对奖励刺激缺乏兴趣，这是一种情感障碍（包括抑郁症）的表现形式，用 Morris 水迷宫实验对小鼠空间学习记忆能力进行测试。通过定位航行实验测量小鼠对水迷宫学习和记忆的获取能力；通过空间搜索实验测量小鼠学会寻找平台后对平台空间位置记忆的保持能力。

对感觉运动系统的影响：用旷场实验、爬杆实验来检测模型小鼠的互动性、站立平衡度和功能活动度。

对海马神经元及神经递质的影响：用 HE 染色观察小鼠海马各区和神经元形态结构的变化。提取小鼠海马细胞膜蛋白及线粒体蛋白，检测蛋白含量变化和差异蛋白，采用 LC－MS/MS 检测单胺类神经递质（DA、去甲肾上腺素和 5－HT）和氨基酸类神经递质（Glu 和 GABA）的变化。

对海马和皮质区蛋白水平的影响：提取小鼠海马和前额皮质区的全蛋白、膜蛋白及线粒体蛋白，利用差异蛋白组学的手段检测不同区域蛋白水平的变化。

3. 氧化应激水平的测试

提取小鼠海马区蛋白，测定蛋白浓度后，根据蛋白浓度将样品稀释，制成

10%组织匀浆。依次对MDA、过氧化氢（H_2O_2）、SOD含量进行测定。采用TUNEL染色对海马区的组织进行染色，对脑内凋亡水平进行检测。

4. 对小鼠视网膜和造血系统的影响

对眼组织进行免疫组化检测，TUNEL染色检测视网膜组织细胞凋亡情况。对静脉穿刺取血的血液进行血液学分析，检测指标主要为白细胞（淋巴细胞、单核细胞、粒细胞）、红细胞（RBC）、血小板（PLT）计数、平均血小板体积（MPV）、血红蛋白（HGB）值浓度和血细胞比容（HCT，红细胞占血量的比例），同时测定粒细胞、单核细胞和淋巴细胞计数和百分数。

5. 对骨骼系统的影响

骨骼起支撑身体、维持运动、造血和储存钙的重要作用。失重及辐照导致的骨质疏松需要很长时间才能恢复，也有可能造成不可逆的损伤。

检测小鼠后肢的生物力学特性、骨密度、组织学分析、显微结构参数和骨转换标志物（如B－ALP和OCN），以评估小鼠后肢的骨丢失情况。钙平衡主要检测血钙、尿钙含量变化。

13.4 注意事项

（1）空间环境对航天员影响最大的因素是微重力和辐射，但空间中辐射源复杂，微重力和辐射条件同时存在。地面模拟条件有限，不能完全模拟空间中的微重力和辐射环境。本实验设计提出的辐照剂量范围仅供参考，具体辐照剂量、辐照剂量率、辐照后处理动物时间点需依据自身实验情况而定。

（2）后肢卸载如操作不当，可能会造成动物尾部发炎等状况，要及时清理发炎部位，防止因操作不当对实验结果造成影响。

（3）辐照组进行辐照前处理时，对照组也要进行同样操作，以保证实验的一致性。

（4）对粒子加速器的剂量分布、辐照均匀性提前进行调试并予以实时监测和保障，以保证实验的顺利进行。

（5）取外周血时要迅速，血浆要储存在特定的抗凝管中，防止凝血。

参考文献

[1] 蔡哲，张岚，舒峻，等. 空间环境因素对细胞生物学特性的影响 [J]. 中国康复理论与实践，2005，11 (1)：42 -44.

[2] SARKAR D, NAGAYA T, KOGA K, et al. Culture in vector - averaged gravity under clinostat rotation results in apoptosis of osteoblastic ROS 17/2. 8 cells [J]. Journal of Bone & Mineral Research, 2010, 15 (3): 489 -498.

[3] HORNECK G. Impact of microgravity on radiobiological processes and efficiency of DNA repair [J]. Mutation Research/Fundamental and Molecular Mechanisms of Mutagenesis, 1999, 430 (2): 221 -228.

[4] PROSS H D, KIEFER J. Repair of cellular radiation damage in space under microgravity conditions [J]. Radiation and Environmental Biophysics, 1999, 38 (2): 133 -138.

[5] HORNECK G, RETTBERG P, KOZUBEK S, et al. The influence of microgravity on repair of radiation - induced DNA damage in bacteria and human fibroblasts [J]. Radiation Research, 1997, 147 (3): 376 -384.

[6] MOGNATO M, CELOTTI L. Modeled microgravity affects cell survival and HPRT mutant frequency, but not the expression of DNA repair genes in human lymphocytes irradiated with ionising radiation [J]. Mutation Research, 2005, 578 (1/2): 417 -429.

[7] MOGNATO M, GIRARDI C, FABRIS S et al. DNA repair in modeled microgravity: Double strand break rejoining activity in human lymphocytes irradiated with γ - rays - ScienceDirect [J]. Mutation Research/Fundamental and Molecular Mechanisms of Mutagenesis, 2009, 663 (1/2): 32 -39.

[8] 张录卫，刘阳，张红，等. 模拟微重力条件下 C 离子辐射对小鼠生殖器官的影响 [J]. 原子核物理评论，2011 (3)：337 -342.

[9] MORGAN W H, BALARATNASINGAM C, LIND C R, et al. Cerebrospinal

fluid pressure and the eye [J]. British Journal of Ophthalmology, 2016, 100 (1): 71 -77.

[10] BÜCKER H., HORNECK G. Studies on the effects of cosmic HZE - particles on different biological systems in the biostack experiments I and II flown on board of Apollo 16 and 171 [J]. Radiation Research, 1975, 151 (7): 1138 -1151.

[11] REITZ G, BÜCKER H, FACIUS R, et al. Influence of cosmic radiation and/or microgravity on development of Carausius morosus [J]. Advances in Space Research, 1989, 9 (10): 161 -173.

[12] GUROVSKY N, ILYIN Y. Soviet bio satellites in the Cosmos series: The main results of the 8 year program [J]. Aviation Space & Environmental Medicine, 1978, 49 (11): 1355.

[13] MOREY - HOLTON E R, Globus R K. Hindlimb unloading rodent model: Technical aspects [J]. Journal of Applied Physiology, 2002, 92 (4): 1367 -1377.

[14] OVERBEY E G, PAUL A M, SILVEIRA W, et al. Mice exposed to combined chronic low - dose irradiation and modeled microgravity develop long - term neurological sequelae [J]. International Journal of Molecular Sciences, 2019, 20 (17): 4094.

[15] SEAWRIGHT J W, SAMMAN Y, SRIDHARAN V, et al. Effects of low - dose rate γ - irradiation combined with simulated microgravity on markers of oxidative stress, DNA methylation potential, and remodeling in the mouse heart [J]. Plos One, 2017, 12 (7): e0180594.

[16] MAO X W, BOERMA M, RODRIGUEZ D, et al. Combined effects of low - dose proton radiation and simulated microgravity on the mouse retina and the hematopoietic system [J]. Radiation Research, 2018, 192 (3): 241 -250.

[17] 汤艳，李祥，苏小霞. 噪声对大鼠空间学习记忆及海马神经元形态学的影响 [J]. 现代预防医学，2010 (7): 1232 -1235.

[18] 王云. 模拟航天复合环境对大鼠精神行为相关的蛋白质组学研究 [D]. 北京：北京理工大学，2015.

[19] TAIBBI G, CROMWELL R L, KAPOOR K G, et al. The effect of microgravity on ocular structures and visual function: A review [J]. Survey of Ophthalmology, 2013, 58 (2): 155 - 163.

[20] NIMESH P, ANASTAS P, SARA M, et al. Optical coherence tomography analysis of the optic nerve head and surrounding structures in long - duration International Space Station astronauts [J]. Jama Ophthalmology, 2018, 136 (2): 193 - 200.

[21] LIU W, ZHU X, ZHAO L, et al. Effects of simulated weightlessness on biological activity of human NK cells induced by IL - 2 [J]. Chinese Journal of Cellular and Molecular Immunology, 2015, 31 (10): 297 - 300.

[22] CHEN Y, XU C, WANG P, et al. Effect of long - term simulated microgravity on immune system and lung tissues in rhesus macaque [J]. Inflammation, 2017, 40 (2): 1 - 12.

[23] ZHANG Y N, WEN G S, LI H, et al. Bone loss induced by simulated microgravity, ionizing radiation and/or ultradian rhythms in the hindlimbs of rats [J]. Biomedical & Environmental Sciences, 2018, 31 (2): 126 - 135.

第 14 章
模拟复合空间环境动物实验设计

14.1 实验目的

随着载人航天的发展及空间站相关任务的持续推进，航天员在轨驻留的时间将越来越长。空间站又称航天站、太空站和轨道站，是一种在近地轨道运行，可供多名航天员长时间工作和生活的载人航天器，但是航天员在空间站的作业环境密闭、空间相对狭小。在轨运行时，空间站会受到地球引力以外的各种干扰力的作用，处于微重力的状态。空间站舱内存在由剧烈气体波动、飞行器的振动产生的噪声。在轨运行时，虽然空间站内部有不同时长的明暗变化，但外部环境的昼夜节律变化却是固定的，且与地面环境存在很大的差异，尽管载人航天器舱内仍然控制 24 h 循环的作息，但是生物节律紊乱仍然是航天员不得不面对的一个问题。

在长期太空飞行中，航天员要克服空间中的微重力、噪声、生物节律改变和狭小空间等环境因素，这些因素均可单一地、综合地、不同程度地导致一系列的机体损伤（如心血管功能障碍、失重骨丢失、肌肉萎缩、免疫功能下降、认知功能障碍等）。另外，在复杂的载人航天环境中，航天员非常容易出现焦虑、抑郁等多种负面情绪，给航天员的身心健康带来伤害，继而影响航天员的太空作业和飞行安全。为确保航天员在长期空间飞行中健康、安全和高效地工作而开展的相关研究已成为航天医学领域的研究热点和难点，这不仅限于对航天员在空间的生理变化进行一般性观察，还要侧重于研究人体对复合空间环境的适应机理及其生物学过程。

当下多数研究仅以微重力这一单因素进行模拟实验，并不能达到航天飞行环境的高度模拟。空间辐射环境难以在大鼠饲养箱中模拟，因此本章构建综合模拟微重力、噪声、狭小空间、生物节律改变的大鼠模型，研究复杂航天环境可能对机体造成的影响及分子机制，为航天员在长期空间飞行中的健康、安全和高效工作提供理论支撑，以保证载人航天事业的顺利发展和实现星际间的太空飞行。

14.2　实验原理

本实验在传统单因素大鼠尾吊模型的基础上进行改进，复合噪声、生物节律和狭小空间多重因素，以模拟航天复合环境。实验设计的模拟复合空间环境模型箱集音箱、LED 灯、尾吊杆于一体，如图 14－1 和图 14－2 所示。图 14－1 中不透明笼子用于饲养大鼠，且内设隔板，通过调整鼠笼中隔板的位置改变大鼠所处实际空间的大小。基于以上设计既能保证大鼠所处环境的温度、湿度、气体流通情况，又可以实现对航天复合环境中各种因素的综合模拟（表 14－1）。

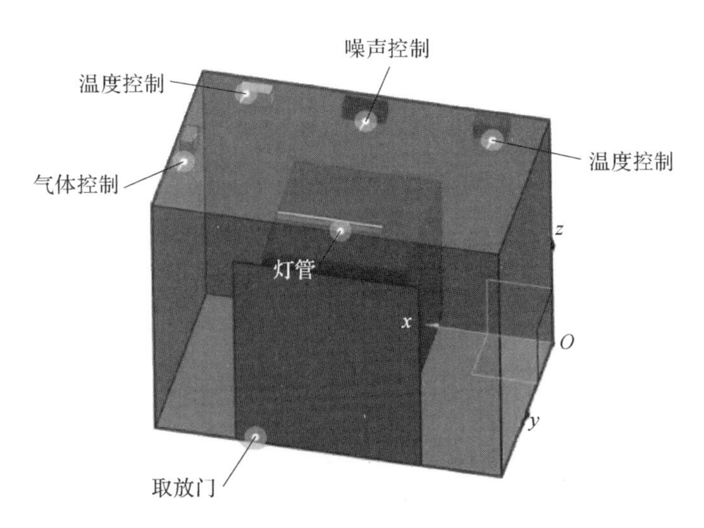

图 14－1　模拟复合空间环境模型箱示意图（附彩图）

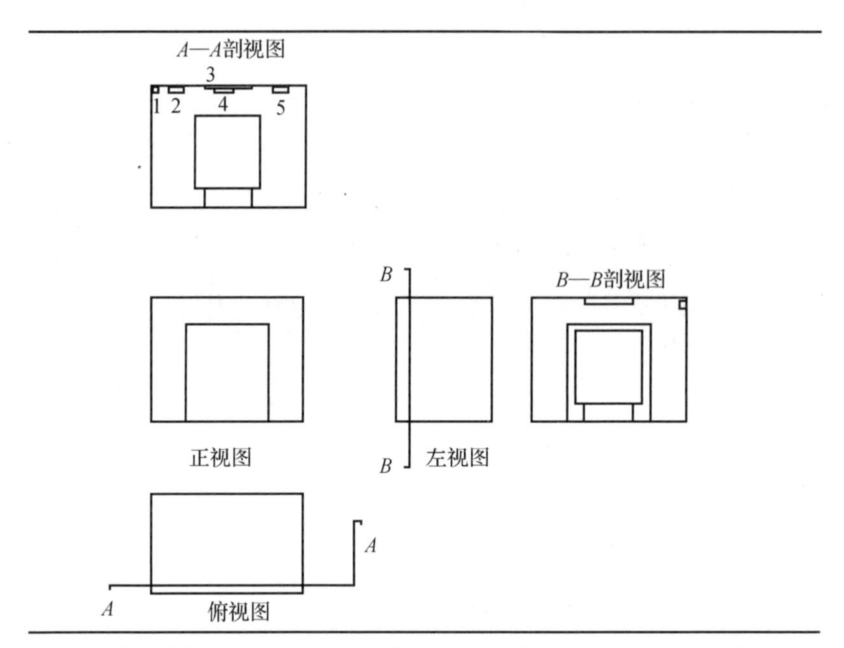

1—气体控制模块；2，5—温度控制模块；3—灯管控制模块；4—噪声控制模块

图 14－2　模拟复合空间环境模型箱剖面图

表 14－1　模拟复合空间环境模型箱设计

环境因素	参数/方法
微重力	尾吊
光照节律/ L/D	1.5
噪声/ dB	65
狭小空间	单笼饲养，笼内设置隔板，以改变空间大小

在轨运行时，昼夜节律变化与地面有很大差异。例如，近地轨道 90 min 一个昼夜，而月球表面 28 d 一个昼夜。光和时间是影响生物节律的重要因素，本实验采用光照节律 1.5 L/D 模拟昼夜节律的变化；国内外载人航天医学要求，稳态噪声的指标要小于或等于 65 dB，因此本实验选择噪声 65 dB 作为刺激因子；大鼠要单笼饲养，保证处于隔离的状态；同时实验设置单纯尾吊组，旨在证明大鼠的心理应激、行为活动等各方面的变化是否与尾部的束缚有关，以排除尾部束缚的干扰因素。

14.3　实验方法

14.3.1　仪器、试剂与实验动物

（1）仪器：模拟复合空间环境模型箱、金属杆（用作尾吊杆）、小音箱、分贝计、LED 灯、旷场实验箱、强迫游泳桶、水迷宫装置、显微镜、电子天平、多导电生理记录仪、液相色谱－质谱仪。

（2）试剂：IL－6、IL－10、IL－1β、TNF－α 等细胞因子试剂盒。

（3）实验动物：SD 雄性大鼠（SPF 级，10 周龄，个体质量 220～260 g）。

14.3.2　模拟复合空间环境大鼠实验

选取 60 只健康 SD 雄性大鼠（SPF 级，10 周龄，个体质量 220～260 g）为实验动物，适应性喂养 5 d 后随机分为 6 组：14 d 组和 28 d 组的正常组、尾吊组、模拟空间复合环境组（模型组），每组 10 只。动物房温度 18～21 ℃，湿度大于 40%，加压送风 150 Pa，自由进水，标准颗粒进食，每 2 d 换一次垫料和饲料。

正常组：不予任何处理，单笼饲养，自由饮水、进食。人工控制室内照明，保持 12 h 的昼夜交替。

尾吊组：大鼠单笼饲养，尾部悬吊，前肢着地，后肢悬空，头与地面呈约 30°角。人工控制室内照明，保持 12 h 的昼夜交替。

模拟空间复合环境组（模型组）：如图 14－3 所示，模型箱采用木质材料，有一定隔声、隔光效果，尺寸为 65 cm × 40 cm × 50 cm（长 × 宽 × 高），采用对开门设计，且放置隔板，不能让大鼠看见对方。每个箱放置 2 个尾吊模型笼，尾吊笼模型采用亚克力材料，内部最大尺寸为 27 cm × 27 cm × 30 cm（长 × 宽 × 高），箱内顶部安装有 2 个尾吊杆，用于勾连尾吊链；箱顶安装小音箱，音量由控制箱控制，其分贝值用分贝计测量［如 ISQ－TECH 手持式声级计（型号 SLM－1352A）］。具体操作如下：将大鼠尾部悬吊，前肢着地，后肢悬空，头与地面呈约 30°角，复合噪声 65 dB、光照节律 1.5 L/D 作为刺激因子。实验过程中根据大鼠的生长情况随时调整隔板尺寸，保证其始终处于狭小空间。

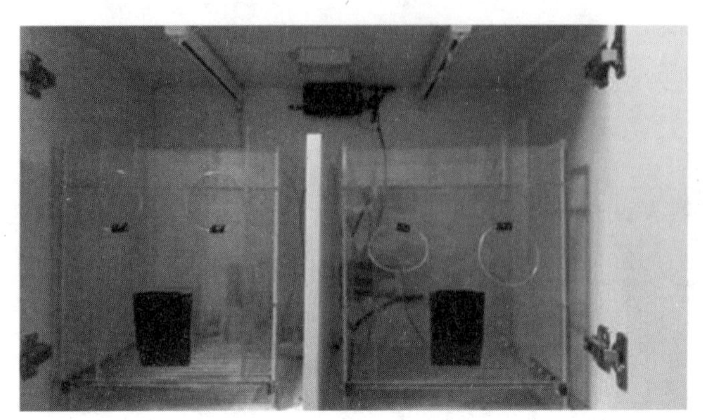

图 14－3　模拟复合空间环境模型箱实物图（附彩图）

14.3.3　检测指标

1. 行为学检测

1）摄食和体重

分别于造模当天和造模结束称量大鼠体重，其间每 24 h 投食 100 g（过量投放），并于次日收集剩余饲料称重记录。

2）糖水偏好实验

在第 7 d、14 d、28 d 给予糖水偏好实验。糖水偏爱实验用于评定大鼠的快感缺失水平。在每个笼子里同时放置 2 个水瓶，实验共需 72 h。在第一个 24 h，2 个水瓶中均装有 1% 的蔗糖水，让实验大鼠适应糖水的甜味；在第二个 24 h，1 个水瓶装有 1% 的蔗糖水，另外 1 个水瓶装纯水；在第三个 24 h，前 23 h 对大鼠禁食、禁水，在最后 1 h 给予每只大鼠事先定量好的 2 瓶分别装有 1% 的蔗糖水和纯水的水瓶进行糖水消耗实验测定，1 h 后取走 2 个水瓶并对水瓶进行定量，以确定 2 个水瓶中剩下的液体量。大鼠糖水偏爱率的计算公式如下：

$$糖水偏爱率(\%)=(糖水消耗量/总消耗量)\times 100\%$$

3）旷场实验

模型结束后，恢复 3 d，分别在第 17 d、31 d 对大鼠进行旷场实验。旷场实验可用于评定大鼠在新环境中的肢体活动性、探索兴趣及焦虑水平。旷场实验箱底部由 16 个方格组成，最外面的方格称为外围格，其余的称作中央格（内 4、外 12）。实验中保持环境安静，将大鼠小心放置在旷场实验箱的中央，进行观察并记录，每次 5 min。观察指标：跨格次数，即记录观察期内大鼠四肢爬过的格子数；直立次数，即记录观察期内后肢站立，前肢离地 1 cm 以上或攀附箱壁的次数；中央停留时间，即从放入旷场实验箱中开始至大鼠进入外围格的时间；粪粒数，即观察期内大鼠所排出的粪粒数；清洁次数，包括洗脸、理毛、挠痒。在每只大鼠完成实验后，清理旷场箱内的残留物，清除上一只大鼠的气味，防止影响下一只大鼠的行为。

4）强迫游泳实验

模型结束后，恢复 3 d，分别在第 17 d、31 d 对大鼠进行强迫游泳实验，强迫游泳实验用于评定大鼠的行为水平。第一天，大鼠依次单独置于强迫游泳桶中（高 40 cm、直径 20 cm 的透明钢化玻璃筒），水深 30 cm，水温（25 ± 1）℃，强迫游泳装置置于安静的房间，让大鼠在筒内适应 15 min 后将其捞出，用干布擦干后用电暖器烤干。24 h 后，将大鼠再次放入强迫游泳装置内（水深及水温与前一天相同），观察并记录大鼠 5 min 内在桶内静止不动的时间，即大鼠静止漂浮在水面，仅有尾巴和前爪轻微摆动以维持身体平衡并使头露出水面的时间。静止漂浮时间反映了大鼠的行为绝望水平。

5）Morris 水迷宫实验

水迷宫实验是测定大鼠空间学习记忆能力的经典行为学实验，Morris 水迷宫由圆形水池和自动录像系统组成。Morris 水迷宫实验在行为检测过程中常进行两项实验。

第一项是定位航行实验。保持水温 23 ~ 25 ℃，实验室物品及人员位置固定作为大鼠的空间参照物。首先将大鼠放在第三象限内的平台上适应 15 s；然后分别从第一、二两个象限放入迷宫中，每次实验 90 s，后适应 15 s，训练大鼠找到藏于水面的平台并爬上平台。入水到寻找平台成功所需时间为潜伏期，寻找失败的潜伏期与实验设定时间相同，用潜伏期评价大鼠空间定位学习能力。

第二项是空间搜索实验。定位航行实验结束次日，拆除平台，将大鼠从第一象限入水，记录大鼠在 90 s 内穿过原平台位置的次数、原平台象限游程占总游程比率及所用时间比率，评价大鼠的空间记忆能力。

2. 模拟复合空间环境对中枢神经系统的影响

观察神经细胞的数量、形态、功能变化及神经营养因子的水平。

模拟复合空间环境对海马的影响，探索大鼠精神行为的变化。采用差异蛋白质组学的方法，对模拟复合空间环境模型大鼠的海马或皮质区的全蛋白、膜蛋白或线粒体蛋白进行差异蛋白质组学分析；观察海马区或皮质区神经递质的变化，氨基酸类神经递质是人类脑组织中最重要的神经递质，包括兴奋性和抑制性两类。其中，Glu 是兴奋性神经递质，GABA 是抑制性神经递质，这两种神经递质对调节机体生理活动具有重要作用，其含量和比例的变化伴随着多种神经系统疾病的发生，采用 LC－MS 测定大鼠海马中 Glu 和 GABA 的含量。

3. 模拟复合空间环境对免疫系统的影响

观察模拟复合空间环境下大鼠单核细胞、巨噬细胞、中性粒细胞、树突状细胞、NK 细胞、B 淋巴细胞、T 淋巴细胞的数量、形态的变化，表面标记物表达情况，细胞因子（IL－6、IL－10、IL－1β、TNF－α 等）的含量变化。

4. 模拟复合空间环境对骨骼系统的影响

观察模拟复合空间环境下骨组织细胞（骨髓间充质干细胞、成骨细胞、骨细胞、破骨细胞）数量、形态变化及骨代谢（骨质流失、骨吸收生化标志物、骨形成生化标志物）情况；观察以下骨参数的变化：骨密度、骨小梁的数目、骨小梁的分离程度、骨小梁的厚度、骨体积分数、结构模型指数。

5. 模拟复合空间环境对心血管系统的影响

观察血管内皮细胞、血管平滑肌细胞、心肌细胞和心肌成纤维细胞的数量、形态、功能的变化；观察大鼠心电、心率指标和心脏的形态、功能变化；观察血管结构和功能的变化。

应用多导电生理记录仪记录大鼠心律失常的类别及频次。1.5% 戊巴比妥钠注射液 2 mL/kg 腹腔注射麻醉。待动物被麻醉后，固定在实验台上，按照右上肢红色、左上肢黄色、左下肢绿色、右下肢黑色的连接方式，将电极针插入动物四肢的皮下，连接好导联线，用多导电生理记录仪进行心电记录。从心电图上获得的指标主要有 P 波的幅度、QRS 波的时间、P－R 间期的时间、R－R 间期的时间、S－T 段的变化、T 波的变化等。根据波形确定心律失常类型和频率。

6. 模拟复合空间环境对机体肠道菌群的影响

用选择性培养基平血计数法检测大鼠粪便中肠道肠球菌、肠杆菌、双歧杆菌、乳杆菌等细菌的数量。

14.4 注意事项

（1）模拟复合空间环境模型箱的设计要综合考虑微重力、噪声、狭小空间、生物节律等因素，进行行为学测试，检测造模情况。

（2）所有动物实验的实验计划和操作流程均应向各级伦理委员会进行上报，经过许可后在动物实验伦理委员会的监督下依照标准的实验动物操作流程开展实验。

参考文献

[1] 杨彪，胡添元. 空间站微重力环境研究与分析 [J]. 载人航天，2014（2）：178 – 183.

[2] 魏传锋，张伟，曹剑峰，等. 载人航天器密封舱噪声控制与试验 [J]. 航天器环境工程，2013，30（1）：91 – 93.

[3] MA L，MA J，XU K. Correction：Effect of spaceflight on the circadian rhythm，lifespan and gene expression of drosophila melanogaster [J]. PLoS One，2015，10（10）：e0139758.

[4] 邓子宣，PAPUKASHVILI D，RCHEULISHVILI N，等. 失重/模拟失重对中枢神经系统影响的研究进展 [J]. 航天医学与医学工程，2019，32（1）：89 – 94.

[5] 马静遥，陈铃铃，王琼，等. 模拟航天特因环境下大鼠认知功能的影响 [J]. 中国比较医学杂志，2013，23（10）：58 – 62.

[6] 张其吉，白延强. 载人航天中的若干心理问题 [J]. 中国航天，1999（6）：22 – 24，26.

[7] 许铮. 航天医学研究的实验设计原则 [J]. 中国航天，1995（5）：31 – 33.

[8] 陈善广，李莹辉. 太空活动与生物节律——空间时间生物学，载人航天催生的新兴学科 [J]. 科技导报，2007，25（10）：44 – 49.

[9] ZIMECKI M. The lunar cycle: Effects on human and animal behavior and physiology [J]. Postepy Higieny I Medycyny Doswiadczalnej, 2006 (60): 1.
[10] 王云. 模拟航天复合环境对大鼠精神行为相关的蛋白质组学研究 [D]. 北京: 北京理工大学, 2015.
[11] 龚梦鹃, 王立为, 刘新民. 大小鼠游泳实验方法的研究概况 [J]. 中国比较医学杂志, 2005 (5): 311-314.
[12] 张宇浩, 马昱, 郭曦, 等. 反相高效液相色谱法测定大鼠脑组织中 4 种氨基酸类神经递质 [J]. 中国临床医学, 2012 (3): 41-43.
[13] 王艺璇, 周骅, 陈丽华, 等. 航天飞行环境对固有免疫细胞功能影响的研究进展 [J]. 解放军医学院学报, 2016, 37 (8): 916-919.
[14] 耿传营, 向青, 唐劲天. 宇宙飞行对航天员免疫系统的影响 [J]. 中华航空航天医学杂志, 2005 (1): 67-71.
[15] 苗治平, 仇伍霞, 马小莉, 等. 空间微重力环境对骨代谢影响的研究进展 [J]. 宇航学报, 2017, 38 (3): 219-229.
[16] 杨晓勇, 唐辉, 徐永清, 等. 模拟空间环境 X 射线和微重力对大鼠骨丢失的影响 [J]. 第三军医大学学报, 2015, 37 (12): 1232-1236.
[17] 韩兴龙, 雷伟, 曲丽娜, 等. 空间环境诱导心血管功能失调的细胞学机制研究进展 [J]. 航天医学与医学工程, 2019, 32 (5): 456-462.
[18] 张清伟, 訾勇, 吴海姗, 等. 抑郁大鼠心律失常及交感神经活性变化 [J]. 吉林医学, 2019, 40 (12): 2704.
[19] 雷浪伟, 李培荣, 白树民. 模拟航天环境因素对机体肠道菌群的影响 [C] //第三届特种医学暨山东-河南-湖北三省联合微生态学学术会议, 2011.

第 4 部分

天基生物学实验设计

第15章 天基生物实验载荷设计

天基实验载荷是一类空间生命科学仪器，是开展空间生命科学实验的基础工具，是航天生物医学研究的必要基础，决定了空间生命科学研究和医学保障能力。由于工作环境恶劣以及运输条件和成本的限制，天基实验载荷的研制对质量和可靠性的要求十分严苛，其设计是制约生命科学研究发展的一个重要因素。因此，在借助已有航天经验的基础上，创新发展，突破瓶颈，设计开发代表国家空间实验水平、具有创新性技术特色、各学科高度交叉、新技术高度集成、配置有先进分析检测设备的专用仪器成为未来空间生命科学仪器的必然趋势。

15.1 天基实验载荷分类

空间生命科学是空间科学和生命科学的交叉学科，包括空间生物学、航天医学、空间生物技术与转化应用、空间生命科学实验技术与装置4个主要领域。其中所涉及的研究内容，如研究空间环境因素的生物效应的基础空间生物学、研究微重力影响生命演化和生理活动的空间重力生物学、研究利用微重力环境获得具有特殊意义生物制品的空间生物技术等，它们都依赖不同的实验载荷。

欧、美、日本国际空间站（International Space Station，ISS）的舱段均采用标准机柜形式，设计若干通用实验平台（如BIOLAB/EPM等），并配置先进的在线检测设备，用于开展多领域的空间生命科学实验研究。国际空间站用于空间生命科学实验和研究的主要载荷（仪器）如表15－1所示。

表 15－1　国际空间站用于空间生命科学实验和研究的主要载荷（仪器）

国别（科研机构简称）	载荷（仪器）
美国（NASA）	生命科学手套
	2 个动植物培养室/饲养室支持机柜
	1 个低温冷冻室
	1 个重力生物学研究服务系统机柜
	8 个标准机柜可根据每次任务需要进行分配
欧洲（ESA）	BioLab 实验平台
	Kubik 实验平台
	EPM 生理学研究实验平台
	欧洲模块化培养系统（EMCS）
日本（JAXA）	细胞生物学实验装置
	生物学实验单元
	溶液/蛋白质晶体培养装置
	超净工作台
	图像处理单元
	－80 ℃实验室冰柜
加拿大（CSA）	水生生物研究装置
	昆虫栖息地
	悬浮熔炉
	微重力绝缘支架

BioLab 实验平台是为研究生物样品（如微生物、细胞、组织培养物、植物和小型无脊椎动物）而设计的实验工作站。它主要包括培养箱、显微镜、分光光度计和 2 个提供人工重力的离心机，如图 15－1 所示。BioLab 实验平台的操作模式

分为自动操作和人工操作两部分。自动操作部分包括生物培养箱、操作机械装置、生物样品自动温控存储装置、显微镜和分光计；人工操作部分包括生物手套箱、温控单元、视频记录仪和微型计算机。

图 15－1　ISS 上的 BioLab 实验平台

（图片来源：ESA 官网）

我国空间生命科学研究始于 1964 年 7 月 19 日，我国第一枚生物实验火箭 T－7A（S1）发射成功。特别是“921 工程”实施以来，我国空间生命科学发展迅速。近几十年里，我国在空间生命科学和生物技术研究领域的硬件装置研制方面从无到有，先后研制了空间通用生物培养箱、空间细胞生物反应器、空间蛋白质结晶装置等一系列实验载荷（空间生命科学仪器），并利用国内外的高空火箭返回舱、返回式卫星、飞船等空间飞行平台，成功验证了多项空间生命科学实验关键技术，取得了一批空间生命科学仪器重要研究成果，为我国载人空间站生命科学研究和仪器研制奠定了坚实的技术基础。

我国利用返回式卫星、载人/货运飞船和空间实验室与载人空间站进行空间生命科学实验所用的多种生命科学仪器如表 15－2 所示。

表 15-2 我国空间生命科学实验所用的多种生命科学仪器

搭载平台	载荷（仪器）/年份	研究内容
返回式卫星	空间蛋白质晶体生长设备/1992	空间蛋白质科学与工程
	蛋白质管式气相扩散结晶装置/1994	空间蛋白质科学与工程
	空间细胞生长器/1994	空间细胞三维培养
	通用生物培养箱/1996	空间环境的生物学效应
	片流-逆流式细胞生物反应器/2005	空间微重力环境对免疫系统影响
	动物胚胎培养箱/2006	空间哺乳动物细胞胚胎发育
	高等植物培养箱/2006	空间高等植物生长发育
	胚胎培养箱/2016	微重力条件下哺乳动物早期胚胎发育
	高等植物培养箱/2016	空间微重力条件下光周期诱导高等植物开花
	植物培养箱/2016	微重力植物生物学效应及其微重力信号传导
	家蚕培养箱/2016	空间环境对家蚕发育的影响与变异机理
	干细胞培养箱/2016	微重力条件下造血与神经干细胞三维培养与组织构建
	空间细胞生物力学实验装置/2016	微重力条件下细胞间相互作用的物质输运规律
	生物辐射装置/2016	空间辐射诱变的分子生物学机制；空间辐射对基因组的作用和遗传效应
	骨细胞培养装置/2016	微重力条件下骨髓间充质干细胞的骨细胞定向分化效应及其分子机制

续表

搭载平台	载荷（仪器）/年份	研究内容
载人/货运飞船和空间实验室	通用生物培养箱/2001	空间环境的生物学效应
	蛋白质结晶装置/2001	空间蛋白质科学与工程
	蛋白质结晶装置/2002	空间蛋白质科学与工程
	细胞生物反应器/2002	微重力条件下细胞和组织三维培养
	细胞电融合仪/2002	微重力条件下细胞电融合
	连续自由流电泳仪/2002	空间生物大分子分离
	高等植物培养箱/2016	微重力调控植物生长发育机制；微重力条件下光周期诱导植物开花的规律
	空间生物反应器/2017	微重力对细胞增殖和分化的影响
载人空间站	生命生态实验柜/2022	开展以生物个体（包括植物、动物等）为对象的微重力效应和空间辐射效应研究，以及空间生态生命支持系统基础研究
	生物技术实验柜/2022	开展以生物组织、细胞和生化分子等不同层次多类别生物样品为对象的细胞培养和组织构建，以及分子生物制造技术、空间蛋白质结晶和分析等空间生物技术及应用研究

2006 年，搭载于实践八号返回式卫星的高等植物培养箱（图 15 –2），由中国科学院上海技术物理研究所研制，在国内首次实时观察和记录了青菜在空间环

境下长达 21 d 的萌发、生长、抽薹、开花、授粉全过程。2017 年，在天舟一号货运飞船上，用于在空间开展不同种类细胞贴壁和悬浮培养的空间生物反应器（图 15－3），探究了微重力条件下细胞分化和增殖所受到的影响。

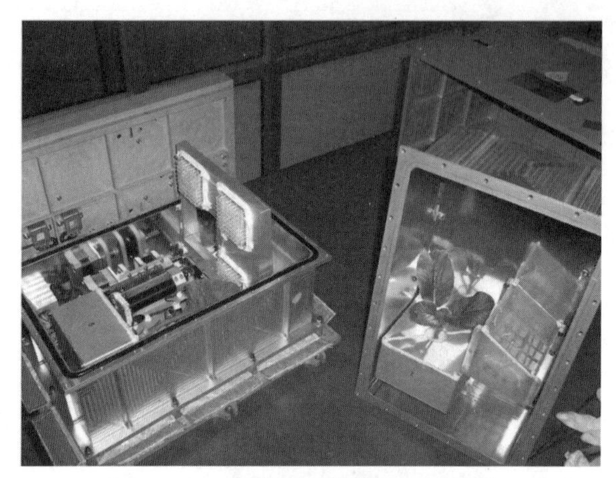

图 15－2　高等植物培养箱（附彩图）

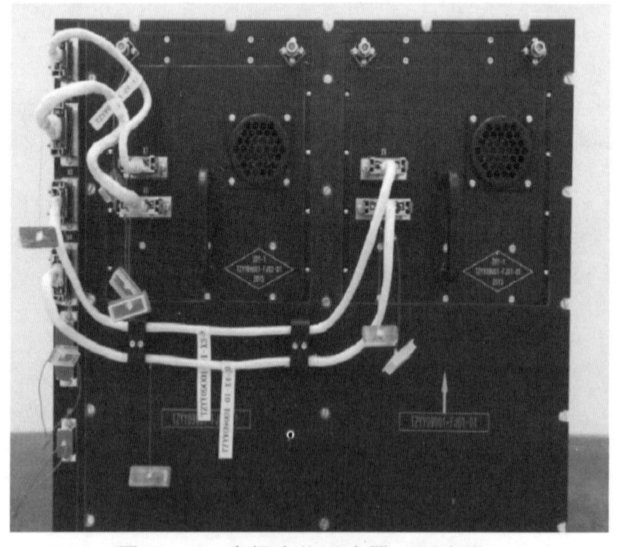

图 15－3　空间生物反应器（附彩图）

2023 年 11 月，中国空间站全貌高清图像首次公布，它将运行在高度 400～450 km 的近地轨道，在轨飞行可达 10 y 以上，支持开展大规模的空间科学实验、技术实验和空间应用等活动。并且具有航天员参与实验操作、实验设备可维护升级、实验样品可返回、天地信息传输等独特优势，将成为我国长期在轨稳定运行的国家太空实验室。

空间站的空间生命科学与生物技术方向主要支持的研究内容有空间重力生物学、空间辐射生物学、空间生物技术、空间生物再生生命支持系统研究，综合、交叉与前沿探索研究，以及创新的生物学分析和检测技术等。在这个研究方向安排的研究支持设施有生命生态实验柜（图15－4）和生物技术实验柜（图15－5）等。

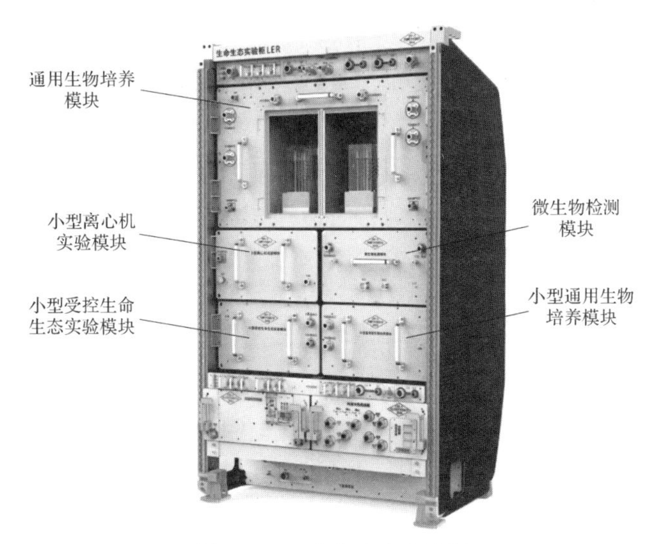

图15－4　生命生态实验柜

（资料来源：中国空间站空间科学实验资源手册）

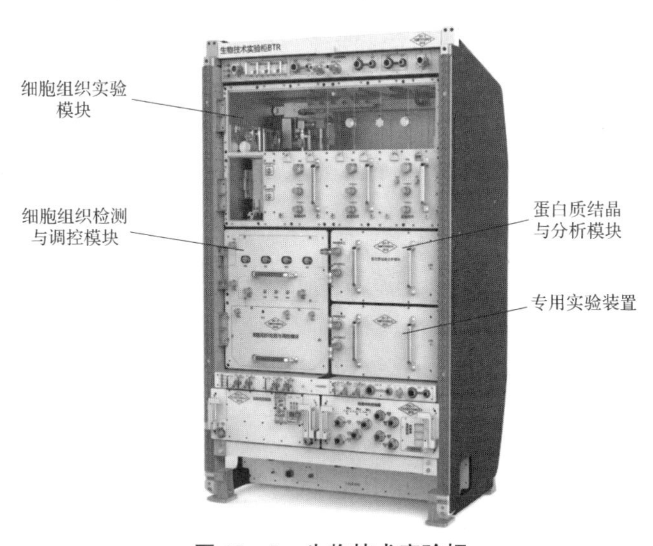

图15－5　生物技术实验柜

（资料来源：中国空间站空间科学实验资源手册）

前者主要由通用生物培养模块、小型受控生命生态实验模块、小型离心机实验模块、小型通用生物培养模块和专用实验装置（如亚磁果蝇培养模块、小型哺乳动物培养模块），以及微生物检测模块、舱内辐射环境测量模块等公共检测类模块组成。后者主要由细胞组织实验模块、蛋白质结晶与分析模块、专用实验装置（如核酸与蛋白模块、生物力学实验模块），以及可提供实验支持和光学检测的细胞组织检测与调控模块组成。

15.2 天基实验载荷的系统研制程序及设计要求

天基实验载荷作为空间生命科学实验设备，是开展空间生命科学研究不可或缺的组成部分之一，二者密不可分、相辅相成。纵观空间科学实验设备与技术的发展历程，空间生命科学实验从最初只能被动利用空间环境的无源搭载，到后来功能多样的有源搭载，空间载荷的复杂性、先进性、可靠性和完备性得到了极大发展。这其中载荷设计早已成为一种各学科深度融合、新技术高度集成的创新性工作。虽然天基实验载荷为满足不同研究领域的内容而类型繁多，功能也不尽相同，但其研制程序与要求都需遵循一定的程序和原则。

15.2.1 天基实验载荷的系统研制程序

1. 航天器约束条件分析

天基实验载荷的设计首先要进行的就是约束条件分析，即从所搭载的不同航天器平台的角度出发，考虑与之相关的多种制约因素。

（1）航天器的系统要求。在航天器总体性能及参数的限定条件下，平衡协调其他有效载荷分系统，从而确定实验载荷的质量、体积和功耗要求，还要根据航天器是否返回，确定其在平台上的位置、是否设计返回单元等。其中，控制实验载荷的质量是降低研制成本的必要手段之一。有效载荷质量每减小 1 kg，运载火箭的质量就可减少 1～2 t。设计时，可以通过将载荷配置得更紧凑来减小体积，采用新材料、新工艺来抗辐射而无须专门加厚外层结构。总之，载荷设计首先要适应航天器的各项要求。例如，在搭载返回式卫星进行空间生命科学实验时，卫星的系统集成能力如表 15－3 所示。

表 15－3　卫星的系统集成能力

类　型	说　明
可装载有效载荷的体积与质量	体积为 0.9 m^3，可用质量为 600 kg（含有效载荷用电池）；回收舱可装载有效载荷的体积为 0.45 m^3，可用质量为 250 kg
有效载荷的飞行实验时间	回收实验项目小于或等于 15 d，可根据用户的要求进行适当调整；不需回收的卫星入轨到留轨舱电源耗尽时为止，通常为 18 d
供配电能力	可提供 28 V、12 V 等不同规格的电压输出，也可协商确定满足用户需要的电接口
卫星在轨期间星上环境	提供 10～30 ℃的温度环境；具体温度需根据有效载荷的功耗、工作时间、热特性等因素确定；舱内压力环境为 30～60 kPa，回收舱内压力环境为 10^{-9}～10^{-5} Pa，星上微重力环境为（10^{-5}～10^{-3}）g
测控和通信能力	遥测服务、数传服务、遥操作服务

（2）航天器所带来的环境条件。天基实验载荷必须能够满足航天器在发射阶段、在轨运行阶段的环境要求，部分还要适应返回阶段的环境要求，具体要求如下。

①载荷要能适应发射阶段的力学环境。在航天器发射（包括返回）时，会产生振动、冲击、过载及噪声等力学环境，这就要求实验载荷最外层的支撑保护结构拥有充足的强度和刚度，能避免因发生共振而损毁。

②载荷要能适应高真空环境。在航天器在轨运行时所处的空间特殊环境下，载荷性能可能会与常压下的性能不同；其中的某些电路部件可能因真空放电而造成损伤；密封容器的内外压力差明显，可能会造成容器变形甚至泄漏；在高于

0.01 Pa 的真空度下，航天器材料的出气效应会造成低温处材料表面污染，改变其性能；一些有机、无机及复合材料可能会发生蒸发、升华、分解等物理化学过程而导致材料质量损耗，严重时会使材料的物理性能显著降低，造成弹性、密封性能、光学性能、润滑性能等下降；固体材料之间“真空冷焊”效应的发生，严重影响航天器活动部件的正常工作和使用寿命。因此，要增强材料在真空下的耐受性，保证其物理性能和机械性能，使用不易发生冷焊的材料或在接触面涂覆固体润滑剂、材料膜层等来减少“真空冷焊”效应的发生。

③载荷要能适应温度变化。航天器在轨运行时所处的热环境主要受 3 个方面影响：外部热流、内部热流和向深冷空间辐射热流（空间热沉）。由于实验载荷的正常工作要求一定的温度范围，因此要采取很好的热控措施。例如，实践八号科学实验卫星上搭载的高等植物培养箱，其箱体设计采用了夹层结构，使内层的气密耐压箱体包裹了绝热材料和多层包扎材料，外层由安装基板和 5 块盖板组成，这样既能保护内部材料，又加强了绝热效果。

④载荷要能适应电磁环境。航天器内部的电磁环境是指所有装星设备、分系统协同工作时所产生的电磁发射的总和。其覆盖的电磁频率范围广，会造成各种耦合干扰现象。因此，必须要进行实验载荷的电磁兼容性设计：一方面抑制自身的传导、辐射发射，减少对其他载荷系统的电磁干扰；另一方面提高载荷元件的抗干扰能力，使载荷免受其他系统的电磁干扰，从而保证其正常工作。

总之，要反复考虑航天器性能参数等多方面影响因素和限制条件，还要将平台提供的空间、质量、能源等资源实现最大限度地利用。最终根据航天器的承载能力，同时考虑可靠性和经济性，综合分析论证，并尽量保证其全面性和可行性。

2. 确定系统组成和技术指标

天基实验载荷不但要适应航天器的各项要求，还要满足空间生命科学研究的需求。在分析外部约束条件后，接下来就是根据任务需求，确定装置必须要实现的功能，从而进一步确定载荷的系统组成。然后就可以确定载荷的一些主要技术指标。例如，搭载于天宫二号货运飞船空间实验室的空间高等植物培养箱，其目的在于通过空间飞行实验和地基研究，揭示微重力条件下植物由营养生长向生殖生长转变过程的规律、光周期诱导开花的分子机理和种子储藏物质的产生与积累机制，从而为长期空间活动奠定理论和技术基础。根据此实验目的及天宫二号空间实验室的特点，确定了硬件装置应具备的功能和系统组成，主要包括高等植物培养模块、生命保障模块、实时在线检测模块和返回单元等。空间高等植物培养箱的主要技术指标如表 15－4 所示。

表 15－4　空间高等植物培养箱的主要技术指标

相关内容	技术指标
实验样品	拟南芥和水稻
培养环境温度	17～28 ℃（环境温度不高于 26 ℃）
照明光源	模拟太阳光、适用于高等植物培养的可控全色光源部件
照明光源波长范围	400～700 nm
光量子通量密度	长短日照区不小于 200 μmol·m^{-2}·s^{-1}，返回单元不小于 120 μmol·m^{-2}·s^{-1}
光照周期	16 h 光照/8 h 黑暗（长日照），8 h 光照/16 h 黑暗（短日照），每 24 h 进行一次交替
实时图像指标	可见光相机 2 路，荧光相机 1 路；各图像探测器像素均为 1 024×1 280 像素，量化位数为 8 bit
外形尺寸	400 mm×300 mm×300 mm
质量	18.4 kg
功耗	平均功率 50 W

确定载荷系统组成后，还要考虑与航天器平台之间的协调。要对载荷各组成部分进行反复组合和估算，使其满足与航天器平台的接口关系，包括设备尺寸和安装尺寸、质心、转动惯量、功耗、供电电压，以及其他机械接口、热接口、电接口和电磁兼容性要求等。

3. 关键技术研究

各种关键技术要适用空间环境条件是实验载荷设计的前提。通过对各项技术原理的可行性进行验证及确定它们的最佳处理条件和方法，为装置后续的设计集成提供理论与技术支持。例如，在实践八号科学实验卫星高等植物培养箱的设计中，显微相机及自动调焦算法实现了调焦过程的智能化，其调焦准确率和图像清晰度均能满足实验观察需求；多次实验后确定的花朵柱头成像光路，有效解决了植株、物镜工作距和相机同轴安装时三者长度之和超过实验装置最大尺寸的问题，使植株和相机并列布置，合理地利用了有限的实验空间；采用了填充柔软保护材料的网状固定结构对花薹进行柔性限位，从而在不损伤样本植物的同时，保证相机能捕捉到花朵开放全过程的完整图像。

4. 各模块及零部件详细设计方案

载荷设计要遵从结构和功能两方面的原则。结构方面要紧凑有序，节省宝贵的空间资源；功能方面在保证良好密封性能和运行稳定性的同时，又要尽可能降低能耗。要确定各模块结构、功能、路线的详细设计方案，还要确定各零部件的材料、尺寸、技术加工路线等内容。例如，天宫二号货运飞船空间实验室的高等植物培养箱各模块具体设计如表 15 –5 所示。

表 15 –5 天宫二号空间实验室的高等植物培养箱各模块具体设计

模块	设计内容
高等植物培养模块	长日照培养模块、短日照培养模块
生命保障模块	温控单元、供液单元、光照单元、有害气体去除单元及水回收单元
实时在线检测模块	可见光相机、荧光相机、温度测量单元、湿度测量单元及照度测量单元等
返回单元	独立单元，内部培养拟南芥，配置独立的光照、温控和营养供给系统

5. 加工与集成

在完成设计的基础上，就可以按照要求进行各部件的选材和加工，之后再组装整机、与软件控制系统进行联调和集成。组装时，必须对所有零部件进行清洗、消毒和灭活处理，然后戴上一次性手套组装各模块单元，完成后再组装外部箱体。整个过程要按照由下到上、由中心向外的顺序，要保证各部位紧密牢固。

6. 地面验证与优化

装置完成加工集成后，要对其进行全方位的验证和进一步优化，具体如下。

（1）各项性能测试。定期测试装置内各关键部件密封性能，运行工作时的可靠性、稳定性和可控性，全面分析检测装置的各项性能指标，客观评价其合理性和可靠性。此外，还需验证装置的冗余设计，以保证在实验过程中可以顺利对流程进行调整，或当仪器出现某个步骤的故障时，可以跳过预定程序而直接执行冗余程序。

（2）环境实验要求。实验载荷必须按照航天器平台总体提供的环境实验要求进行各项实验。实验项目主要包括振动、冲击、噪声等力学环境实验，热真空环境实验和电磁兼容实验等。

（3）测试生物学功能，即实验载荷能否稳定可靠地完成实验内容，达到预期实验目的。最后，还要根据测试结果进行调试和优化装置的各项运行参数。

15.2.2　天基实验载荷设计要求

空间生命科学实验设备（载荷）的设计制造除了要严格遵循研制程序中的各项原则外，还要尽量兼顾以下几方面的设计要求。

（1）典型部件和组件的设计研制要向着功能专业化、结构模块化和接口标准化的方向发展，为后续的系统集成和高效装配创造便利。

（2）采用多系统集成和网络智能控制技术。前者可以满足空间生命科学实验的复杂性，支持分子、细胞、组织、个体和群体不同生命层次的生物样品开展多类型、规模化和系统性的生命科学实验。后者可以提高过程监测能力和原位分析能力，以实时数据和下载数据为实验的主要分析依据，使实验结果降低对生物样品回收的依赖。

（3）将遥科学技术作为一项新的技术途径，加强对空间实验的远程操控，充分地参与到空间实验的过程当中，实现实验的地基干预。

空间生命科学研究与生命科学载荷之间彼此依赖、密不可分、相互促进、相辅相成。目前，空间生命科学实验技术愈发先进，实验对象和方法也日趋复杂，这就要求实验载荷的设计与研究更要以自主创新为基础，注重关键技术突破，为获得新的空间生命科学研究成果提供支持和保障。

参 考 文 献

[1] 李晓琼，杨春华，刘心语，等．空间生命科学载荷技术发展与未来趋势［J］．生命科学仪器，2019，17（3）：3－20.

[2] 张涛，郑伟波，童广辉，等．空间生命科学仪器与实验技术［J］．生命科学仪器，2018，16（3）：3－8，22.

[3] 王海名，杨帆，郭世杰，等．空间生命科学研究前沿发展态势分析［J］．科学观察，2015，10（6）：37－51.

[4] 商澎．我国空间生命科学发展战略研究［C］//中国空间科学学会空间生命专业委员会学术研讨会，2014.

[5] 李春华，倪润立．中国返回式卫星与空间科学实验［J］．空间科学学报，2009，29（1）：124－129.

[6] 张涛，郑伟波，卢晋人，等．实践八号卫星高等植物培养箱［J］．载人航天，2007（4）：4－6，35.

[7] 李怡勇，邵琼玲，李小将．航天器有效载荷［M］．北京：国防工业出版社，2013.

[8] 童广辉，袁永春，郑伟波，等．空间高等植物培养装置［J］．空间科学学报，2016，36（4）：557－561.

[9] 石宇．空间生物样品处理装置的研制及其地面验证［D］．北京：北京理工大学，2015.

[10] 商澎，杨鹏飞，吕毅．空间生物学与空间生物技术［M］．西安：西北工业大学出版社，2016.

[11] 张涛．空间生命科学实验设备与技术研究［J］．载人航天，2005，（4）：10－12.

[12] 李莹辉，孙野青，郑慧琼，等．中国空间生命科学40年回顾与展望［J］．空间科学学报，2021，41（1）：46－67.

第 16 章
天基实验载荷环境适应性设计

16.1 有效载荷的工作环境

有效载荷的工作环境如图 16－1 所示。

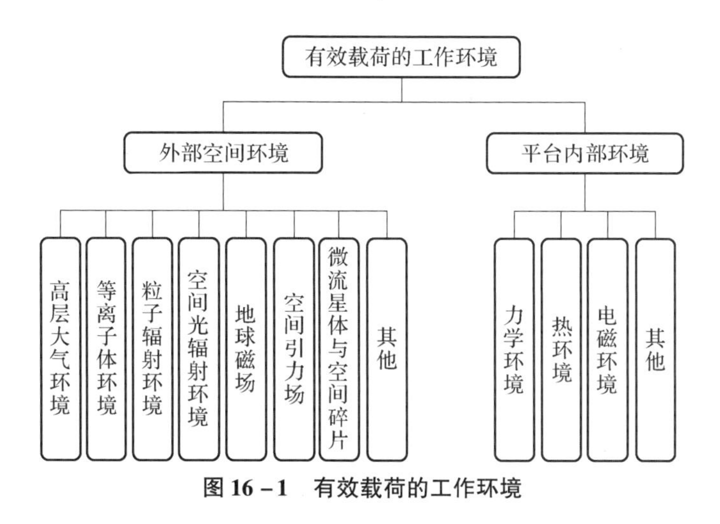

图 16－1 有效载荷的工作环境

16.1.1 外部空间环境

航天器的外部空间环境十分复杂，包括空间带电粒子引起的空间辐射，与太阳活动有关的太阳耀斑等引起的光辐射、高强度电磁辐射和高能带电粒子流冲击，地球磁场对运行平台的干扰。另外，还有各种因人类空间活动产生的包括完成任务的火箭箭体和卫星本体、火箭的喷射物、在执行航天任务过程中的抛弃物、空间物体之间碰撞产生的碎块等空间碎片，以及宇宙空间细小的岩石颗粒组成的微流星体。它们均会对太空航天任务带来巨大的威胁和挑战。

16.1.2 平台内部环境

（1）平台内部的力学环境一般包括以下 4 种环境，即声振、冲击环境、振动环境和加速度环境。声振分为高频声振和低频声振。高频声振是会影响设备元件的谐振；低频声振一般指的是电路噪声等。冲击环境会产生机械应力，导致结构失效、电子设备短路等。振动环境会引起平台内部机械应力疲劳、产生电路噪声等。加速度环境会导致机械应力和液压增加，使平台内部装置的结构变形和破坏、漏液等。

（2）平台内部的热环境一般是可控的，但航天器的各个元件所要求的温度不同，且航天器外表面的温度会很高或很低，与内部形成极高的温差，因此若不采取热控措施，航天器将很难正常工作，且元器件焊接点和管路也会断裂、松动。

（3）平台内部的电磁环境会对航天器及载荷产生很大的危害，如干扰通信信号的接收、干扰电子仪器设备的正常工作，可能造成信息失误、控制失灵等事故，造成设备硬损伤甚至危害生物体健康。

16.2 工作环境对有效载荷的影响

每一种外部空间环境因素都有可能与航天器表面发生严重的相互作用。如果不能有效地预见这种作用的危害并采取有效措施进行避免或减少损伤，那么可能就会严重影响航天任务的顺利开展和危害航天员的生命安全。表 16 – 1 列出了部分航天器出现的异常现象。

表 16 – 1 部分航天器出现的异常现象

航天器	异常现象
Anik E – 1 和 E – 2 通信卫星	在航天器充电期间，动量轮控制系统出现故障
Ariel 1 通信卫星	高空核爆后出现故障

续表

航天器	异常现象
地球同步卫星（GOES）	表面带电形成弧光放电，造成了许多指令异常
Intelsat K 通信卫星	表面带电形成弧光放电，造成了许多指令异常
全球定位系统（GPS）	光化学沉积导致的污染使太阳能电池阵的功率输出降低；热控材料性能下降
长期暴露装置（LDEF）	大量微流星体/空间碎片撞击；大量污染物以及原子氧腐蚀；感应辐射
先锋金星探测器	高能宇宙射线导致的部分指令存储器异常
天空实验室	不断增加的大气阻力导致航天器再次进入大气层
航天飞机	大量微流星体/空间碎片的撞击；航天飞机的辉光；进行防撞机动
尤利西斯太阳探测器	在英仙座流星雨高峰期出现故障失败

航天器由于担负的任务不同，从而会在不同的轨道上运行，而轨道不同也就造成了它们将会面临不同的环境。表 16－2 列出了 4 种不同轨道上各种环境参数对航天器的影响。

表 16－2　不同轨道上各种环境参数对航天器的影响

环境参数	LEO 近地轨道（低地球轨道）（100～1 000 km）	MEO 中地球轨道（1 000～10 000 km）	GEO 地球同步轨道（高地球轨道）（36 000 km）	行星际飞行轨道
中性大气	阻力对轨道影响严重；原子氧对表面腐蚀严重	没有影响	没有影响	没有影响
等离子体	影响通信，电源泄漏	影响微弱	充电问题严重	影响微弱

续表

环境参数	LEO 近地轨道（低地球轨道）（100～1 000 km）	MEO 中地球轨道（1 000～10 000 km）	GEO 地球同步轨道（高地球轨道）（36 000 km）	行星际飞行轨道
高能带电粒子	辐射带南大西洋异常区和高纬地区宇宙线诱发单粒子事件	辐射带和宇宙线的剂量效应、单粒子事件效应严重	宇宙线的剂量效应和单粒子事件效应严重	宇宙线的剂量效应和单粒子事件效应严重
磁场	磁力矩对姿态影响严重	磁力矩对姿态有影响	影响微弱	没有影响
太阳电磁辐射	对表面材料性能有影响	对表面材料性能有影响	对表面材料性能有影响	对表面材料性能有影响
地球大气辐射	对航天器辐射收支有影响	影响微弱	没有影响	没有影响
微流星体	有低碰撞效率	有低碰撞效率	有低碰撞效率	有低碰撞效率

16.3 有效载荷环境适应性分析

与航天器上的其他仪器一样，有效载荷将经受航天器所受的外部环境、轨道空间环境等，有效载荷必须能够适应发射、运行及返回时所经受的环境条件要求。因此，有效载荷要进行相应的环境适应性分析，使其具有相对较宽的环境适应性。

16.3.1 发射力学环境适应性

航天器发射阶段会产生振动、冲击、过载、噪声等现象，这就要求有效载荷的结构有足够的强度避免产生共振造成有效载荷的损坏等。因此，为使有效载荷能够承受发射阶段的力学环境条件，其中的活动部件、工作时需要展开的设备

(通信天线、雷达天线等) 一般要便于锁紧，又要便于解开。

在航天工程实践中，由于对力学环境重视不足、认识不全面造成的任务失败或者发生灾难性事故的次数很多。美国戈达德航天中心曾对早期发射的 57 颗卫星做过统计，在卫星发射第一天发生的事故中，有 30% ~ 60% 是由于发射飞行过程中的振动环境所引起的。航天器力学环境，特别是发射过程中的动力学环境 (包含机械振动和噪声) 波谱很宽，范围可以达到 0 ~ 10 000 Hz (冲击环境频带更宽)。按照频率分类，其主要包括准静态加速度环境 (≤2 Hz)、低频振动环境 (0 ~ 100 Hz)、随机振动环境 (20 ~ 10 000 Hz)、高频振动环境 (冲击 100 ~ 10 000 Hz)。

动力学环境参数测量系统的原理框图如图 16 - 2 所示，主要具有采集、编码和存储的功能。该采集系统由 1 台力学环境参数测量仪和 1 套传感器组成，其中 4 个低频振动传感器用于 100 Hz 以内低频响应的测量，6 个高频振动传感器用于 2 000 Hz 范围内的高频响应测量，3 个冲击传感器用于星箭分离过程冲击响应测量。这 13 个传感器按卫星发射过程中的载荷传递路径，分别布置于星箭对接面及各个舱板上。

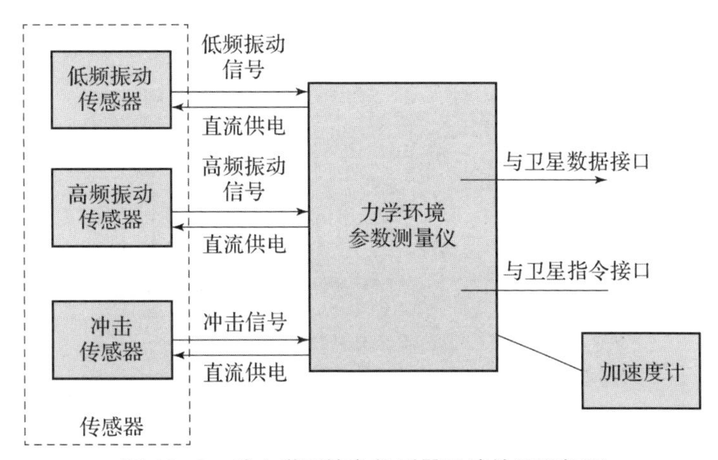

图 16 - 2　动力学环境参数测量系统的原理框图

16.3.2　微重力状态的适应性

航天器在轨运行处于微重力状态，一般来说，重力大小随着高度的增加而减小，由于重力加速度与到地心的距离有关，即

$$K = gR^2$$

式中：K 为恒量；g 为重力加速度；R 为航天器到地心的距离。

因此，根据上式可以推断出不同轨道卫星所处高度处的重力加速度。例如，国际空间站绕地球飞行高度为 200 ~ 250 mile①。由上述公式可知，$g_0R_0^2 = gR^2$（其中，g_0 是地球表面的重力加速度，R_0 是地球平均半径），则引力大约是地球表面的 90%。

由于有效载荷在地面上进行调试期间处于有重力状态，且有些有效载荷体积尺寸可能比较巨大，或者含有光学系统或遥感器扫描装置，因此这些装置在微重力和有重力状态下的性能会发生变化。这就要求有效载荷在地面设计和调试过程中找到有效的方法和措施，确保其能够在微重力状态下性能满足工作要求。

在水星计划中，NASA 负责观察长期暴露在航天环境因素中人体的生理变化。NASA 挑选了 7 名现役军事试飞员担任航天员，每个航天员身高都不超过 180 cm，均配备了一整套专门的宇航服（具有双层压力囊、质量 9.1 kg、添加了接头增强材料和镀铝外层来改善机动性和热控制），航天员被束缚在一个小舱室内（约 1.73 m^3）。在整个飞行过程中，航天员被绑在安全带上，保持半仰卧姿势（臀部和膝盖屈曲 90°），高度为 2 m，底部直径为 1.9 m，如图 16-3 所示。

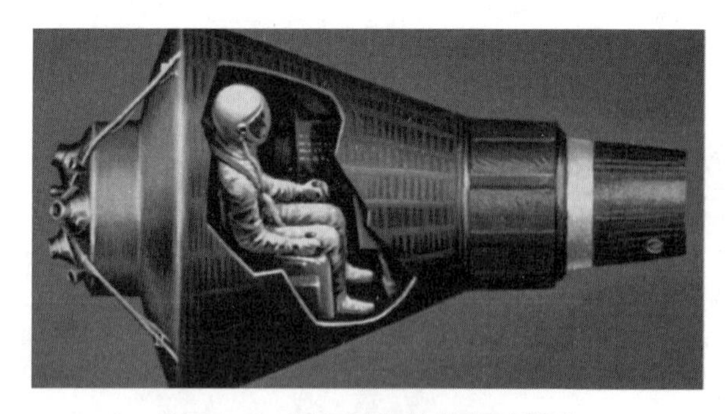

图 16-3 航天员所处舱室示意图

实验结果显示，与离心机运行时的数据相比，航天员飞行期间的心率普遍提高，而飞行后的收缩压测量值都比飞行前低 3 ~ 18 mmHg②，体重下降 1.1 ~ 3.5 kg（1.4% ~ 5.2%）。在长达 34 h 的太空飞行过程中，航天员正常的身体功能不会明

① 1 mile = 1.609 344 km;

② 1 mmHg = 133.322 4 Pa。

显恶化。在太空飞行中，体重下降幅度如此之大，很可能与摄入能量有限，皮肤和呼吸道水分流失，以及穿着水星全压服时出汗增加（静坐 150 mL/h，适度活动 300 ~ 600 mL/h）有关。

16.3.3　高度真空状态的适应性

与失重状态类似，有效载荷的性能在高真空状态与常压状态依然会有所不同。一般来说，在载人航天器所处的 500 km 轨道高度上，空间的真空度为 10^{-6} Pa 左右；在 1 000 km 的轨道高度上，空间的真空度为 10^{-8} Pa 左右。高真空环境会产生很多影响。例如，高真空会导致冷焊现象，使活动部件金属接触面之间的润滑消失，不能进行正常工作；真空放电可能会导致某些电路部件损伤；高真空状态下某些材料可能会放出气体，使光学有效载荷的光学部件发生污染。因此，预先进行航天器和舱外航天服空间环境模拟实验尤为重要。一般来说，在进行航天器和舱外航天服空间环境热模拟实验（主要是热真空实验和热平衡实验）时，关注的问题主要是真空环境对试件热特性的影响。真空度达到 10^{-2} Pa 以上时，辐射传热已经成为主要的传热形式，对流和传导传热的效应已经可以忽略。因此，空间模拟设备模拟的真空度达到 10^{-3} Pa 数量级，已经能够较为真实地模拟航天器飞行轨道真空环境的热交换效应，不必追求更高的真空度。只有一些特殊实验（如真空干摩擦和冷焊实验等），才需要提供更高真空度的实验设备。

16.3.4　温度变化的适应性

航天器外表面的温度由于其所处的环境不同，有巨大的变化，表面温度从 −100 ℃到 100 ℃都有可能存在，而有效载荷的内部元件，其可能对温度有很严格的要求，温差过大会引起其元件损坏或不能正常工作。因此，有效载荷必须采取一定的热控手段来适应环境温度的变化，为元件和系统的正常运行创造必要条件。

热控设计准则如下：

（1）有效载荷的结构设计应当选择热稳定性能好、对热环境不敏感的材料。

（2）有效载荷的光学部件应选择膨胀系数小的材料。

（3）有效载荷的热控设计以被动热控为主。

（4）对于功率变化大、热控要求高及热交换快的元件采取主动热控措施，必要时可以主动、被动热控连用保证其运行稳定。

（5）热控材料不应对光学有效载荷造成污染。

16.3.5 空间强辐射环境的适应性

航天器在轨运行期间会受到多方面辐射源的空间辐射，如地球辐射带、太阳宇宙线、银河宇宙线的高能带电粒子等。

地球磁层是在地球海拔高度 1 000 km 以上的完全被电离的等离子体稀薄区域。地球辐射带作为地球磁层中的一个重要组成部分，它更靠近地球，且卫星、航天器等的通信运行往往受影响严重。根据高度不同，地球辐射带又分为内辐射带和外辐射带。地球内辐射带在高度 1~2 个地球半径之间，其中含有大量能量约为 50 MeV 的质子和能量大于 30 MeV 的电子。地球外辐射带在高度 3~4 个地球半径区域，外带比较稀薄，带电粒子的能量比内带小。

太阳宇宙线是从太阳表面喷发出来的高能粒子，其主要成分为能量为 $10 \sim 10^4$ MeV 的质子。太阳宇宙线在太阳活动的高峰年及其后的 2~3 年出现的概率最大，每年会达到十余次，每次持续时间十几小时到几天。在到达地球附近时，能量大于 10 MeV 的质子最大瞬时通量可达到 10^4 质子/（$cm^2 \cdot s$），一次暴发的总通量可达 10^9 质子/（$cm^2 \cdot s$），每年的总通量可达 10^{10} 质子/（$cm^2 \cdot y$）。

银河宇宙射线是来源于太阳系以外银河系的通量极低而能量极高的带电粒子。其由电子及元素周期表中所有元素共同构成，但其最主要的成分仍然是质子，占其总成分的 90%；其次是 He 核，约占总成分的 9%；除此之外其他重核的成分仅占总成分的 1%。银河宇宙射线的能量范围为 10^2 MeV ~ 10^9 GeV，绝大部分的能量集中于 $10^3 \sim 10^7$ MeV，能谱峰值在 1 GeV 左右，其通量在自由空间中仅有 0.2~0.4 $(cm^2 \cdot sr \cdot s)^{-1}$。宇宙射线是一种高能粒子，主要来自太阳系之外，大部分是质子，其次是 α 粒子，还有少量其余各种原子核。宇宙线高能粒子的能量非常高，但通量非常低，对航天器的影响非常小，虽然银河宇宙射线在太空辐射粒子环境中的含量较低，远远小于质子和电子的含量，但它们具有很高的传能线密度及电离和穿透能力，对生物体损伤效应很大，一旦击中生物体，则会产生很大的辐射损伤效应，因此也应引起足够的重视。

这些空间辐射会通过总剂量效应、单粒子效应等一系列的辐射效应对有效载荷的性能甚至安全产生威胁。例如，空间带电粒子会影响光学元件，使其性能衰减。因此，为保证有效载荷的正常运行及安全保障，其在设计和器件选择上，一定要考虑防辐射的措施。

了解和掌握航天器运行期间遇到的各种环境要素及其对航天器的影响，是一个需要长期积累和总结的过程。环境效应对航天器产生的影响曾经导致了很多问题。例如，2003 年 10 月，航天员杨利伟搭乘神舟五号飞船升空时，曾在短暂的时间内感到身体非常不适。技术研究发现，火箭从起飞 126 s 开始，出现了逐渐增大的纵向单频振动，频率为 8 Hz，与人体心肌的固有频率相近，会引起航天员身体的不适。长期以来的经验表明，大量航天器问题往往都是未充分考虑环境效应导致的。据统计，等离子体环境引起的故障约占 39. 0%；电离辐射环境引起的故障约占 38. 0%；温度引起的故障约占 11. 0%；太阳粒子环境引起的故障约占 5. 7%；中性大气引起的故障约占 2. 8%；地磁场环境引起的故障约占 1. 9%。为此，为深入了解空间环境及其对航天器的影响，NASA 在长期跟踪研究的基础上开展了“空间环境及其效应的专项研究”，并编制了多项标准。

在进行设备材料和零部件的功能、性能、可靠性和环境适应性设计时，要确定每个环境要素对其的影响。根据提供的环境要素，采用必要的防护技术，降低其影响。但是，航天器在轨期间遭受的环境是复杂的。这些环境不仅单独对航天器敏感材料及器件产生影响，还可能诱发次生环境。一个环境对航天器的效应可能引发另一个环境对航天器的效应，还可能对其他环境产生的效应具有增强或减弱作用，不利于产品的功能、性能、可靠性、安全性、环境适应性。组合环境效应对航天器可靠性的危害可能比单个环境效应更大。

16. 4　环境适应性实验

环境实验是检验产品设计余量和工艺合理性、验证产品经受各种环境应力的适应能力、检验和保证产品可靠的重要手段。根据产品研制阶段的不同，有效载荷的环境实验可分为 3 种，即初样研制实验、鉴定实验和验收实验。

初样研制实验是研究有效载荷产品的设计和工艺的合理性，是否能够满足各种环境的要求，为正样设计提供依据。鉴定实验是在初样研制阶段为检查产品的设计和工艺是否满足预期的要求、强度是否合格、性能是否满足的测试实验。验收实验是为了将正样产品的元器件、原材料、制造工艺中的潜在隐患暴露出来的实验，以便能够及早发现、及早排除，保证产品的可靠性。鉴定实验解决的是方案中的问题，而验收实验解决的是产品的生产质量问题。由于有效载荷需要面对不同的动力学环境、空间环境和电磁环境，所以对不同的环境进行有针对性的环境适应性实验尤为重要。一般来说，有效载荷的动力学环境实验分为噪声实验、随机振动实验、正弦振动实验、冲击实验、加速度实验等。有效载荷的空间环境实验分为热真空实验、低气压放电实验、微放电实验、热循环实验、真空紫外辐照实验、空间静电放电实验、总剂量辐照实验、单粒子效应实验等。有效载荷的电磁兼容性实验则更加复杂，因为电磁兼容是指系统内所有设备都能在公共的电磁环境下彼此不发生干扰，也不受同一环境下其他外部系统和设备的干扰，能正常工作、完成设计所确定的系统功能。因此，电磁兼容性设计就要求对系统、分系统、各个设备、各个部件、各个元器件均制定一系列详细的设计和测试，将电磁干扰出现的可能性降到最低，还要综合考虑到电磁污染、电磁生物效应等一系列生态环境问题。

根据前面的介绍可知，有效载荷的环境实验种类很多，需要大量的、种类繁多的设备和不同的实验条件。如何评价有效载荷环境实验是否有效，以及如何提高有效载荷环境实验的有效性，将是研究的重要一环。目前，下式可用来评价环境实验的有效性：

$$\text{实验的有效性}=\frac{\text{实验中暴露的故障}}{\text{实验中暴露的故障}+\text{在轨发生的故障}}$$

16.5 空间生物实验设备的特殊性

由于空间生物实验设备是在特殊的空间环境下开展实验的专用设备，所以空间生命实验设备的组成和功能要满足生命科学实验的要求、满足航天设备的要求及满足无人操作的要求。

生物培养单元是空间生物实验设备的重要组成部分，它为生物样品提供了生长发育的空间，以及与外部环境进行物质交换的通道。首先，由于生物培养单元是直接与生物样品进行接触的设备部件，所以制造生物培养单元所用的材料要具有良好的生物相容性；然后，由于生物培养单元在空间进行实验，所以所用材料还要满足航天产品对材料的要求和规定，一般在不影响空间生物实验的情况下，优先选用在轨验证过的材料。

生物培养单元要提供生物样品的基本生命保障条件，包括对湿度、温度、光照度、水、营养物质、气体、环境 pH 值等的供给和测量。由于不同的生物样品的基本生命保障条件各不相同，所以要提前对生物样品的特点和条件进行分析，以确保空间生物实验的正常运行。一般来说，高等植物培养的理想环境温度和相对湿度一般分别为 17 ~ 22 ℃和 50% ~ 90%；哺乳动物的环境温度一般为 36.5 ℃左右；蛋白质晶体生长的环境温度一般为 20 ℃左右。通常，生物样品所需要的光照条件通常为 400 ~ 700 nm 的可见光，12 h 开/关，光量子通量密度为 20 ~ 150 $\mu mol \cdot m^{-2} \cdot s^{-1}$。

参考文献

[1] 李怡勇，邵琼玲，李小将. 航天器有效载荷 [M]. 北京：国防工业出版社，2013.

[2] 刘尚合，武占成，张希军. 电磁环境效应及其发展趋势 [J]. 国防科技，2008，29 (1)：1 -6.

[3] TRIBBLE A C. 空间环境 [M]. 唐贤明，译. 北京：中国宇航出版社，2009.

[4] 徐福祥，林华宝. 卫星工程概论 [M]. 北京：中国宇航出版社，2003.

[5] 徐博明. 气象卫星有效载荷技术 [M]. 北京：中国宇航出版社，2005.

[6] MA X R，HAN Z Y，ZOU Y J，et al. Review and assessment of spacecraft mechanical environment analysis and specification determination [J]. Journal of Astronautics，2012，33 (1)：1 -12.

[7] SOLOMON H D. Low cycle fatigue of surface - mounted chip - carrier/printed

wiring board joints [J]. IEEE Transactions on Components P, and Manufacturing Technology, 1989, 12 (4): 473 -479.

[8] GHAFFARIAN R, KIM N P. Reliability and failure analyses of thermally cycled ball grid array assemblies [J]. IEEE Transactions on Components and Packaging Technology, 2000, 23 (3): 528 -534.

[9] 刘晨，刘丽红. 某平台卫星发射及在轨力学环境测量与分析 [J]. 航天器环境工程，2017，34 (3): 270 -276.

[10] VANALLEN J A, MCLLWAIN C E, LUDWIG G H. Radiation observations with satellite 1958 [J]. Journal of Geophysical Research, 1959, 64 (3): 271 -286.

[11] REEVES, MCADAMS G D, FRIEDEL R H W, et al. Acceleration and loss of relativistic electrons during geomagnetic storms [J]. Geophysical Research Letters, 2003, 30 (10): 680.

[12] HEINRICH W, ROESLER S, SCHRAUBE H. Physics of cosmic radiation fields [J]. Radiation Protection Dosimetry, 1999, 86 (4): 253 -258.

[13] BONNIE F J. The natural space environment: Effects on spacecraft, NASA - RP - 1350 [R]. Washington D. C.: NASA, 1994.

[14] BEDINGFIELD K L. Spacecraft system failures and anoma - lies attributed to the natural space environment, NASA - RP - 1390 [R]. Washington D. C.: NASA, 1996.

[15] 吴永亮，张小达，朱凤梧，等. 航天器设计中的环境要素与效应研究 [J]. 航天器工程，2017，26 (5): 82 -89.

[16] NASA. Environmental factors, PD - EC - 1101 [R]. Washington D. C.: NASA, 2006.

[17] ROESLER S, HEINRICH W, SCHRAUBE H. Monte Carlo calculation of the radiation field at aircraft altitudes [J]. Radiation Protection Dosimetry, 2002, 98 (4): 367 -388.

[18] 金恂叔. 航天器动力学环境试验的发展现状 [J]. 载人航天，2003，3 (8): 40 -43, 52.

[19] PRASAD B, VADAKEDATH N, HAAG F M, et al. How the space

environment influences organisms: An astrobiological perspective and review [J]. International Journal of Astrobiology, 2021, 20 (2): 159 - 177.

[20] NAGATSUMA T, KUBOTA Y, NAKAMURA M, et al. Development of space environment customized risk estimation for satellites (SECURES) [J]. Earth, Planets and Space, 2021, 73 (1): 2462.

[21] 刘建新, 唐泽群. 空间飞行器总体设计的电磁兼容性问题 [J]. 中国空间科学技术, 1996 (2): 34 - 40.

第17章 天基实验的过程要求

17.1 实验目的及意义

从宏观来看，世界航天有着近100年的发展历程。在20世纪中后期主要以发射人造卫星、观测地球等为主体；进入21世纪以来，航天器有效载荷逐渐兴起。航天器有效载荷是指在航天器上搭载任务所需的仪器、设备、人员、实验生物及器件等，是进行天基实验和航天器的核心。航天器的性质和功能主要由有效载荷决定。由于航天器平台搭载了有效载荷，所以就能够成为完整的能完成特定空间任务实验的航天器。

在空间生命科学领域，空间微重力效应及空间辐射等空间环境是否影响干细胞增殖和分化、是否影响微生物以及动植物的生理活动，甚至影响人类的身体健康，这些都需要大量的天基实验加以研究和证明。

天基生物学实验是生命科学研究的重要内容，包括研究空间环境因素的生物效应的基础空间生物学，研究超重力、重力、微重力影响生命演化和生理活动的空间重力生物学，研究利用微重力环境获得具有特殊意义生物制品的空间生物技术，研究长期在轨运行时能量/物质循环模式的空间受控生命生态保障技术，研究人类在空间环境条件下生理心理状态及变化的空间医学，研究生命起源和探测地外生命痕迹的天体生物学等。这些研究工作在微观的细胞分子水平和宏观的整体综合水平上的不断深入，对我国的空间科学发展具有十分重要的研究意义，也对生物学、医学、药学等的开拓创新、基础研究的深入发展产生了强大的推动力。

一般来说，天基生物学实验主要包括天基基因扩增设备实验（详见第 18 章）、天基微生物培养实验（详见第 19 章）、天基细胞培养实验（详见第 20 章）、天基植物培养实验（详见第 21 章）、天基动物培养实验（详见第 22 章）。

17.2　实验过程要求

在外太空进行实验需要考虑太空环境因素对航天器的影响。微重力、太空辐射、温度差异等均对航天器的有效载荷有巨大的影响。根据实验所需要的条件不同，可以对不同的有效载荷进行环境适应性实验。

空间高能带电粒子引起的锁定是很危险的。不同的轨道发生单粒子锁定的概率并不相同，这要根据不同轨道采取不同措施。可以通过屏蔽来减少单粒子翻转的概率。由于单粒子翻转发生的概率与太阳质子有关，所以在轨运行期间要尽量避开较强的太阳质子事件。

空间碎片一般也被称为太空垃圾，是宇宙空间中除正在工作着的航天器以外的人造物体。其包括运载火箭和航天器在发射过程中产生的碎片与报废的卫星，航天器表面材料的脱落，表面涂层老化掉下来的油漆斑块，航天器逸漏出的固体、液体材料，火箭和航天器爆炸、碰撞过程中产生的碎片。它们会对在轨航天器造成不可估量的影响。如果空间碎片与在轨航天器发生碰撞，将会导致其损坏甚至解体，因此要对空间碎片进行快速的检测、管理、预报和定位。现在，科学家使用雷达跟踪轨道上的所有碎片。他们按大小对其进行分类。大约 13 000 个已知物体直径大于 10 cm。科学家认为，有超过 10 万块轨道碎片直径为 1 ~ 10 cm。数以千万计的碎片直径小于 1 cm。所有直径大于 10 cm 的碎片都使用雷达和望远镜进行仔细跟踪，尽可能地去规避空间碎片的损害。

卫星在轨运行期间面临着复杂的表面带电和内带电环境。当充电电位达到一定程度后将发生静电放电，进而形成电磁脉冲。电磁脉冲进入卫星内部后，可以在电缆线束上耦合出很强的电流，进而干扰、损坏电子电路中的电子元件和集成电路。因此，要对电磁脉冲进行屏蔽、滤波和接地，保证卫星能够正常运行及进行实验。

无论是在轨运行的不同位置还是航天器返回地面时与大气层摩擦，均会产生内外巨大的温度差。这种严苛的热环境要求航天器在实验过程中必须采取一定的热控手段来适应环境温度的变化，为元件和系统的正常实验创造必要条件。

在轨运行实验期间，由于噪声、速度变化甚至碰撞等事件出现，就会产生共振、机械应力、结构变形等问题。这就要求在实验过程中降低噪声的产生，加固实验结构使其有足够的强度避免产生共振。

空间生命科学与生物技术研究必要的硬件的发展趋势总的来讲大致可用三句话来表示，即结构上的通用性、装配上的模块化和使用上的专一性。在空间实验室或空间站上有通用的框架结构，便于装拆各种各样的用于空间生物技术研究的仪器和设备。这些仪器和设备又往往有模块化的设计，有统一和标准化的接口，比较容易在框架结构上安装和拆卸，而对用于各种各样研究目的的装置却是非常专一的。这样的设计和结构为科技专家、特别为航天员在地面和空间的操作带来极大的方便，保证了研究操作的顺利和迅速进行，研究结果的可靠和准确，同时也保证了空间生命科学与生物技术研究的系统性，加速了科学与技术的进步。随着科学技术整体的发展，空间实验条件的改善和提高是非常重要的。当前，生物技术专家已经不断提出要自动和精确地控制温度、湿度、重力、气体成分及其交换、光质和光周期；水分、营养和生长因子的供应；要求实验操作、实验材料取样和固定的自动化、信息及时的采集和传输、实时观察和图像记录等技术要求。

17.3 实验数据处理

空间生命科学实验装置的数据检测和处理单元主要包括微处理器、数据处理软件及数据传输接口。不同的空间生命科学实验对微处理器的要求也不相同。对实验过程简单、数据量小、数据处理运算量较低的空间生命科学实验，可以采用单片机作为微处理器；对数据量大、数据处理运算量大，甚至包括图像、影像处理的空间生命科学实验，数字信号处理器是更合理的选择。选择完微处理器后，数据处理软件的类型一般也随之确定。数据处理软件的主要处理功能包括数据信号的采集和转换、数据格式的编码与储存、数据的通信与传输。最后，数据传输接口是空间生命科学实验设备与航天器运行平台间进行数据传输和电信号传输的物理通道，其一般具有电特性和机械特性两种属性。电特性主要包括传输信号的含义、作用、去向、波形、电压、电流频率等；机械特性包括插件类型、数量、安装方式、接点分配等。

参考文献

[1] 彭成荣. 航天器总体设计 [M]. 北京：中国科学技术出版社，2011.

[2] 李大耀. 谈谈航天器的有效载荷 [J]. 航天返回与遥感，2003，24 (1)：61－65.

[3] 林巍. 临近空间生物研究及其天体生物学意义 [J]. 科学通报，2020，65 (14)：1297－1304.

[4] 金恂叔. 航天器动力学环境试验的发展现状 [J]. 载人航天，2003，3 (8)：40－43，52.

[5] 师立勤，王世金，叶宗海. 实践五号卫星上空间高能带电粒子环境的探测结果 [C] //中国空间科学学会空间探测专业委员会第十二次学术会议，1999.

[6] VANALLEN J A, MCLLWAIN C E, GEORGE H L. Radiation observations with satellite 1958ε [J]. Journal of Geophysical Research, 1959, 64 (3): 271－286.

[7] REEVES G D, MCADAMS K L, FRIEDEL R H W, et al. Acceleration and loss of relativistic electrons during geomagnetic storms [J]. Geophysical Research Letters, 2003, 30 (10): 680.

[8] https://baike.baidu.com/item/%E7%A9%BA%E9%97%B4%E9%A3%9E%E8%A1%8C%E7%8E%AF%E5%A2%83/10596786?fr=aladdin

[9] 李宗凌，汪路元，禹霁阳. 空间碎片目标在轨实时监测处理方法 [J]. 航天器工程，2019，28：58－64.

[10] HEINRICH W R, SCHRAUBE H. Physics of cosmic radiation fields [J]. Radiation Protection Dosimetry, 1999, 86 (4): 253－258.

[11] ROESLER S H, SCHRAUBE H. Monte Carlo calculation of the radiation field

at aircraft altitudes [J]. Radiation Protection Dosimetry, 2002, 98 (4): 367 -388.

[12] 刘建新，唐泽群. 空间飞行器总体设计的电磁兼容性问题 [J]. 中国空间科学技术，1996 (2)：34 -40.

[13] 商澎，杨鹏飞，吕毅. 空间生物学与空间生物技术 [M]. 西安：西北工业大学出版社，2016.

第 18 章 天基基因扩增设备实验设计

18.1 实验目的

随着我国航空航天事业的蓬勃发展，国家载人航天工程更是得到稳步前进。在太空中，复杂的航天环境（如微重力、辐射、舱内气体污染、噪声等因素）及其复合作用会对航天员的安全和健康产生危害，航天员在这样的太空环境中长期执行任务时，有积累效应的环境因素更加会给航天员带来健康风险。为确保载人航天任务的顺利开展，必须加强对这一问题的重视，因此长期在轨医学的研究成为载人航天医学中的研究重点。

在轨环境十分复杂，航天员在太空环境中活动空间较小、实验器械供能受限，与地面相比实验条件不足，因此目前国际上相关的研究依然以在轨反应后再将反应产物运回地面分析这种模式为主。这种模式不仅延迟了测试结果的获得时间，并且在返回地面的过程中样品因为运输途中的保存条件受限，最终结果的可靠性也难以考量。在此背景下，实现在轨的疾病诊断，如对周围环境的微生物、水质监测、食物检测及航天员的健康诊断等任何其他需要检测基因表达的研究应用显得十分必要，可以及时得出结果并且免去了来回途中不确定性因素的影响，可以及时调整在轨实验方案并且对航天员的健康进行实时检测。

本章对天基基因扩增设备实验设计过程提供了可参考的方案，介绍了在太空复杂环境下对核酸提取纯化的方法以及如何制备基因扩增芯片，控制合适的反应条件进行基因扩增后再对结果进行分析的方法及相关注意事项。

18.2 实验原理

18.2.1 空间环境对实验仪器的特殊要求

不同于地面应用场景，空间环境对生命体和生命科学实验仪器都有较大的影响。空间环境的关键特征包括微重力[$(10^{-4}\sim10^{-3})g$]、高能带电粒子辐射、接近真空及极端温度变化。

在微重力条件下，流体（气体、液体、熔体）中的自然对流、沉积等现象及流体静压力基本消失，一些被地面重力所掩盖的次级效应（如表面张力效应）凸显，导致流体形态和物理/化学过程等发生显著变化。

科学实验仪器面临的空间辐射环境可以分为近地轨道（low earth orbit, LEO）和深空环境两类。在近地轨道上，辐射暴露的两个主要来源是银河宇宙射线和地磁俘获粒子带（范艾伦辐射带）。宇宙射线的主要成分是质子（约占90%）、He核即α粒子（约占9%），以及电子、各种重离子、γ射线等（约占1%）。在月球、火星探测和星际空间飞行等深空环境中，主要的辐射源是银河宇宙射线和太阳粒子事件；当初级粒子与航天器材料或大气成分相互作用时，还可能产生次级辐射。空间辐射中的高能带电粒子对实验仪器的电子元器件和一些生物实验材料可能产生破坏作用。

对一些需要暴露在太空环境中的实验仪器，气压和温度也是很大的挑战因素。近地轨道的气压在$10^{-7}\sim10^{-4}$ Pa之间变化；ISS外部的温度随太阳照射情况在$-120\sim120$ ℃之间变化。从火星车和轨道飞行器监测的数据来看，火星表面的温度为$-153\sim20$ ℃，气压比地球表面低1%。

此外，由于当前载荷发射和回收的成本较高，且飞行器内的实验资源非常有限，因此对科学实验仪器的尺寸、质量、功耗和存储条件等方面有较高的限制，即需要满足飞行器平台特定的机械安装接口、电接口、信息接口及热接口要求等。考虑在轨长时间运行及发射、回收等极端过程条件下仪器的可靠性，通常需要在研制阶段对仪器的力学环境适应性、热环境适应性、电磁兼容性等进行设计和考核，并通过完备的安全性分析、单机测试、接口联试等流程，确保仪器在整个任务过程中不会对上级系统、飞行器和乘组人员产生不利影响。

设计阶段需要遵循空间载荷通用的建造规范和安全性要求，从基本的元器件和原材料的选用，到针对产品的机械、电、热、气、液等危险源采取有效防护措施，还有一些与实验原理相关的安全性要求。例如，非金属材料选用要求，噪声控制，振动限值，放射性核素管理，微生物、激光及紫外控制等。生产过程中应采用成熟的航天产品生产工艺，并按照设计要求开展仿真计算、环境实验和安全性测试等。

因此，需要考虑空间环境适应性，天基基因扩增设备要具有较高的集成性和自动化程度，相关的科学实验仪器通常需要从原理和实现方式上进行改进，并对一些关键部件和材料做好辐射防护，确保仪器在空间微重力及辐射环境下稳定可靠地工作，必要时甚至需要采取一定的密闭措施和温控措施。

18.2.2　即时检测

即时检测（point - of - care testing，POCT）以实现采样现场快速便捷的医学检测诊断为目标，借助便携式、一体化和自动化的检测仪器完成检测，缩减或消除样本转移到异地检测实验室所需的时间和成本，缩短检测等待时间，缓解对高端仪器和专业技术人员的依赖。相较于传统的实验室检测机制，POCT 不单纯以提高检测精度为目标，主要通过简化操作流程、集成多功能单元、压缩检测成本，实现部分由非专业人员完成、受众和适应性更强的现场检测。

POCT 核酸检测方法多采用密闭、一次性使用的微流控芯片设计。微流控芯片的材质和加工工艺根据具体的应用对象可以有多种选择，常见的芯片材质有玻璃、光胶、PDMS、PMMA 等高分子聚合物。微流控芯片中使用的相关试剂或基质通常需要提前预存在对应的腔室中，并需要借助片上或片外的微泵及微阀或离心装置等方式实现液路驱动。完整的检测系统还包括必要的温度控制单元、检测结果采集及输出单元等。常见的 POCT 核酸检测手段包括 qPCR、毛细管电泳、LAMP 或 PCR 结合侧向流层析试纸等方法。LAMP 和试纸条法的检测原理相对简单一些，在检测时间和成本上也有一定优势。

其中，微流控芯片技术又称作微型全分析系统（miniaturized total analysis systems，μ - TAS）或者芯片实验室（lab - on - a - chip），依托现代微机械加工技术、微机电系统技术、生物技术及微纳化学分析技术等，可实现在单片微小尺度的芯片实验室内完成样品制备、反应、分离、检测等流程，从而减少样品及试剂消耗，提高检测灵敏度，缩短反应时间。针对传统的核酸提取纯化方法存在的操作步骤复杂、样品和试剂消耗大、液体残留、易污染及便携性差等问题，基于微流控芯片的核酸提取纯化方法可以较好地解决或规避这些问题。

18.2.3 空间核酸扩增芯片设计

在空间环境下实现可靠的核酸扩增与在地面有很大的区别。核酸扩增过程涉及对扩增体系温度的精确控制，尤其是 PCR 扩增对温度循环的升、降温速率还有较高的要求，以缩短总的扩增时间，同时降低在中间温度产生非特异性扩增的概率。当前主流的商业核酸扩增仪器按传热介质不同可以分为变温铝块式、水浴式和空气加热式等类别，热源一般采用 PTC 热敏电阻、电阻丝、电热膜、半导体元件等，降温方式有半导体制冷、压缩机制冷和循环水冷等。常规仪器的升、降温速率可以达到 3～7 ℃/s，但整机功耗通常在数百瓦级别，且温控组件的尺寸较大。此外，PCR 扩增过程中反应温度最高可达 94 ℃左右，常规 PCR 仪器一般都设计有 105 ℃左右的热盖，以抑制 PCR 管内反应液的蒸发。然而，微重力环境下液体的自然对流换热和浮力作用极大地减弱，一些在轨开展的核态沸腾（nuclearboiling）实验观察到，液体加热过程中在热源面受热产生的气泡会长时间停留在该表面并不断合并扩张，形成较大的气泡，覆盖大面积的热源，最后在周围液体和浮力的作用下脱离上升，影响整体的加热效率和温度均匀性。本小节针对空间应用场景有限的实验资源和相关安全性要求，选择可靠的或经过飞行搭载验证的温控器件，并结合微流控芯片实现小型化、低功耗的高效温控方式。

如图 18－1 所示的空间核酸扩增芯片构型，其有效尺寸为 23 mm × 23 mm × 9 mm，主要由反应腔室、温度传感器、薄膜加热器和半导体制冷片等组成。针对微重力条件对液体加热过程的影响，设计将扩增反应体系的体积由常规的0～50 μL 降低至 10～20 μL，芯片反应腔室设计为扁平形状，以增加反应体系直接受热的面积。起传导匀温作用的腔室基底采用 0.25 mm 厚的氧化铝陶瓷片。反应腔室总厚度约为 1.5 mm，包含 5 个独立的样品通道和 1 个测温点，每个样品通道的容量约为 15 μL。温度传感器直接嵌入固定在反应腔室中进行准确的温度测量。反应腔室、薄膜加热器和半导体制冷片之间采用两片高效导热的双面胶进行可靠黏合组装。扩增芯片的基本原材料及耗材如表 18 - 1 所示。

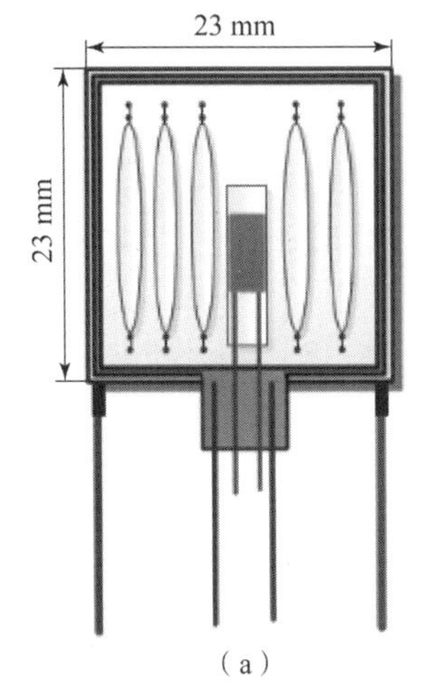

(a)

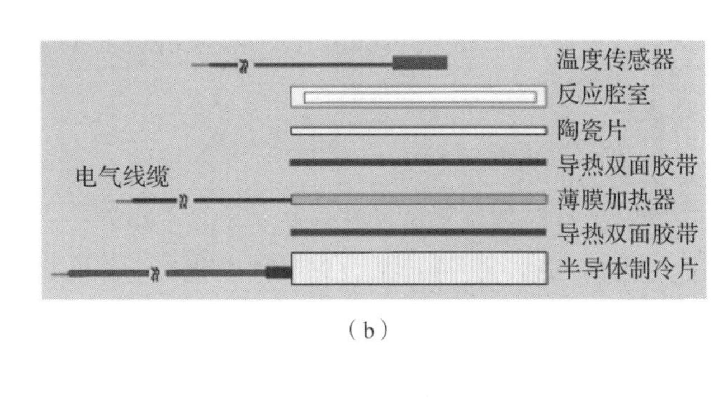

(b)

图 18 - 1　空间核酸扩增芯片构型

表 18 - 1　扩增芯片的基本原材料及耗材

名称	型号	生产厂商
PT1000 温度传感器	CRZ - 2005 - 1000	日本林电工 HAYASHI DENKO
紫外固化光学胶	NOA81	美国 Norland Products 公司
氧化铝陶瓷片	标准品定制	杭州鑫飞达电子有限公司
薄膜加热器	标准品定制	北京宏宇航天技术有限公司
半导体制冷片	TES2 - 10202	深圳新泉电子科技有限公司
导热双面胶带	TCDT1	美国 Thorlabs 公司

以带有样品裂解、磁珠吸附、杂质洗涤、核酸洗脱及扩增检测等功能的核酸检测芯片为例，其设计构型如图 18 - 2 所示。

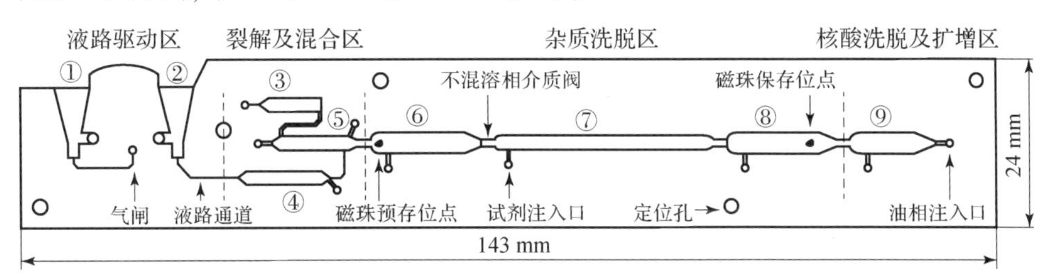

图 18 - 2　核酸检测芯片设计构型

整体的设计尺寸为143 mm×24 mm×5 mm。按照工作上下游关系，该芯片主要包含4个功能区，即液路驱动区、裂解及混合区、杂质洗脱区、核酸洗脱及扩增区。核酸提取步骤基于成熟的商品试剂盒，支持裂解、吸附、洗涤和洗脱4个步骤。该核酸检测芯片在单一腔室中完成样品裂解，而且洗涤步骤中3种洗涤试剂都各只使用了1次。此外，洗脱核酸的缓冲液AE与最终的扩增试剂体系预置在了同一个腔室。

1. 扩增芯片反应腔室设计加工

扩增芯片反应腔室的制作材料是一种单组分紫外固化光学胶NOA81。其在紫外光下照射几秒钟，即可从胶粘液体固化为坚硬的聚合体，并在-150~125 ℃范围内保持良好的稳定性。加样口支持使用常规移液枪进行反应体系的加注及后续扩增产物的提取，并通过设置缓冲区域及弧形设计以降低操作过程中产生气泡的概率。此外，NOA81光胶还用于包埋固定温度传感器、在完成加样后对加样口进行密封，以及直接涂覆在腔室表面起到二次加固的作用。

2. 温控系统设计及性能测试

扩增芯片的热源设计采用的是柔性薄膜加热器，由聚酰亚胺绝缘层包覆蚀刻金属箔片组成，可以实现高效的电热转换，其安全性能已经在许多航天器（如人造卫星、载人飞船）上得到应用验证。薄膜加热器的外形尺寸和电阻值是分别根据扩增芯片的尺寸和整体功耗资源定制的，实物如图18-3（a）所示。扩增芯片的降温组件采用的是半导体制冷片，又称热电制冷片（thermo electric cooler，TEC），主要利用半导体材料的Peltier效应进行半导体电偶两端的热量转移，以实现单侧制冷。半导体制冷片的制冷能力主要与自身集成电偶的数量及热端的散热情况有关，在以往的航天场景中也有过应用。测温传感器采用的是小型化的铂热电阻PT1000，其阻值随温度变化，结合信号转换电路和高精度AD转换器实现精确测温。完成组装后的扩增芯片实物如图18-3（b）所示。

3. 芯片材料选择

微流控芯片的加工原材料决定了芯片的化学稳定性、热特性、力学特性及光学特性等参数。在实际应用中，加工完的芯片一般还需要对内部通道进行一些特定的表面修饰改性后才能投入使用。针对不同的材料特点，芯片的加工及集成方式也有所不同。在进行选材时，需要结合具体的应用场景重点考察芯片材料与工

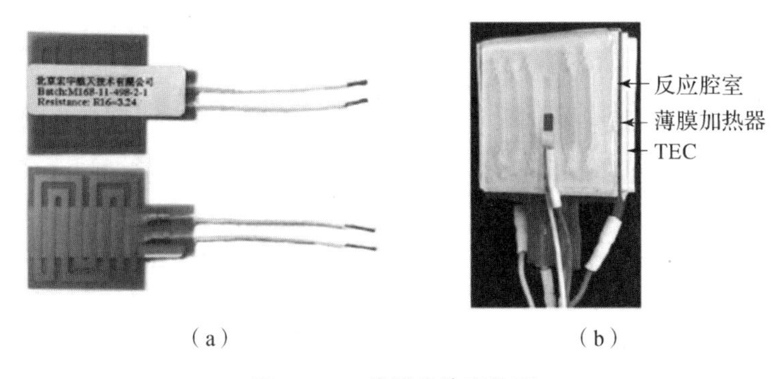

图 18－3　扩增芯片实物图

(a) 定制薄膜加热器；(b) 完整扩增芯片

作介质是否有良好的生物和化学相容性（即不会产生明显的分解反应，以及溶出、吸附、浸透等作用），或材料表面是否具有良好的可修饰性。此外，芯片材料的电绝缘性、散热性、透光性，以及芯片加工的难易程度和成本等也是需要考虑的因素。微流控芯片常规的制作材料主要有单晶硅片、石英、玻璃、高分子聚合物，以及一些新型复合材料、水凝胶、紫外固化光学胶和纸基材料等。

近年来，种类繁多的高分子聚合物逐渐发展成为微流控芯片的首选材料，基于该类材料的芯片具有良好的耐用性和透光性，且制作方法简单，成本低廉，适用于批量生产一次性使用的芯片，但也存在导热性差、不易修饰改性等缺点。综合考虑芯片材料的安全性（如受外力不易破碎）和稳定性（如高温和长期存放时不易降解、老化），以及批量加工的便捷程度和成本等因素，制作核酸检测芯片的材料，其特性主要从以下几个方面进行考察：一是与核酸提取试剂、扩增试剂及油相的相容性；二是芯片表面的亲疏水性及粗糙程度等对磁珠转移过程的影响；三是芯片的导热及耐热性能；四是芯片的透光性能。

当前用于制作微流控分析芯片的高分子聚合物材料可以按加工处理方式分为以下 3 类：热塑型聚合物、固化型聚合物和溶剂挥发型聚合物。其中，热塑型聚合物可以反复加热熔化，冷却成型，常见的材料有聚碳酸酯、聚苯乙烯、聚丙烯、聚对苯二甲酸乙二醇酯、聚氯乙烯、环烯烃共聚物、聚甲基丙烯酸甲酯等；固化型聚合物通过与固化剂混合后成型，常见的材料有聚二甲基硅氧烷、聚氨基甲酸酯和环氧树脂等；溶剂挥发型聚合物通过溶于适当溶剂后缓慢挥发成型，常见的材料有丙烯酸、橡胶和氟塑料等。

4. 芯片加工工艺

以高分子聚合物材料为基质的微流控芯片通常采用热压法（hot embossing）、注塑法（injection molding）、激光雕刻法（laser engraving）、计算机数控（CNC）机加工法等进行芯片通道加工。

18.2.4 一体化核酸扩增检测系统设计

一体化核酸检测系统可设计为一套紧凑型的方形结构装置，内部围绕检测芯片设计集成了芯片卡盒及其支撑结构、蠕动泵模块、磁珠驱动模块、温控模块、荧光检测模块，以及总体的信息控制系统（含电源模块）。各个功能模块的相对位置关系如图 18－4 所示。装置外壳上除了芯片卡盒的操作口，还设计有系统工作状态指示灯、外部供电接口、检测通量扩展接口，以及上位机通信接口。其中，信息控制系统与上述各个功能模块和对外接口进行电气连接，负责完成系统工作过程中涉及的所有自动化控制、温控、检测及对外通信等操作。电源模块主要完成对装置外部供电的隔离转换，为信息控制系统及各功能模块提供适配的工作电平和工作电流。

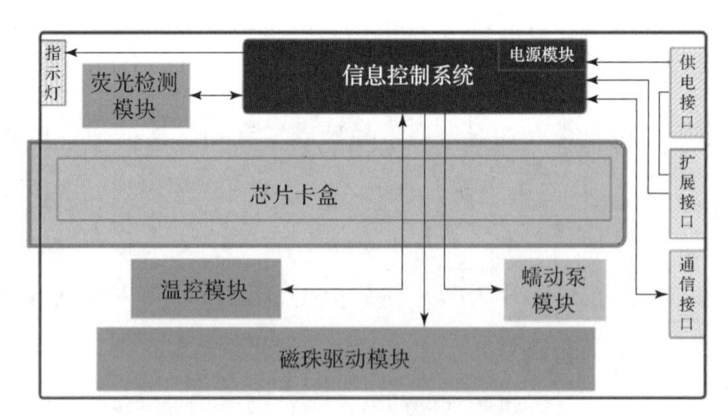

图 18－4　一体化核酸检测系统功能框图

除硬件模块之外，核酸检测系统还需要控制系统负责蠕动泵模块（减速电机）、磁珠驱动模块（二维步进电机）、温控模块（TEC、薄膜加热器及温度传感器）、荧光检测模块（LED）等电气组件的驱动控制，同时对仪器的电源管理、对外通信和完整工作流程进行控制。控制系统需要搭配相应的系统软件，即控制电路板上 MCU 的嵌入式控制软件，以及在上位机运行的数据分析软件。

核酸检测系统的完整工作流程可以分为以下几个步骤。

（1）芯片装载及参数配置。将芯片卡盒水平拉出，放入已完成样本加注的核酸检测芯片并固定，将芯片卡盒推回并锁紧；完成装置外部供电、通信连接，上电后信息控制系统完成状态自检，此时可通过上位机专用软件配置系统的工作参数。

（2）核酸自动提取。信息控制系统按照设定的流程和参数，依次控制温控模块、蠕动泵模块和磁珠驱动模块进行工作，以辅助完成检测芯片内的样品裂解和核酸提取纯化（磁珠吸附、杂质洗涤、核酸洗脱）操作。

（3）核酸扩增检测。信息控制系统按照设定的扩增参数，控制温控模块和荧光检测模块进行工作，以完成检测芯片内的核酸扩增及实时荧光定量检测过程。

（4）数据整理传输。信息控制系统将检测过程中完整的数据记录（温度值、荧光强度值等）输出至上位机专用软件，以完成进一步的数据处理，绘制扩增曲线，结合标准曲线等方式分析检测结果。在整个工作过程中，信息控制系统通过控制指示灯不同的显示方式来表征对应的工作阶段或报警信息，同时将工作进程及状态参数实时传输至上位机软件。多个检测装置可以通过扩展接口进行通信连接，以并行开展多个通道的检测工作。此时，位于最前端通道的信息控制系统（主机）需要负责完成对其他通道信息控制系统（从机）的配置参数转发和检测数据收集等工作。系统可扩展的最大数量主要取决于扩展总线所支持的最大节点数，以及平台支持的空间资源和最大设计功耗。

18.2.5　集成及测试

（1）对制作完成的核酸检测芯片开展关键性能测试，以验证芯片材料的生物和化学相容性、透光性及耐热性能等，并确定油相和永磁体的选用种类与参数。

（2）核酸检测系统搭建完成后，结合核酸检测芯片进行关键性能的测试，包括系统驱动磁珠在芯片中的转移性能、系统对芯片相应腔室的温控性能及系统的荧光激发和检测性能。完成各个功能模块的性能测试后，通过开展完整功能实验对核酸检测系统的功能和运行流程进行测试，优化并确定相关控制参数，同时与实验室常规的手工提取方法及商品扩增仪器的检测结果进行比较分析。

18.3 实验方法

基于核酸扩增检测的分子诊断仪器或空间核酸检测仪器越来越倾向于采用“样本进，结果出”的 POCT 设计思路。相较于常规的实验室分析方法，POCT 可以大幅缩减样品和试剂用量，缩短检测分析时间，并有效减少或避免手工操作引入的污染和误差等问题。POCT 产品将核酸提取、扩增和检测等流程整合于一体，涉及复杂的流体控制、温度控制、扩增结果检测分析，以及用户接口和信息接口等功能模块。

本小节主要根据空间核酸检测的具体应用场景需求，描述基于微流控芯片的核酸检测平台系统的实验及测试方法。

18.3.1 仪器与试剂

（1）仪器：qPCR 仪、离心机、基因芯片一体化核酸扩增检测系统。

（2）试剂：核酸提取试剂盒、革兰氏阴性菌、缓冲液 AE、缓冲液 AT、蛋白酶 K、磁珠悬浮液 G、缓冲液 MB、缓冲液 MW1、缓冲液 PE、无核酸酶水。

18.3.2 芯片基因扩增

结合核酸提取试剂盒和荧光定量 PCR 试剂盒对样本进行提取纯化，完成核酸扩增检测；同时，采用常规的手工法提取相同的样本，利用商品化 qPCR 仪完成核酸扩增检测，用两种操作方法进行检测，并对两种检测结果进行比较对照分析。

实验样本：鲍曼不动杆菌样本菌液。

（1）样本菌液预处理。本研究选用的核酸提取试剂盒对革兰氏阴性菌处理浓度的要求是菌液在 600 nm 处的吸光度为 0.05 ~ 0.35。在实际实验时，按 0.1 的吸光度对样本菌液进行稀释处理。

（2）手工法核酸提取纯化。取 1 个 2 mL 的离心管，加入 1 mL 预处理后的样本菌液。将离心管放入离心机离心，离心参数为 5 000g、25 ℃、10 min。

取出离心管，去除上清液，再加入 11.25 μL 的缓冲液 AT 和 1.25 μL 的蛋白酶 K，并使用移液枪反复吹打 10 次，使溶液充分混匀。

将离心管放入恒温振荡水浴槽，参数为振荡频率 2 Hz、56 ℃、30 min。取出离心管恢复至室温，加入 0.25 μL 的 RNase A，孵育 2 min，完成样品裂解。

取 1 个新的离心管，加入 12.75 μL 的裂解产物。向离心管内加入 17.5 μL 的缓冲液 MB，以及 3 μL 的磁珠悬浮液 G，并使用移液枪反复吹打 10 次，使溶液充分混匀，孵育 3 min。将离心管放入磁力架，等待 1 min 完成磁分离，去除离心管内的液体。取出离心管，加入 43.75 μL 的缓冲液 MW1，并使用移液枪反复吹打 10 次，孵育 1 min。

将离心管放入磁力架，等待 1 min 完成磁分离，去除离心管内的液体。取出离心管加入 43.75 μL 的缓冲液 PE，并使用移液枪反复吹打 10 次，孵育 1 min。将离心管放入磁力架，等待 1 min 完成磁分离，去除离心管内的液体。

取出离心管加入 43.75 μL 的无核酸酶水，并使用移液枪反复吹打 10 次，孵育 1 min。将离心管放入磁力架，等待 1 min 完成磁分离，去除离心管内的液体。

取出离心管加入 12.5 μL 的缓冲液 AE，并使用移液枪反复吹打 10 次，孵育 3 min。将离心管放入磁力架，等待 1 min 完成磁分离，取出离心管内的液体加入 1 个 0.5 mL 的离心管内，并放入冰盒中暂时冷冻保存，完成核酸提取纯化。

（3）使用 qPCR 仪完成核酸扩增检测。取 1 个 qPCR 8 联排管，在前 5 个管内均依次加入 qPCR PreMix、RNase - Free 双蒸水、上游引物及下游引物。

在前 3 个管内分别加入提取到的核酸样品，各 1 μL；在后 2 个管内分别加入 1 μL 无核酸酶水和 1 μL 缓冲液 AE，作为阴性对照组。

将 8 联排管瞬时离心后，放入 qPCR 仪，设置扩增参数（两步法）如表 18 - 2 所示。

表 18 - 2　扩增参数（两步法）

<table>
<tr><th>种类</th><th>温度</th><th>变化</th><th></th></tr>
<tr><td>预变性</td><td>95 ℃</td><td colspan="2">3 min</td></tr>
<tr><td>变性</td><td>95 ℃</td><td>5 s</td><td rowspan="2">40×</td></tr>
<tr><td>退火/延伸</td><td>60 ℃</td><td>15 s</td></tr>
<tr><td>溶解曲线</td><td>60 ~ 95 ℃</td><td colspan="2">每 30 s 升高 0.5 ℃</td></tr>
</table>

设置仪器的荧光通道为 SYBR Green I，设置各孔位对应的样品名称，启动扩增检测流程。检测结束后，从仪器导出数据结果。

在操作时需要注意试剂加注操作的关键是灵活利用油相排出芯片通道中的空气，避免在操作过程中产生和遗留气泡。

（4）使用核酸检测系统完成核酸提取纯化及扩增检测。取 5 块核酸检测芯片，试剂加注后将样本与裂解试剂的混合液分别加入 3 块芯片的样品裂解腔室中，剩余 2 块芯片分别加入无核酸酶水和缓冲液 AE，作为阴性对照组。

将检测芯片放入芯片卡盒中，启动核酸检测系统；在上位机软件中设置样品裂解温度为 56 ℃，裂解时间为 30 min；选择 qPCR 仪扩增检测步骤，设置扩增参数与上述 qPCR 仪的扩增参数相同。启动系统自动提取、扩增检测流程，依次完成 5 块检测芯片的检测，最后利用上位机软件分析数据结果。

18.4 注意事项

在设计过程中，针对复杂的在轨环境还应该从以下几个设计方面确保实验的正常进行。

1. 抗辐射设计

在空间环境中要考虑宇宙射线等对实验装置的辐射影响，因此要对其进行抗辐射设计，可以选用高等级的及经反复实验过的器件，对器材的外壳进行防辐射的设计。

2. 电磁兼容性设计

在设计中不仅要考虑抑制装置内的无用电磁发射对周围环境的影响，还要考虑其抗电磁干扰的能力，保证其在特定电磁环境下的正常工作。

3. 结构及力学设计

本装置的结构部件必须具有足够的强度和刚度，使其在实验环境中及地面操作和在轨操作都不会发生破坏或产生不期望的弹、塑性变形，且产生的力学响应不会影响实验的进行。

4. 热设计

根据印制电路板中各热源的发热情况，合理地安排元器件的位置，把散热量大的器件分散放置，装置壳体的设计尽可能考虑内部组件的散热需求。

参 考 文 献

[1] 商澎，呼延霆，杨周岐，等. 中国空间站生命科学研究展望 [J]. 载人航天，2015，21 (1)：1 -5.

[2] PARRA M, JUNG J, BOONE T D, et al. Microgravity validation of a novel system for RNA isolation and multiplex quantitative real time PCR analysis of gene expression on the International Space Station [J]. PLoS One, 2017, 12 (9): e0183480.

[3] KAROUIA F, PEYVAN K, POHORILLE A. Toward biotechnology in space: High - throughput instruments for in situ biological research beyond Earth [J]. Biotechnology Advances, 2017, 35 (7): 905 -932.

[4] NICKERSON C, PELLIS N, OTT C. Effect of spaceflight and spaceflight analogue culture on human and microbial cells: Novel insights into disease mechanisms [M]. Berlin: Springer, 2016.

[5] STOWER H. Understanding the effects of spaceflight [J]. Nature Medicine, 2019, 25 (5): 710.

[6] CREAMER J S, MORA M F, WILLIS P A. Stability of reagents used for chiral amino acid analysis during spaceflight missions in high - radiation environments [J]. Electrophoresis, 2018, 39 (22): 2864 -2871.

[7] WU D, ZHANG H, ZHAO Y, et al. Research progress of space radiation for manned spaceflight [J]. Space Medicine & Medical Engineering, 2018, 31 (2): 152 -162.

[8] HORNECK G, KLAUS D M, MANCINELLI R L. Space microbiology [J].

Microbiology and Molecular Biology Reviews，2010，74（1）：121.

[9] MOISSL – EICHINGER C，COCKELL C，RETTBERG P. Venturing into new realms? Microorganisms in space [J]. FEMS Microbiology Reviews，2016，40（5）：722 – 737.

[10] 王建军，张堪，何正文. 航天器产品鉴定管理实践 [J]. 质量与可靠性，2019，（1）：12 – 17.

[11] 李晓琼，杨春华，潘邵武，等. 面向 POCT 应用的微流控芯片技术综述 [J]. 世界复合医学，2015（1）：30 – 37.

[12] WIENCEK J，NICHOLS J. Issues in the practical implementation of POCT：Overcoming challenges [J]. Expert Review of Molecular Diagnostics，2016，16（4）：415 – 422.

[13] FLORKOWSKI C，DON – WAUCHOPE A，GIMENEZ N，et al. Point – of – care testing（POCT）and evidence – based laboratory medicine（EBLM） – does it leverage any advantage in clinical decision making? [J]. Critical Reviews in Clinical Laboratory Sciences，2017，54（7/8）：471 – 494.

[14] MARK D，HAEBERLE S，ROTH G，et al. Microfluidic lab – on – a – chip platforms：Requirements，characteristics and applications [J]. Chemical Society Reviews，2010，39（3）：1153 – 1182.

[15] HAEBERLE S，ZENGERLE R. Microfluidic platforms for lab – on – a – chip applications [J]. Lab on a Chip，2007，7（9）：1094 – 1110.

[16] YIN J，SUO Y，ZOU Z，et al. Integrated microfluidic systems with sample preparation and nucleic acid amplification [J]. Lab on a Chip，2019，19（17）：2769 – 2785.

[17] KANG Q S，LI Y，XU J Q，et al. Polymer monolith – integrated multilayer poly（dimethylsiloxane） microchip for online microextraction and capillary electrophoresis [J]. Electrophoresis，2010，31（18）：3028 – 3034.

[18] REN K，ZHOU J，WU H. Materials for microfluidic chip fabrication [J]. Accounts of Chemical Research，2013，46（11）：1706 – 2396.

[19] LIN M C, YEH J P, CHEN S C, et al. Study on the replication accuracy of polymer hot embossed microchannels [J]. International Communications in Heat and Mass Transfer, 2013, 42: 55 - 61.

[20] 杨春华. 空间核酸扩增与检测技术及飞行载荷研制 [D]. 北京: 北京理工大学生命学院, 2020.

第 19 章
天基微生物培养实验设计

19.1 实验目的

微生物是自然生态系统中的重要成员，个体微小，结构简单，以其独特的生物学特性（如体积小、面积大、吸收多、转化快、适应强、易变异、分布广、种类多）成为进行生命科学研究最基本、最简单、最重要的模式生物。微生物所表现出的这些特性使它们成为研究陆地生物如何适应独特环境压力的自然选择。由于它们易于生长和处理，所以人类把微生物作为载人航天活动和空间生命探测的模式生物之一用于开展空间生命科学研究，而 NASA 的人类太空探索发展计划（human exploration and development of space，HEDS）中更是把微生物与航天员健康、微生物与环境提到了一个优先的层面。

空间环境极其复杂，是一种高度混合的复合环境，具有真空、干旱、混合性空间辐射、微重力等特点。在轨运行阶段，因载荷离地面较远，其到达高度的微重力水平、真空度、质子与电子辐射量、大气结构、气温、地磁强度、紫外线均与地面有很大差异。复杂的在轨环境对进入空间的微生物具有明显诱变作用，对其生长繁殖、产酶活性、次级代谢产物活性、菌种活性有着不同的影响。在这种复杂的空间环境中，微生物易形成遗传变异，且由于所处环境因子不同，形成的遗传变异机理和水平也各不相同。这些变异一方面可能会威胁航天飞行中航天员的身体健康及舱内环境。在太空微重力环境下，大量微生物可能长时间悬浮在空气中，有可能在舱室设备内部和表面进行大量繁殖。这些微生物的繁殖及其繁殖过程中产生的生物物质可激起或诱导金属材料腐蚀，造成硬件故障。另一方面，变异的一些有利结果也可以被人类运用。例如，有关研究表明，药物在空间环境中施用时的表现与在地球上表现不同，利用微生物开发抗病毒研究和癌症治疗的 γ 干扰素、治疗肺气肿的弹性蛋白酶、治疗糖尿病的胰岛素等已经取得很大的进展。通过探究空间环境下微生物的生长情况，我们可以制订更加详细的空间微生物研究体系与计划，为人类探索太空环境提供数据参考。

本章以微生物作为研究对象，通过设计在轨环境下的实验，对空间环境下微生物生长与代谢过程进行研究，探究在空间复杂环境下微生物的生长变异情况，对我国建立载人空间站具有参考价值，也对其他生物体在空间环境下生命过程的研究具有重要意义。

19.2　实验原理

在空间微生物的研究中，早期主要利用卫星、飞船等完成空间搭载。随着一系列生物搭载装置的相继开发，在近地轨道上开展长期、可控的微生物搭载成为可能。与生物样品的舱内搭载相比，将样品直接处于空间的真实环境是一种更有效的探测和研究空间环境对生物影响的实验手段，也是开展空间生命科学的一个新平台。下面介绍几种用于近地轨道环境的舱外微生物搭载装置。

1. 短期暴露实验装置——Biopan 设施

ESA Biopan 设施提供了进行短期暴露实验（10 ~ 12 d）的机会，这些设施是安装在俄罗斯福田卫星（图 19 - 1）下降舱外表面上的带可展开盖的圆柱形盘形容器。到达合适的轨道后，盖子打开 180°，将底部的实验和盖子暴露在太空中。为监测暴露条件，Biopan 设施配备了内置的太阳紫外线、辐射和温度传感器。在上升和返回过程中，盖子是密封的，整个设施被烧蚀的隔热板覆盖。

2. 长期暴露实验装置——ERA 设施

ESA 为欧洲空间经济委员会（EURECA）的任务（图 19 - 2）和国际空间站配备了外生物辐射组件（ERA）。EURECA 于 1992 年启动为期 9 个月的太阳直射

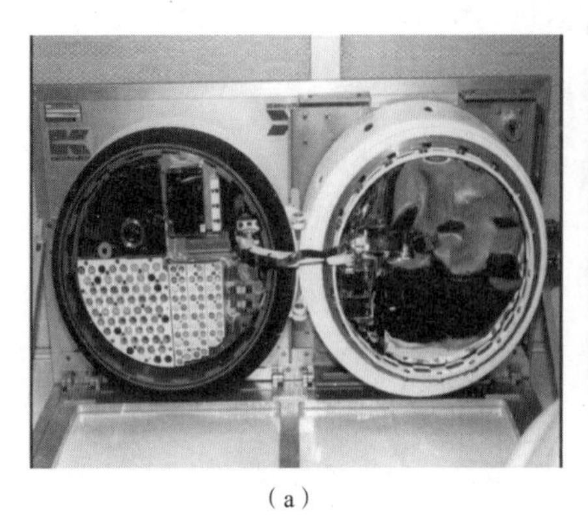

(a)

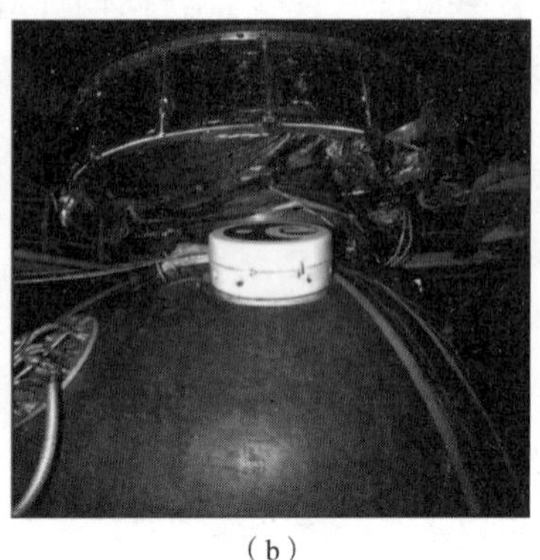

(b)

图 19-1 Biopan 设施在飞行中开放并安装在福田再入舱上

（资料来源：ESA）

(a) Biopan 开放状态；(b) Biopan 安装在福田再入舱上

任务，并提供太阳紫外线辐射 6 个月。使用冷板控制温度，温度保持在 25 ~ 40 ℃。ERA 设施由 2 个托盘组成：一个由带光学窗口的快门覆盖，允许在与 SL 设施相似的预定间隔处进行紫外线照射；另一个是热分离的托盘，用来模拟被陨石包裹的微生物的自然太空旅行。在后一种情况下，样品暴露在人造陨石中，即与不同的土壤、岩石和陨石粉混合，并通过不同的长通截止滤光片来滤除太阳紫外线辐射（大于 110 nm、大于 170 nm、大于 180 nm、大于 295 nm）或者不滤除。后一个托盘的温度范围为 25 ~ 50 ℃，来自 GCR 的辐照剂量达到 0.4 Gy。

(a)

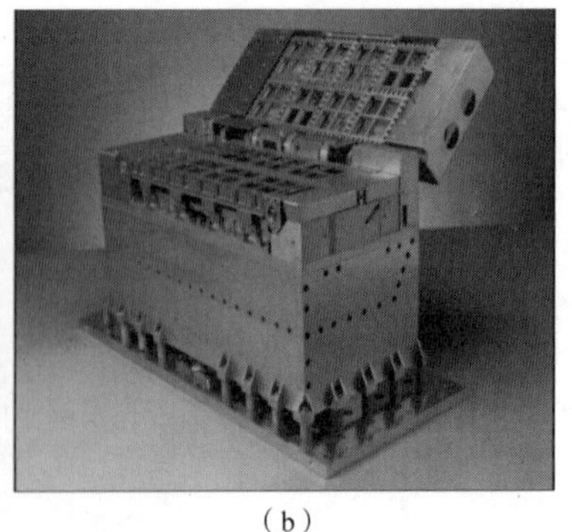

(b)

图 19-2 EURECA 卫星上的 ERA 设施的曝光托盘

（资料来源：ESA）

(a) 曝光托盘；(b) ERA 设施

3. 长期暴露实验装置——LDEF

德国 Exostack 实验中的长时间暴露设施（LDEF）在 NASA 任务中实现微生物在太空中的最长暴露时间约为 6 年（1984—1990）。LDEF 是一种用于空间不同材料稳定性实验的接地被动桁架结构。生物样品被安置在穿孔圆顶下的侧托盘上，要么没有任何覆盖物，要么被石英过滤器或铝箔覆盖（图 19－3）。

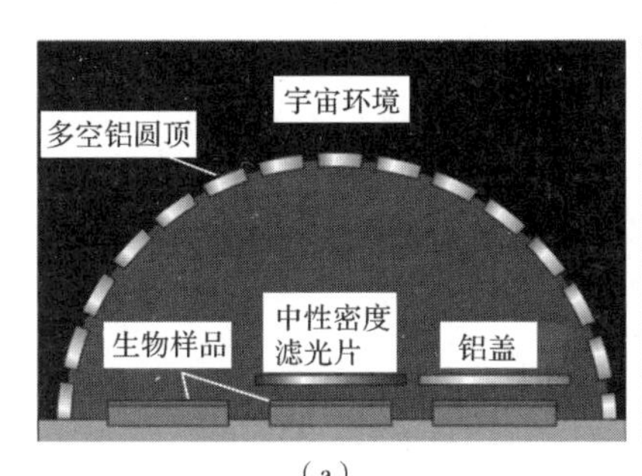

（a）

（b）

图 19－3　在 LDEF 上进行的外堆栈实验中的曝光条件方案

（资料来源：Horneck，G. 1998. Exobiological experiments in Earth orbit. Adv. Space Res. 22：317－326.，B 组由 NASA 提供）

（a）外堆栈实验；（b）LDEF

4. ESA 的国际空间站——EXPOSE－E 设施

1 个曝光单元由 3 个托盘组成，每个托盘包含 4 个隔间，与 SL 曝光托盘和 ERA 的隔间相似（图 19－4）。EXPOSE－E 设施于 2008 年 2 月 7 日与 STS 122 一起启动，并通过舱外活动安装到国际空间站的欧洲哥伦布舱，作为欧洲技术设施

图 19－4　EXPOSE－E 设备安装在国际空间站欧洲哥伦布舱的 EuTeF 平台上

（资料来源：ESA 和 NASA）

（EuTeF）平台的一部分。EXPOSE－E 第一个托盘已被保留用于益生元化学演化实验；第二个托盘提供外层空间条件（空间真空和太阳紫外光波长大于 110 nm）；第三个托盘提供模拟火星表面气候的条件（600 Pa 的压力、95% 的二氧化碳和太阳紫外线波长大于 200 nm）。

本实验采用特征明显的芽孢杆菌。枯草芽孢杆菌长期以来一直被用作天体生物学研究的模式生物。本实验旨在阐明暴露在外太空环境下和模拟活性条件下孢子的一些分子反应，可以使我们对微生物从太空转移到火星成为污染物有了进一步的了解。

对于天基实验，在设置对照组时要考虑多个变量的设置。天基实验的对照组在地面同步设置，在原料、设备和操作相同的情况下，要设置地面条件、微重力条件及模拟空间辐射的条件这 3 种变量来进行对照实验，从而能更加详细地探究出影响微生物生长代谢的因素。

19.3 实验方法

19.3.1 仪器、试剂与实验菌种

（1）仪器：太空微生物搭载设备 EXPOSE－E（来自国际空间站欧洲哥伦布舱）、固体琼脂平板、Schaeffer 产孢培养基、Klett 瓶、Petroff－Hauser 细胞计数室、显微镜、Klett－Summerson 光度计、Al6061 贴片（直径 13 mm，厚 1 mm；Titusville Tool & Engineering，Titusville，FL，USA）、培养皿、烧杯、量筒、离心管、锥形瓶等。

（2）试剂：蒸馏水、磷酸盐缓冲盐水（PBS）、l－丙氨酸、聚乙烯醇、NaCl 溶液、ribopure Bacteria 试剂盒、Ar、O_2、N_2、CO_2。

（3）实验菌种：枯草芽孢杆菌。

19.3.2 枯草芽孢杆菌培养

1. 枯草芽孢杆菌的产孢和芽孢纯化

孢子于 37 ℃在 Schaeffer 产孢培养基的固体琼脂平板上放置 5～7 d，并按照

前面所述的纯化后储存在蒸馏水中。

2. 孢子样品制备

使用航天检测合格，并经化学膜处理的铝 6061 贴片进行干热灭菌（132 ℃、16 h）。使用前，无菌地将菌落形成单位的 168 个芽孢的悬浮液（20 μL）分别放置在每个吸片表面。让孢子沉淀，并在室温[（20 ±2）℃]下风干孢子 1 d，相对湿度（33 ±5)%，形成 5 ~ 10 个孢子厚的孢子层。

3. 天基实验

铝贴片上的孢子样本一式三份地堆放在 EXPOSE – E 设备的 2 个托盘的隔间里。EXPOSE – E 安装在国际空间站（ISS）外面，样品暴露在外层空间并模拟火星条件 559 d，然后在实验室取回和分析。2 个托盘中的孢子暴露于以下参数条件：空间真空（10^{-4} Pa），温度（ –20 ~ 59 ℃）和银河宇宙射线（155 mGy）。

4. 地面对照

实验室地面对照由一组相同的载孢的贴片组成，这些贴片储存在地球环境条件下，在实验期间屏蔽光线。暴露孢子和地面对照样品同时处理。

5. 从铝贴片中回收孢子

用聚乙烯醇从铝贴片中提取孢子。孢子在无菌蒸馏水中反复离心洗净，然后存放在 4 ℃的水中。计数时，孢子在磷酸盐缓冲盐水（PBS）中连续稀释 10 倍。在 Petroff – Hauser 细胞计数室中直接计数获得的孢子总数，在 Luria – Bertani（LB）琼脂平板上散布适当稀释的孢子，并在 37 ℃过夜孵育后计数菌落。

6. 孢子萌发和总 RNA 分离

为同步萌发，在 70 ℃的温度下加热 30 min，然后离心收集。孢子重悬于含有萌发 l – 丙氨酸（浓度为 10 mmol/L）的 100 mL 培养基中，置于 250 mL Klett 瓶中，在 37 ℃的旋转水浴摇瓶中剧烈搅动。发芽监测光密度损失，测量的 Klett – Summerson 光度计安装 66 号（660 nm，红色）过滤器。萌发 60 min 后，离心收集孢子，并在 –20 ℃冷冻保存。

总 RNA 从萌发孢子中分离，使用 ribopure Bacteria 试剂盒，然后使用脱氧核糖核酸酶，无 RNA 酶处理，使用制造商（Ambion – Life Technologies，Grand Island，NY，USA）提供的方法。

7. 数据分析

总 RNA 样本（20 μg）送往检测平台。样本被转化为 Cy3 或 Cy5 标记的 cDNA，并使用相同数量的 cDNA 来探测从枯草芽孢杆菌菌株 168 基因组序列制备的具有 15 000 个特征的定制微阵列。利用微阵列进行后续的数据处理。

19.4 注意事项

（1）在设计实验时要确保实验标本和操作程序的安全，不能对航天员、空间站或搭载平台造成伤害。

（2）设计实验时要根据实际需求情况设计温控系统。

（3）注意检测实验设备的密封性，防止微生物泄漏影响人类健康、腐蚀航天器材或者污染空间环境。

（4）设置地面实验，针对每次实验主题和探究目的在地面设置相应的对照实验，控制微重力及空间辐射等变量进行对照，可参考第 2 章模拟微重力微生物实验设计、第 6 章模拟空间辐射微生物实验设计等内容。

参考文献

[1] COCKELL C S, RETTBERG P, RABBOW E, et al. Exposure of phototrophs to 548 days in low Earth orbit: Microbial selection pressures in outer space and on early earth [J]. The ISME Journal, 2011, 5 (10): 1671 - 1682.

[2] HORNECK G, RETTBERG P. Complete course in astrobiology [M]. New York: Wiley - VCH, 2007.

[3] 李莹辉，孙野青，郑慧琼，等. 中国空间生命科学 40 年回顾与展望 [J]. 空间科学报，2021，41（1）：46 - 67.

[4] 袁俊霞，张美姿，印红，等. 空间环境对微生物的影响及应用 [J]. 载人航天，2016，22（4）：500 - 506.

[5] MONTAGUE M, MCARTHUR G H, COCKELL C S, et al. The role of synthetic biology for in situ resource utilization (ISRU) [J]. Astrobiology,

2012，12（12）：1135－1142.

[6] CHENG S C，LIU Y G. Development and impact analysis of space science and application in the International Space Station [J]. Space International，2010，12：39－45.

[7] 袁俊霞，印红，马玲玲，等. 载人航天工程中的微生物科学与技术应用[J]. 载人航天，2020，26（2）：237－243.

[8] FACIUS R，BUCKER H，HORNECK G，et al. Dosimetric and biological results from the Bacillus subtilis Biostack experiment with the Apollo－Soyuz test project [J]. Life Sciences and Space Research，1978，17：23－28.

[9] HORNECK G，RETTBERG P，REITZ G，et al. Protection of bacterial spores in space，a contribution to the discussion on Panspermia [J]. Origins of Life and Evolution of the Biosphere，2001，31（6）：527－547.

[10] NICHOLSON W L，SCHUERGER A C，RACE M S. Migrating microbes and planetary protection [J]. Trends Microbiol，2009，17（9）：389－392.

[11] HORNECK G.，KLAUS D M，MANCINELLI R L. Space microbiology [J]. Microbiology and Molecular Biology Reviews，2010，74（1）：121－156.

[12] NICHOLSON W L，MOELLER R，HORNECK G. Transcriptomic responses of germinating Bacillus subtilis spores exposed to 1.5 years of space and simulated martian conditions on the EXPOSE－E experiment protect [J]. Astrobiology，2012，12（5）：469－486.

[13] LINDBERG C，HORNECK G. Action spectra for survival and spore photoproduct formation of Bacillus subtilis irradiated with short－wavelength (200～300 nm) UV at atmospheric pressure and in vacuo [J] Journal of Photochemistry and Photobiology，1991，11（1）：69－80.

[14] JONES D M. Manual of methods for general bacteriology [J]. Journal of Clinical Pathology，1981，34（9）：1069.

[15] MILLER J H. Experiments in molecular genetics [M] Washington D.C.：ASM Press，1972.

[16] 谢琼，石宏志，李勇枝，等. 飞船搭载微生物对航天器材的霉腐实验[J]. 航天医学与医学工程，2005（5）：339－343.

第 20 章
天基细胞培养实验设计

20.1 实验目的

空间细胞培养是研究空间细胞生物学效应的前提和基础。空间微重力环境为开展细胞、组织及生物材料的研究提供了一种独一无二的实验条件。在这种环境下，由于重力引起的对流和沉降几乎消失，细胞可以均匀悬浮于培养基中，为细胞的三维生长和高密度培养创造了条件，这对提高介质的利用率和单位容积的产量、减少其他蛋白的污染都是有利的；同时，空间纯净的培养环境可获得更加均匀、更加纯净的物质的潜力，防止污染等，为空间制药带来了许多有利之处。另外，空间细胞培养研究对地面上的基础理论研究和相关生物产业发展也有着积极的作用。空间细胞培养，为深入了解在没有机械力和对流的情况下，生理系统的调控提供了新的视角，使科学家对细胞响应机械力和化学处理的过程有了更深入的了解，给他们提供了设计更有效的生物加工和开发新一代高精度生物传感器的策略，为建立有效的且与真实组织具有相似特点的细胞培养系统奠定了理论基础。

空间的微重力、高辐射、高真空、高洁净资源的开发和利用是各国开展空间活动时关注的重点。多年来，空间细胞与组织培养一直被众多国家所重视并进行了广泛的研究，应用前景广阔。空间细胞培养不但为我们认识空间特殊物理环境下生物大分子的功能、细胞对其所处环境的响应及组织的形成开辟了一条新道路，也为我们探究空间飞行产生的各种疾病的发生机理、过程，以及开发空间飞行医疗防护和对抗措施提供了新的策略。因此，空间细胞培养是目前国际看好的三大空间生物技术（蛋白质结晶、细胞培养和生物分离）之一，也是空间生物加工的重要组成部分。

20.2　实验原理

空间细胞培养研究表明，空间复合环境尤其是其中特殊的失重环境对细胞形态、细胞的增殖和凋亡、基因的复制和表达、胞内外的信号传导及大分子的合成和定向等都有显著影响。在失重环境下进行细胞培养，由于失去了重力的作用，沉降消失，也会使由密度引起的对流和流体静力压发生改变，细胞悬浮于培养液中。在 1g 条件下，由于重力的作用，哺乳动物细胞会在几分钟内沉降于培养瓶底部，并伸展、贴壁。当处于微重力（0）条件下时，从 1g 环境转换到微重力（0）环境的过程，是一个从二维环境转换为三维环境的变化过程，这将显著影响细胞间相互作用、细胞运动、细胞伸展、细胞粘附及细胞形态等。此外，在失重条件下，失去了由密度引起的对流，也阻止了机械力的扩散，但是热动力学的扩散并不受影响（图 20－1）。

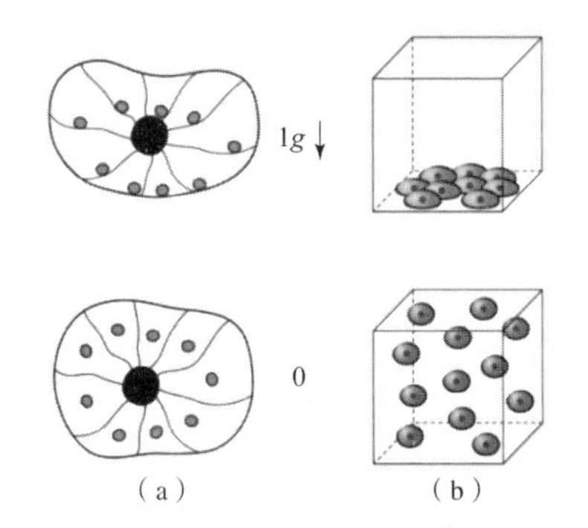

图 20－1　重力对细胞的影响

（a）在正常重力（1g）下，密度高于周围细胞质的细胞器对细胞骨架丝施加压力，这种压力在微重力（0）下消失；（b）在正常重力下，细胞在几分钟内沉积到培养瓶底部，从而在二维环境中生活和相互作用，而在微重力下，细胞仍悬浮在三维环境中的培养瓶中（引自 Gilles Clément fundamentals－of－space－biology）

20.2.1　空间细胞培养原理

1. 微载体细胞培养原理

微载体技术最先是由 A. L. Van Wezel 于 1967 年提出的，并用于动物细胞大规模培养。它的要点是将制备好的细胞悬液和事先在血清中浸泡并消毒过（可加快细胞与微载体的贴附速度）的微载体混合孵育一段时间，待细胞贴附于微载体上后，再转移至培养液中培养，并借助温和搅拌系统使细胞随载体均匀悬浮于培养液中。它所采用的微载体通常是直径为 60 ~ 250 μm 的固体小珠，材料大致有纤维素、塑料、明胶、玻璃和葡聚糖五大类。近年来，国外又相继开发出了多种材料的微载体，如液体微载体、聚苯乙烯微载体、PHEMA 微载体、甲壳质微载体、藻酸盐凝胶微载体等。贴壁依赖性细胞在微载体表面上的增殖，要经历粘附贴壁、生长和扩展成单层 3 个阶段。细胞只有贴附在固体基质表面才能增殖，故细胞在微载体表面的贴附是进一步铺展和生长的关键。粘附主要是靠静电引力和范德华力。细胞能否在微载体表面粘附，主要取决于细胞与微载体的接触概率和相融性。搅拌转速会直接影响接触概率：由于动物细胞无细胞壁，对剪切力敏感，因而无法靠提高搅拌转速来增加接触概率。通常的操作方式：在贴壁期采用低搅拌转速，时搅时停；数小时后，待细胞附着于微载体表面时，维持设定的低转速，进入培养阶段。微载体培养的搅拌非常慢，最大速度 75 r/min。细胞与微载体的相融性，是与微载体表面理化性质有关的。一般细胞在进入生理 pH 值时，表面带负电荷。若微载体带正电荷，则利用静电引力可加快细胞贴壁速度。若微载体带负电荷，因静电斥力使细胞难以粘附贴壁，但培养液中溶有或微载体表面吸附着二价阳离子作为媒介时，则带负电荷的细胞也能贴附。

2. *微囊化细胞培养原理*

微囊是一个由半透性多聚物（多聚赖氨酸）层包围的藻酸盐（一般为 1.4% 海藻酸钠溶液）所形成的复合微滴。这种多聚物是多孔的，可使液体自由进出，但也保护了细胞，可减少在生物反应器中由于发射和返地时重力急剧变化等因素引起的剪切力损伤。囊内是微小培养环境，与液体培养相似，能保护细胞少受损伤，故细胞生长好、密度高。

20.2.2 空间细胞培养生物反应器设计

空间细胞培养单元构型的选择必须同时兼顾两方面的要求：一方面是生物学的传质性能良好；另一方面是力学上尽可能不破坏微重力。动物细胞与植物或微生物细胞不同，表面只有一层厚 7 ~ 10 nm 的膜性结构，其基本作用是保持细胞内部相对独立和稳定的内环境，是细胞膜内外物质流、信息流和能量流的出入门户。这一结构极为脆弱，因此对培养条件要求更为苛刻。在设计细胞培养单元构型时应当特别注意以下几点：一是传质性能应当保证细胞可以获取充足养分以维持其正常生长；二是避免或者降低流体剪切力对细胞造成损伤，以及对微重力条件的破坏；三是防止培养液环境中化学成分的急剧变化，导致对细胞的伤害（图 20－2 和图 20－3）。

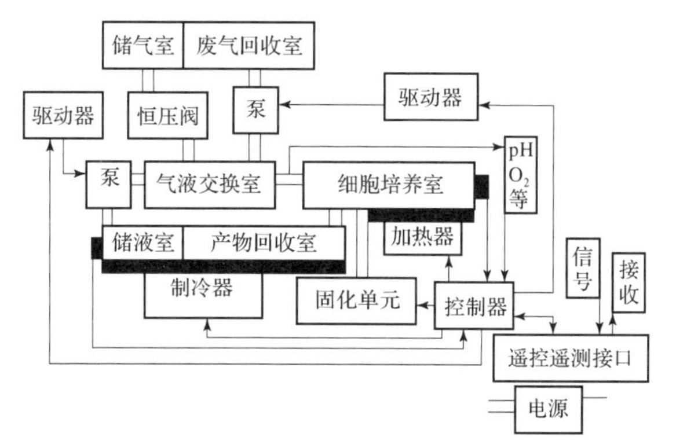

图 20－2　空间细胞培养生物反应器原理框图

（资料来源：汪洛，航天医学与医学工程）

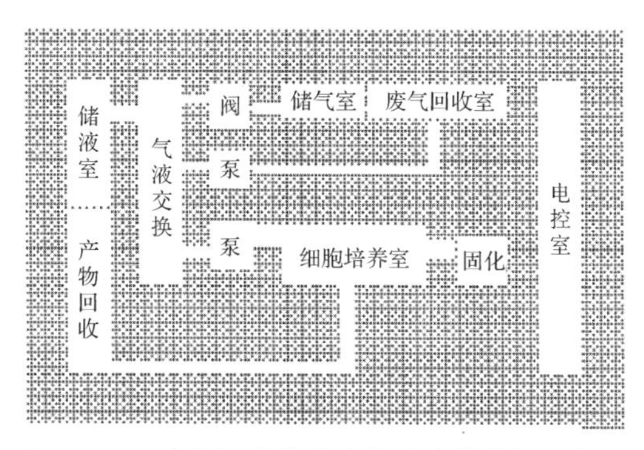

图 20－3　空间细胞培养生物反应器结构示意图

1. *转筒式生物反应器*

将细胞或接种有细胞的微载体注入充满培养液的圆筒状培养器，在一定的旋转速度下，可实现细胞三维培养（图 20－4）。

2. *灌流式生物反应器*

通过灌流的方式实现特定流速下新、旧培养液的在线更替，为细胞样品的生长代谢提供稳定的环境，可以实现长时间连续培养（图 20－5）。

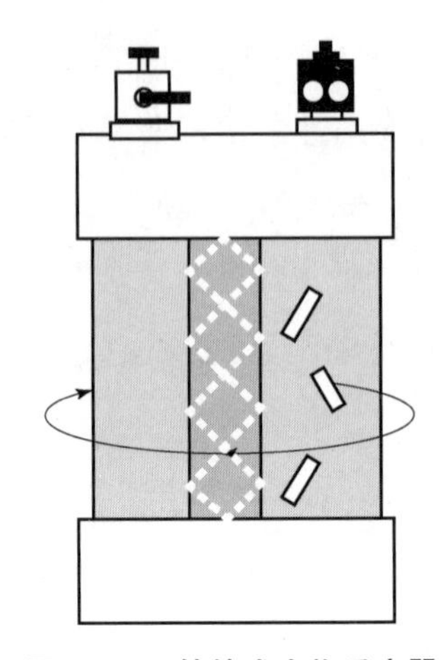

图 20－4 转筒式生物反应器

（资料来源：Song K，et al.，J Biomed Mater Res A）

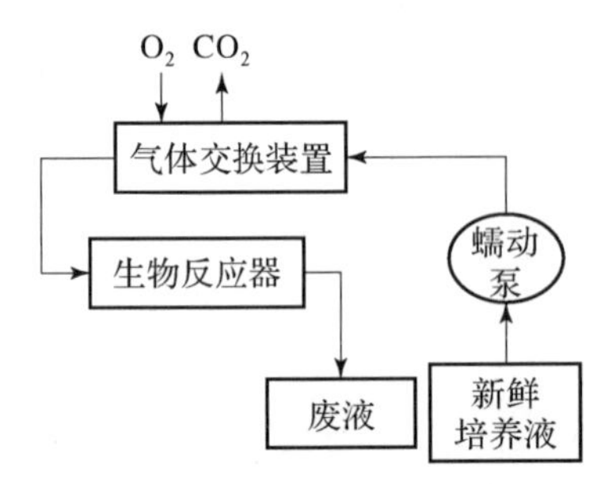

图 20－5 灌流式生物反应器

（资料来源：Horner M，Biotechnol Prog）

3. 旋转灌流式生物反应器

由于转筒式生物反应器的密封需求难以实现在线换液，随着营养物质的耗尽和代谢废物的积累，细胞将停止生长，限制了培养时间和培养量。灌流式生物反应器虽弥补了以上不足，但灌流带来的较大流体剪切会对细胞造成损伤或机械刺激，故设计培养液灌流方式时，既要促进物质交换还要尽可能地降低流动剪切，于是就出现了旋转灌流式生物反应器。该类细胞培养反应器结合了转筒式生物反应器和灌流式生物反应器的特点，由 2 个同心圆筒组成，培养液及细胞样品位于 2 个圆筒之间，进料泵连续地向培养容器中输送溶有氧气的新鲜培养液，培养容器内的培养液通过中心轴上的排液孔排出，从而使培养体系内的营养液得到更新。同时，通过 2 个圆筒的差速旋转及端部效应来产生二次流，借以提高对流水平，解决空间微重力下物质交换不充分的问题。

美国沃尔特·里德陆军研究院（WRAIR）研制的空间细胞培养模块（cell culture module，CCM），包括一系列筒式灌注单元，而每个单元是培养细胞的中空纤维培养器或组织培养筒，由蠕动泵驱动培养液循环并在培养器外进行气体交换。旋转灌流式生物反应器（图 20－6）通过纤维管壁膜渗透来进行物质交换，供应在管外粘附生长的细胞，这样细胞不会直接经受纤维管内流体的剪切，只要流量控制在一定范围内即可控制流动剪切水平。该反应器具有高培养密度、一定程度上可以减轻流动剪切力等特点，并于航天飞机飞行实验（任务 STS－45）中成功培养了哺乳类动物细胞。

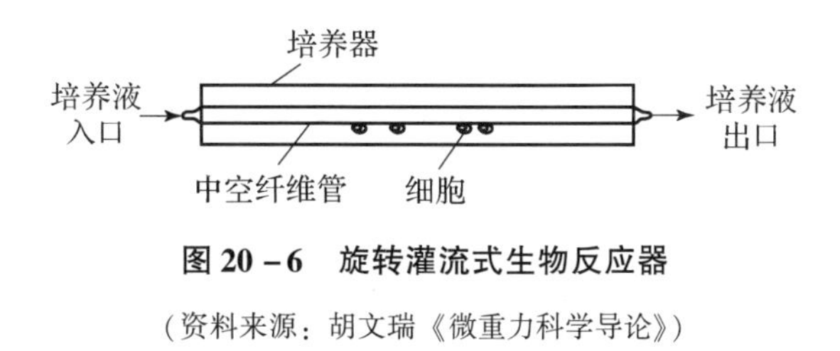

图 20－6　旋转灌流式生物反应器

（资料来源：胡文瑞《微重力科学导论》）

20.2.3　天基细胞生物反应器设计案例

1. 日本国际空间站实验舱细胞实验装置（CEU）

CEU 包含一个小泵，温度传感器和控制单元在一个中型罐［210 mm（W）×80 mm（H）×130 mm（D）］，样本可以培养在每个大室（面积 30 cm^2）和小室（面积 15 cm^2）。可自动执行培养基更换、循环等功能，以及对培养环境的监测。每个腔室都有独立的培养循环系统，可通过消毒快速隔离器方便地连接或移除。培养室是组合式的，其表面用于细胞生长，与商用烧瓶的表面相同，并具有高气体互换性的膜结构。它们是由可以用化学物质处理的材料制成的。通过从 CEU 中移除腔室，使用作为辅助设备的预固定试剂盒（PFK）和细胞固定试剂盒（CFK），可以实现一系列的样品处理过程，包括培养基喷射、缓冲液清洗、化学固定点注射。PFK 和 CFK 有大室和小室两种。经过化学固化剂的处理和其他处理后，培养室可以储存在国际空间站（MELFI）的－80 ℃实验室冷冻室和 CFK 内设置的其他位置（图 20－7、图 20－8、图 20－9）。

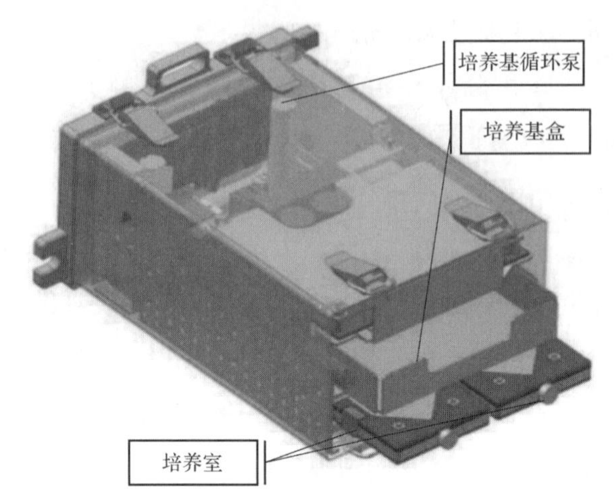

图 20－7 细胞实验装置（CEU）

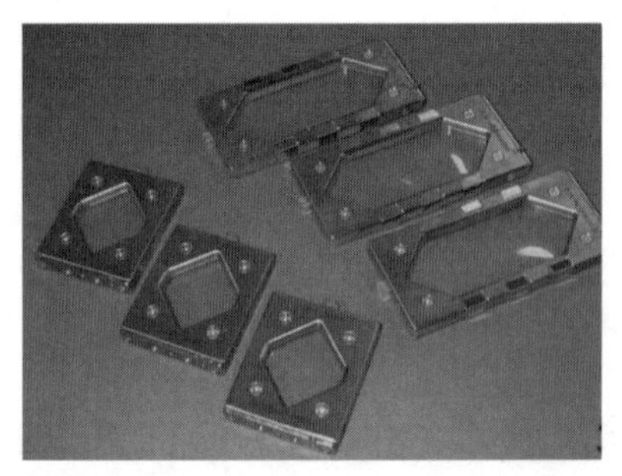

图 20－8 培养室：大（右）小（左）

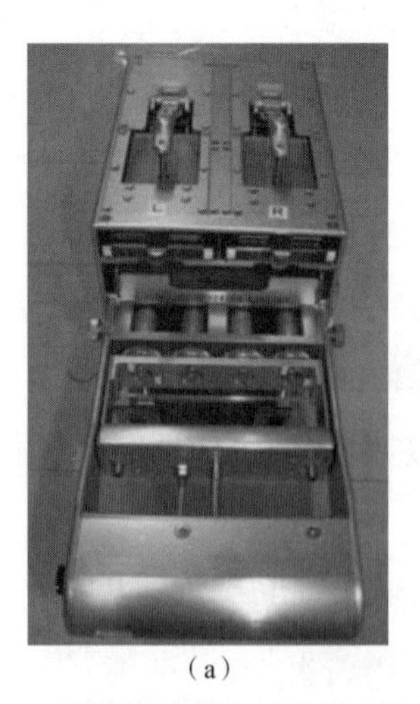

（a）

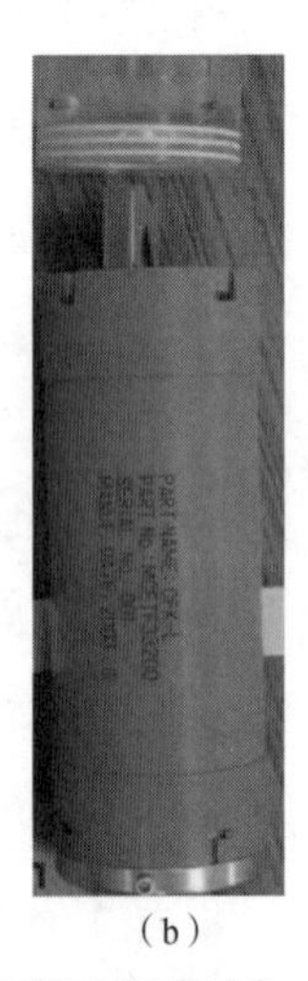

（b）

图 20－9 预固定试剂盒（PFK）和细胞固定试剂盒（CFK）

（资料来源：http://iss. jaxa. jp/kiboexp/）

（a）预固定试剂盒（PFK）；（b）细胞固定试剂盒（CFK）

2. NASA 执行 STS - 8 飞行任务中的“微重力携带培养箱和细胞附着的工程测试”实验装置

STS - 8 飞行任务于 1983 年 8 月 30 日开始，为期 6 d，其任务之一是“微重力携带培养箱和细胞附着的工程测试”实验。其中，细胞培养箱包含 4 个人类胚胎肾(HEK) 细胞培养室，4 个装有 Cytodex 3 微载体珠的注射器和 4 个含有戊二醛固定剂的注射器。该装置在发射前 14 h 安装在航天飞机的驾驶舱中，并保持在室温下。发射 4 h 后，打开培养箱，并在 3.5 h 后将珠子注入细胞室。通过戊二醛注射以固定的时间间隔固定样品。着陆后，通过电子显微镜评估悬浮液的细胞对珠子附着、对细胞聚集和单个漂浮细胞计数。

3. NASA 执行任务 Skylab 3 中的 Woodlawn Wanderer 9 细胞培养装置

Woodlawn Wanderer 9 是一种全自动细胞培养装置。其可以实现的主要目标：一是通过提供适当的营养和 36 ℃ 的热环境来维持活细胞培养；二是绘制活细胞 28 d 的两相对比延时运动图像；三是使部分培养的活细胞完好无损，以供继代培养和保存。Woodlawn Wanderer 9 的整个培养室放置在一个恒温控制的加热块中，温度保持在 36 ℃。通过注射器将含有 7 000 个细胞/mL 的培养基注入培养室。几小时后，细胞沉淀并附着在下部玻璃圆盘上。然后将腔体安装在显微镜台上，并将显微镜锁定在聚焦位置。

图 20 - 10 显示了它的内部组件和设计，它用来培养细胞，自动向细胞提供新的生长培养基，并在细胞生长的不同阶段添加固定溶液。这些薄的透明管将新鲜的介质或固定剂从各自的泵送到细胞生长室。细胞生长室是矩形的容器，与饲喂管相连（图 20 - 11）。

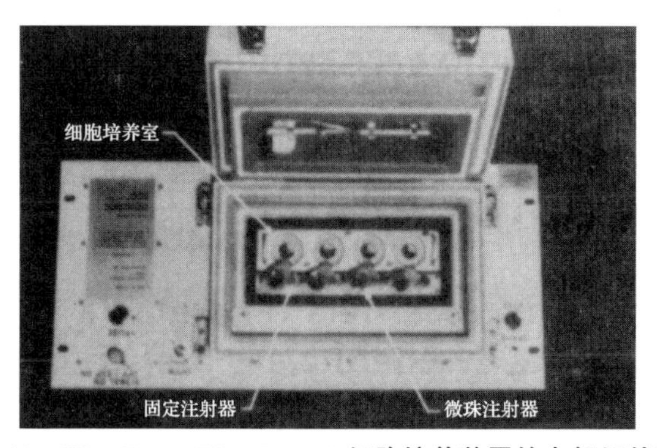

图 20 - 10　Woodlawn Wanderer 9 细胞培养装置的内部组件和设计

（资料来源：https：//lsda. jsc. nasa. gov/Mission/miss/54）

图 20－11 Woodlawn Wanderer 9 细胞生长室

（资料来源：https：//lsda. jsc. nasa. gov/Hardware/hardw/1072）

图 20－12 为该装置的外部配置。硬件由安装在航天器命令模块中的单个独立组件组成，该组件提供维持环境温度在 10～35 ℃所需的功率。任务开始的第 12 d 后，将培养物维持在约 22 ℃。该单元被气密密封以提供 1 atm 的内部压力。满载的包裹质量为 10 kg，尺寸为 40 cm×19 cm×17 cm。

图 20－12 Woodlawn Wanderer 9 外部配置

（资料来源：https：//lsda. jsc. nasa. gov/Hardware/hardw/1072）

4. IML－2（国际微重力实验室）任务期间基于 Biorack 设施的细胞实验精细反应器

反应器室由 Vespel SP1（杜邦 de Nemours，瑞士）制成，图 20－13 为生物反

应器各组成部分之间的互连示意图。钛盖作为 pH 值调节的阴极。该室配有 1 个取样装置（硅胶隔片由 Silastic®，Dow Corning E RTV，Dow Chemical 制成）和 1 个检查窗口，窗口由有机玻璃覆盖一层薄薄的硅树脂制成。检查窗口可以直观地检查培养物的气泡、颜色、浊度或细胞团块。

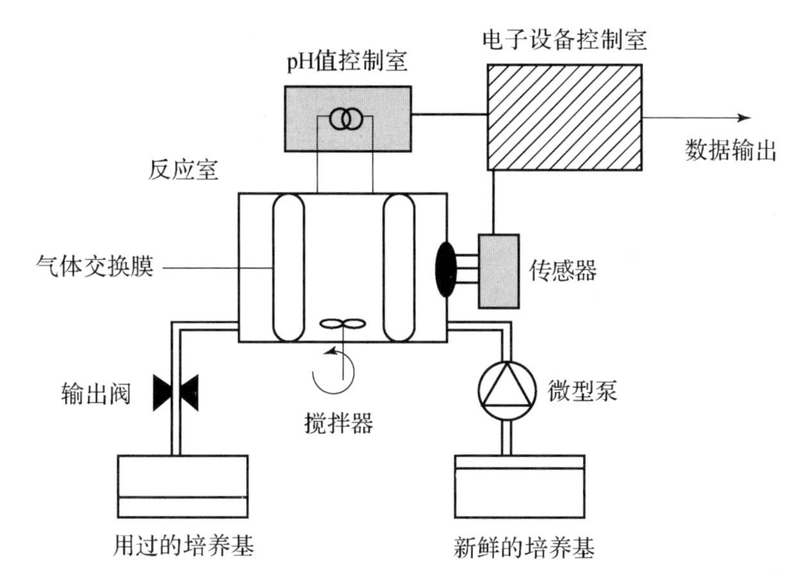

图 20－13　生物反应器各组成部分之间的互连示意图

蓄水池由 2 个柔性袋组成，其中包含新鲜介质和排气介质。柔性袋由一种高密度聚乙烯（高密度聚乙烯）箔制成。铝箔按要求切成 11 cm×11 cm 的尺寸，用工业焊接装置密封。泵和出口阀安装在支架上，支架上有刺穿隔膜的针。单向出口阀在零压差下打开（间隙为 30 μm）。

当在取样期间出现欠压时，阀门将关闭。锁存器是第二种安全措施，用于在取样期间阻止所使用介质的回流。

生物反应器安装在如图 20－14 所示的Ⅱ型容器底板中。上面是培养室，右边是检查窗，中间是取样的隔片和出管，左边是挤压出管的锁扣，垂直 PCB 后面。2 个电极室在舱室后面。中心是水平的 PCB，在白色的出口管的两端之间可以看到泵的流量开关。底部用来储存新鲜介质和排气介质袋。

图 20－14 生物反应器安装图片

20.3 实验方法

本实验设计的目的是在微重力条件下，研究搅拌和混合对酵母生长速率、细胞形态、超微结构和代谢等一系列生物学参数的影响。

20.3.1 仪器、试剂与实验菌种

（1）仪器：基于 Biorack 设施的细胞实验精细反应器［参考IML－2（国际微重力实验室）］、YEPD 琼脂板、计数细胞库尔特计数器 ZM、岛津气相色谱仪、合成培养基 D、Peridochrom 试剂盒、显微镜、Klett－Summerson 光度计、培养皿、烧杯、量筒、离心管、锥形瓶等。

（2）试剂：蒸馏水、磷酸盐缓冲盐水（PBS）、NaCl 溶液、庆大霉素、葡萄糖、蛋白胨、琼脂、异丙醇。

（3）实验菌种：烘焙酵母 LBGH1022（ATCC 32167）和 tropi－ calis 酵母菌（ATCC 750）。

20.3.2　酵母细胞天基培养

1. 酵母细胞的培养

2 株菌株在 YEPD 琼脂板（1% 酵母提取物、2% 蛋白胨、2% 葡萄糖和 1.5% 琼脂）4 ℃或作为甘油培养在 –70 ℃（15% 甘油末端浓度）。细胞在合成培养基 D 中培养（Hug，et al.，1974），以 2% 葡萄糖为碳源，以 50 μg/mL 庆大霉素（Sigma，美国）为抗生素。

2. 实验条件设置

为减少镁盐沉淀的形成和储存过程中被污染的风险，用磷酸将供应介质的 pH 值调整到 2.5。生长培养基的 pH 值为 4.5。这些介质分别称为 D2/2.5 和 D2/4.5。

在稀释率为 0.07 ~ 0.35 的条件下，实验持续 8 d，所需的肉培养基约为 100 mL，实验中酵母菌细胞的培养在 22 ℃下进行。本次实验空间生物反应器不能使用 30 ℃的最佳生长温度，因为空间实验室 Biorack 中可用的培养箱设置在 22 ℃。

3. 具体操作

细胞在 D2/4.5 培养基中培养（预培养），稀释后在 4 ℃保存，然后在生物反应器中进一步培养。样品（500 μL）分别于 24 h 和 64 h 后取样品测定光密度（OD）值后，离心分离，用气相色谱（GC）分析上清液中乙醇的存在。对每一种上清液进行 2 次测定，第一次用水 1∶10 稀释，第二次不稀释。

通过在 Coulter 计数器 ZM – 系统中计数细胞来测定细胞的生长，或用分光光度计（岛津 UV – 160 a）测量 600 nm 处的光密度（OD）。用 Peridochrom 试剂盒测定培养基中的葡萄糖浓度，以异丙醇为内标，用气相色谱法测定排泄出的乙醇含量。

根据同样的参数设置相应的地面对照实验，通过对比不同条件下酵母细胞的生长情况来探究空间复杂环境对细胞生长的影响。

20.4 注意事项

（1）在实验开始前要对材料进行生物相容性的实验，所有与细胞接触的材料（如塑料、金属和橡胶等），都要进行生物相容性实验以确保实验的顺利进行。

（2）要对设计好的生物反应器进行电磁兼容性（EMC）测试，以确保设备之间不存在干扰。

（3）在设计天基细胞实验时，要注意在地面设置多组对照组，根据实验目的在地面设置相应不同条件的对照实验，可参考第 3 章模拟微重力细胞实验设计、第 7 章模拟空间辐射细胞实验设计等内容。

参考文献

[1] 李辉，余志斌. 国际空间站上的空间生命科学研究与进展 [J]. 航天医学与医学工程，2008，(5)：443 – 450.

[2] 汪恭质，张晓铀. 空间细胞生物学研究的动态和意义 [J]. 航天医学与医学工程，1996，(3)：74 – 77.

[3] VANLOON J W，FOLGERING E H，BOUTEN C V，et al. Inertial shear forces and the use of centrifuges in gravity research. What is the proper control? [J]. Biomedical Engineering，2003，125：342 – 346.

[4] 江丕栋. 空间生物学 [M]. 青岛：青岛出版社，2000.

[5] 汪恭质，张光明，俞雪冰，等. 空间微载体细胞培养技术的地面研究 [J]. 航天医学与医学工程，1996，(1)：37 – 41.

[6] SLENZKA K，DUENNE M，JASTORFF B，et al. From a space proven payload to a validated test system in ecotoxicology [J]. Advances in Space Research，2003，31：1699 – 1703.

[7] DICKSON K J. Summary of biological spaceflight experiments with cells [J]. ASGSB Bulletin: Publication of the American Society for Gravitational and Space Biology, 1991, 4 (2): 151 -260.

[8] 汪洛，陶祖莱，高克家. 空间细胞培养反应器的研制现状及其发展 [J]. 航天医学与医学工程，1998，(2)：77 -80.

[9] BLÜM V, STRETZKE E, KREUZBERG K. C. E. B. A. S. - Aquarack project: The mini - module as tool in artificial ecosystem research [J]. Acta Astronautica, 1994, 33: 167 -177.

[10] FREED L E, VUNJAK - NOVAKOVIC G. Spaceflight bioreactor studies of cells and tissues [J]. Advances in Space Biology and Medicine, 2001, 8: 177 - 195.

[11] KRASNOV I B. Quantitative histochemistry of the vestibular cerebellum of the fish Fundulus heteroclitus flown aboard the biosatellite Cosmos - 782 [J]. Aviation, Space and Environmental Medicine, 1977, 48 (9): 808 -811.

[12] 龙勉，孙树津，霍波. 空间生物技术 [M]. 北京：科学出版社，2010.

[13] WALTHER I, SCHOOT B D, BOILLAT M, et al. Performance of a miniaturized bioreactor in space flight: Microtechnology at the service of space biology [J]. Enzyme Microb Technol, 2000, 27 (10): 778 -783.

[14] HORNER M, MILLER W, PAPOUTSAKIS E, et al. Transport in a grooved perfusion flat - bed bioreactor for cell therapy applications [J]. Biotechnol. Prog., 1998, 14 (5): 689.

[15] MORI S, MITARAI G, TAKAGI S, et al. Space experiment using largeseized fish: In case of carp in Spacelab - J mission [J]. Acta Astronautica, 1994, 33: 41 -47.

[16] 谭映军，袁修干，芮嘉白，等，细胞培养装置及其研究进展 [J]. 航天医学与医学工程，2002 (5)：383 -386.

[17] SONG K, LIU T, CUI Z, et al. Three - dimensional fabrication of engineered bone with human bio - derived bone scaffolds in a rotating wall vessel bioreactor [J]. Journal of Biomedical Materials Research - Part A, 2008, 86 (2): 323 -332.

[18] SLENZKA K, DUENNE M, KOENIG B, et al. Beyond C. E. B. A. S. Baseline data collection for ground based ecotoxicological research and system application to ISS [J]. ELGRA News, 2001, 22: 136 - 137.

[19] WALTHER I, VSCHOOT B H., JEANNERET S, et al. Development of a miniature bioreactor for continuous culture in a space laboratory [J]. Journal of Biotechnology, 1994, 38 (1): 21 - 32.

第 21 章 天基植物培养实验设计

21.1 实验目的

确定太空环境对植物的影响，阐明植物感知、传递和响应重力的基本机制，为建立以植物为生命支持系统的空间站和航天器等提供必要数据，实现为太空中的人类提供源源不断的水、食物和氧气的可能，实现在其他行星表面长期居住的计划。在高级生命支持（ALS）概念中，涉及动植物有机体之间基本关系，植物与动物之间的相互关系是完全互补的，植物回收动物的排泄物并将其转化为养分供自己吸收，动物依靠植物的光合作用产生的有机物质生存。植物是生态系统不可或缺的一部分，也是在地外表面建立大规模受控生态系统的基本组成部分。

水、养分和光传输都是植物在外太空生长的重要挑战。在微重力系统（空间站、航天器等）中，养分运输和水循环是最困难的，而行星表面（月球、火星等）存在的重力一般是允许常规灌溉工作的。此外，提供充足的光线可能是最重要的挑战，大多数植物的光合速率生物量产量在低照度范围内随光照度呈线性增加。关键问题就变成了照明效率的优化。在人工照明技术中，波长、光谱及长期连续工作的可靠电源都是需要考虑的问题，而太阳能的利用则需要考虑与太阳的距离、日循环和大气条件。

太空中的环境与地球不同，微重力、太阳照射时间长，还有空间辐射等条件，植物的生长状态与地球上大不相同。如果没有重力的影响，植物的根可能不再向下生长，而是自由地向四周延伸；太阳照射时间长，可能会引起植物的生长周期变短；太空射线导致植物种子基因变化后，种子发芽长成的植物外表形态与原来的相比就会有很大的不同；太空中多种已知、未知的空间辐射对植物的影响极大，这些射线可能直接作用于植物的染色体，打破原有的脱氧核糖核酸序列后再重新链接，使植物基因变异的可能性大增。这种变化是不可逆的，还将随着植物繁殖一代代遗传下去，这就需要探究空间辐射对植物生长发育、遗传编码、生理活性等的影响。

21.2 实验原理

如图 21－1 和图 21－2 所示，以重力为主的航天因素在植物、细胞、亚细胞和分子水平上影响植物，从而导致方向、发育、代谢和生长的变化。现在的挑战是如何真正地将重力的影响与其他航天因素（如发射和着陆应力、飞行中的加速度和辐射等）分开，并确定重力影响的基本机理。

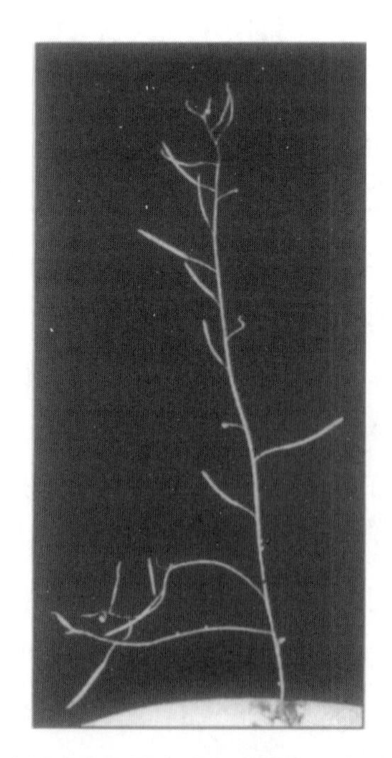

图 21－1 在微重力环境中生长了整个生命周期的拟南芥

(a)

(b)

(c)

图 21－2　3 种不同环境处理下开花结实的番茄试管苗（附彩图）

(a) 地面对照组；(b) 神八搭载组；(c) 模拟微重力效应组

为了研究航天因素对植物的影响，需要在太空环境下进行相关实验，还要在地面（保持其他实验条件相同）进行对照实验。

可从以下 3 个方面探究航天因素对植物的影响。

1. 重力感应

该领域的研究试图阐明植物感知、转导和反应重力的基本机制，具体包括重力、重力阈值、器官方向、较老的植物部位对重力的响应、植物运动及重力与其他向性的关系。

2. 生长发育

了解重力和微重力在植物发育与生殖过程中的作用是该领域的重点，其中包括有丝分裂和染色体完整性、分生组织和形成层发育、分化、花形成、授粉、受精、结实等。

3. 新陈代谢

该领域旨在研究重力和微重力如何影响新陈代谢、光合作用和运输过程，具体包括代谢途径，聚合物和细胞壁的形成，光合作用，呼吸，水分和养分吸收，植物内的水、养分和同化物的运输，蒸腾作用等。

探究其他航天因素（如空间辐射）对植物的影响时，地面对照组需要在模拟轨道环境的条件下进行实验（可参考第 6 章实验内容）。

实验器材的选用可以参考第 4 章中 4. 3 节和第 8 章中 8. 3 节。

此外，在空间微重力条件下，根失去了向重力性生长，表现为自由生长状态，呈现螺旋状攀附生长，并保有寻找土壤的能力。在微重力条件下，植物扎根困难，一直在迂回地寻找土壤。微重力环境也同样影响叶片的生长。为了在包括空间站、航天飞船等在内的天基环境中更好地培育植物，一般都设计并配备相应的设备，如太空植物培养柱、天体栽培设备等。

太空植物培养柱结构如图 21 – 3 所示，包括中心滴灌管、单透内衬、根系生长层、隔水膜、蜂窝状支撑网及种植层，从内到外依次链接，组成一个圆柱体。

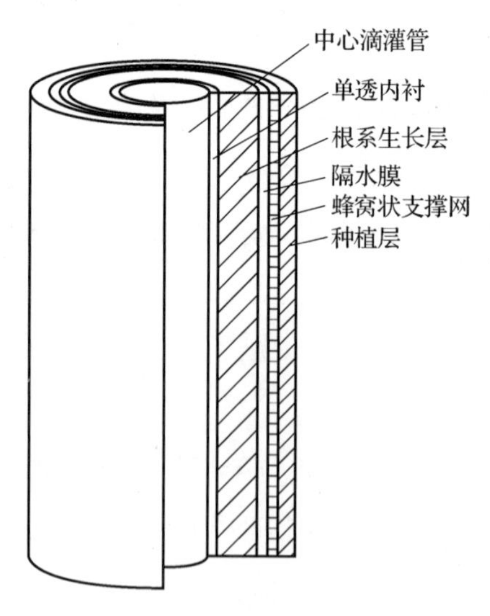

图 21 – 3　太空植物培养柱结构

国际空间站的高级天文栽培（ADVASC）植物生长室（图 21 – 4）通常能够实现种子萌发、出芽、生长、生殖、形成种子的全过程，因此整个植物生命周期都可以在该设备中自主完成。实验条件为模拟地面进行，温度为 22 ℃左右，相对湿度为70%左右，灯光为16 h开灯与8 h关灯交替进行，红/蓝LED灯水平为230/25 μmol·m^{-2}·s^{-1}光合有效辐射（PAR），最低CO_2浓度为0.05%。种子一般被固定在网格或棉筒中，其中填充有泥灰岩颗粒以维持介质水势；通常采用半强度的Hoaglands培养基作为营养物质，通过生根基质颗粒进行多孔管系统连续输送；根据植物生长阶段的不同，以-0.05~0.25 kPa的张力送入根盘。一旦系统在微重力条件下建立起充注，多孔管中的负压就会持续保持。通过毛细管力，营养液被输送到根部。通常在该处会设有监控装置，对植物生长发育进行实时监控和记录，随时调整营养液的补给。

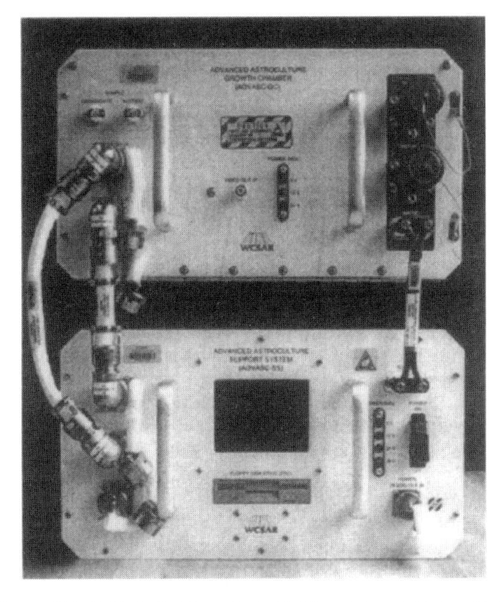

图21-4 国际空间站的高级天文栽培（ADVASC）植物生长室

（顶部中层储物柜等效单元包含生长室，底部是支持系统）

21.3 实验方法

21.3.1 仪器与试剂

（1）仪器：PGU［plant growth unit，是一种植物生长室，安装在航天飞机的中间甲板储物柜中，每个PGU包含6个植物生长腔室PGC（plant growth chambers），它们具有独立的密封气氛]；OES（orbiter environmental simulator，轨道环境模拟器）。

（2）试剂：次氯酸钠溶液、乙醇、Hoagland 营养液、蔗糖、无菌水、Schenk & Hildebrandt 培养基。

下面以探究小麦冠在空间环境下的生长和光合反应为例，说明空间植物培养实验方法。

21.3.2 在空间环境下的小麦冠实验

植物在 PGU 中生长。每个 PGC 都由 1 个铝合金底座和 1 个透明的聚碳酸酯盖组成，该盖可装在硅橡胶垫圈上。VitaLite（ILC Technologies，Sunnyvale，CA）荧光灯提供了用于植物生长的照明灯，其 PPFD 为 50 ~ 60 $\mu mol \cdot m^{-2} \cdot s^{-1}$。

1. 种子的处理

取小麦种子，采用 12.5% 次氯酸钠溶液和 70% 乙醇对种子进行消毒后，在 2.6%（W/V）次氯酸钠溶液中加入 1%（W/V）Triton – X 100，灭菌 20 min，在无菌水中漂洗 4 次，然后放置于装有 1/8 强度 Hoagland 营养液并补充 0.5%（W/V）的蔗糖与 0.7%（W/V）琼脂固化的单个发芽罐中。需要适当的催化处理以使超级矮种的种子充分发芽。将发芽罐在黑暗中于 4 ℃保持 3 d，然后转移至 22 ℃照明室中 24 h。飞行组升空前 1 d，检查每个发芽罐中是否有污染迹象，并选择最有活力的幼苗放入 PGC 中。

12 株幼苗分别在使用了无菌泡沫/nitex 系统进行改良的 PGC 中生长（Levine 和 Krikorian，1992）。在将幼苗插入 PGC 之前，将无菌、半强度的补充有 1.5% 蔗糖（W/V）的 Schenk & Hildebrandt 培养基（110 mL/PGC）添加到泡沫中（110 mL/PGC）。PGC 中的相对湿度为 90% ~ 100%。密封 PGC 之后，通过在 PGC 基座内置的气体采样口上方的泡沫中的孔注入 CO_2。

一次飞行过程中，有两个实验组：飞行组和地面对照组（在 OES 中模拟空间环境进行实验），同时开始培养相同样品相等的时间。任务开始时，分别测量地面组和飞行组的不同 PGC 中的 CO_2 浓度，任务结束时再分别测量 CO_2 浓度。比较地面控制和飞行组 PGC 中的 CO_2 浓度有无明显变化。按照后续实验要求将适当生长年龄的幼苗分批移栽种植。生长发育持续相同时间后，返回地面统一接受指标检测。

2. 飞行组

在 1993 年 9 月 11 日美国东部时间 13：35 完成将 PGC 装入 PGU 的工作，并在美国东部时间 18：00 将 PGU 安装到发现号航天飞机的中层。起飞时间是美国东部时间 1993 年 9 月 12 日 7：45，在肯尼迪航天中心（佛罗里达州卡纳维拉尔角）。该飞船于 1993 年 9 月 22 日美国东部夏令时间 3：56 降落于肯尼迪航天中心，使任务的总加速时间（发射至着陆）为 9 d 20 h 11 min。植物在飞行过程中受到持续的照明。任务结束时，每棵植物都有 3 片叶子。

3. 地面组

OES 使用相同处理过的植物进行同步地面控制。OES 使用下行数据来控制肯尼迪航天中心环境生长室中的温度、RH 和 CO_2 浓度。在轨温度、RH 和 CO_2 曲线用于控制放置 PGU 的 OES 室。飞行组和地面组在 PGU 内部的光合光子通量密度相同（$50 \sim 60 \mu mol \cdot m^{-2} \cdot s^{-1}$），并且在任务期间没有变化。

21.3.3　检测指标

1. 生长发育指标检测

测定不同条件下的植物生长速度；测定幼苗新稍激素水平（如乙烯）、生长素浓度；测定茎器官的生长和皮层微管动态；测定矿物成分变化；测定叶面积、叶片上微生物的种类及数量；测定植物色素含量及比例（不同光照条件下）；对比航天植物与地面植物生长的细胞器形态结构的区别；比较染色体畸变水平及有丝分裂的情况。

2. 新陈代谢指标检测

测定叶绿素含量、叶绿素内储备的碳水化合物含量；测定木质素和纤维素含量；测定吲哚乙酸和脱落酸的浓度；测定线粒体体积变化；测定细胞质体中淀粉和多糖含量；测定光合色素含量；测定植物根、茎及籽粒鲜质量与干质量的比值。

3. 植物样品的鲜质量和长度

取样后截取其根和茎组织，测定至少 18 个生物学重复的鲜质量和长度并进行对比。

4. 植物细胞的活/死染色分析实验

可以采用 FUN1 染料对其进行染色，使每个细胞都带上明亮的、扩散的、黄绿色的荧光标记。随着活细胞的代谢，染料的荧光性质发生变化，变成橙红色或橙黄色，因此可以有效地区分活细胞和死细胞，并计算死亡率。

5. DNA 氧化损伤分析（8 - 羟基脱氧鸟苷的含量）

将植物根部组织冷冻后用磁珠机械粉碎（ - 80 ℃、30 Hz 下运行 2. 5 min），选用 DNeasy Plant Mini Kit 试剂盒进行定量分析，提取 DNA，并用分光光度法测定其浓度。取 38 μL DNA 提取物在 100 ℃下孵化 2 min，随后在 3 μL 250mmol/L 的醋酸钾缓冲液（pH = 5. 4）和 3 μL 10mmol/L 的硫酸锌溶液中被核酸酶 P1（2 μL 5U/μL）消化。在 6 μl 0. 5mol/L Tris - HCl 缓冲液（pH 8. 3）中将消化液用碱性磷酸酶（2 μL 0. 3U/μL）处理 2 h，然后在 37 ℃下过夜处理。选用竞争性 ELISA 试剂盒（新的 8 - OHdG 检测试剂盒）于 415 nm 的分光光度检测 8 - 羟基脱氧鸟苷的含量。

6. RNA 提取和转录水平分析

将植物的根部和芽组织冷冻，取 50 ~ 100 mg 样品并用组织粉碎机在 - 80 ℃、30 Hz 下匀浆提取 RNA。选取合适的试剂盒提取组织中的 DNA。通过电泳与分光光度计检测其完整性和数量。使用 TURBO DNA - free™试剂盒从溶液中除去 DNA。取 1 μg 样品，使用高容量 cDNA 反转录试剂盒将 RNA 转化为 cDNA。使用快速实时 PCR 系统进行荧光分析，使用相应软件计算出基因排序并与 DNA 进行对比。

7. 代谢分析（如抗坏血酸和谷胱甘肽含量）

将植物的根部和芽组织冷冻，取 50 ~ 100 mg 并用组织粉碎机在 - 80 ℃、30 Hz 下匀浆，然后加入 800 μL 0. 1mol/L HCl 进行萃取。谷胱甘肽总浓度通过检测在谷胱甘肽还原酶（GR）存在下还原 DTNB 的能力来测定。抗坏血酸总浓度通过将氧化型转化为还原型后再进行测量。

8. 类胡萝卜素、叶绿素等的含量测定

采集植物叶片，在液氮中冷冻并于 - 80 ℃下保存。取冷冻的叶子样品 1. 5 g 在研钵中研磨，预冷后用含 0. 1% 二丁基羟基甲苯（BHT）的己烷/乙醇/丙酮（50 : 25 : 25，V/V/V）匀浆。将混合物温育 10 min 后在 4 ℃、3 000*g* 离心 5 min。添加标准品后用己烷/乙醇/丙酮（50 : 25 : 25，V/V/V）萃取 3 次，除去上清液，在氮气下干燥。残留物溶于 100 μL 流动相后进入反相高压液相色谱（HPLC）进行分析。

9. 可溶性酚类化合物的定量分析

采集辐照后的植物叶片，在液氮中冷冻并于 -80 ℃下保存，在黑暗条件下将其冻干。将冻干后的样品在40%甲醇中研磨并超声处理5 min，在3 500*g* 下离心3 min。取2 μL上清液通过0.2 μm过滤，并用HPLC进行分析，最终确定每种可溶性酚类化合物的含量。

10. 植物组织制备和组织学研究

从植物幼苗中分离3 mm的茎尖和3 mm的根尖，将其固定在4%甲醛溶液和0.025%戊二醛的磷酸钠缓冲液中，于室温真空浸润1 h，在4 ℃下保存过夜。将固定的样品用PBS洗涤，并在分级乙醇系列中脱水。采用LR白树脂与乙醇的比例逐渐增加的方式浸润，最终将样品埋入树脂中。使用切片机将其切成1 μm薄片，并用甲苯胺蓝O染色对细胞进行可视化分析，并在光学显微镜下进行观察。

21.4　注意事项

（1）设计实验要保证实验和操作程序的安全，不能对航天员、空间站或搭载平台造成伤害。

（2）注意检测实验设备的密封性，防止航天器材或者空间环境被污染。

（3）实验需要设置飞行组和地面对照组，要注意在地面设置多组对照组，根据实验目的在地面设置相应不同条件的对照实验，要保证同时开始培养、同时结束。地面对照组的实验可以参考第4章模拟微重力植物实验设计、第8章模拟空间辐射植物实验设计。

参考文献

[1] FERL R，WHEELER R，LEVINE H G，et al. Plants in space [J]. Current

Opinion in Plant Biology, 2002, 5 (3): 258 – 263.

[2] RONALD F D, HESS E L, HALSTEAD W T. Progress in plant research in space [J] Pergamon, 1994, 14 (8): 159 – 171.

[3] MARYNA V K, KONSTANTIN V K, NAMIK M R. Differential expression of flowering genes in Arabidopsis thaliana under chronic and acute ionizing radiation [J]. International Journal of Radiation Biology, 2019, 95 (5): 626 – 634.

[4] ARENA C, MICCO V D, MACAEVA E C, et al. Space radiation effects on plant and mammalian cells [J]. Acta Astronautica, 2014, 104 (1): 419 – 431.

[5] DAJANA B, YEONKYEONG L, DAG A B, et al. Comparative sensitivity to gamma radiation at the organismal, cell and DNA level in young plants of Norway spruce, Scots pine and *Arabidopsis thaliana* [J]. Planta, 2019, 250 (5): 1567 – 1590.

[6] SUNGYUL C, UNSEOK L, MIN J H, et al. High – throughput phenotyping (HTP) data reveal dosage effect at growth stages in *Arabidopsis thaliana* irradiated by gamma rays [J]. Plants, 2020, 9 (5): 557.

[7] VANDENBRINK J P, KISS J Z, HERRANZ R, et al. Light and gravity signals synergize in modulating plant development [J]. Frontiers in Plant Science, 2014, 5: 563.

[8] PAOLA F, ELETTRA S, ALESSIO G, et al. Glyoxylate cycle activity in Pinus pinea seeds during germination in altered gravity conditions [J]. Plant Physiology and Biochemistry, 2019, 139: 389 – 394.

[9] LINK B M, DURST S J, ZHOU W, et al. Seed – to – seed growth of *Arabidopsis thaliana* on the international space station [J]. Advances in Space Research, 2003, 31 (10): 2237 – 2243.

[10] 陈瑜，鹿金颖，李华盛，等. 空间环境和模拟微重力环境下番茄试管苗的开花结实实验 [J]. 航天医学与医学工程，2013，26 (3): 1 – 6.

第22章 天基动物培养实验设计

22.1 实验目的

1960年，加加林成为第一个成功进入太空的人类。时至今日，已经有超过500名航天员进入了太空，甚至还有12个人在月球上留下了足迹。但在这些辉煌的成就达成之前，科学家甚至都不清楚生命体能否在宇宙中存活。要迈出探索太空的第一步，就要依靠动物了，它们在很长一段时间里都在帮助科研人员探索太空旅行的可行性。

早期的太空动物实验大部分是以失败告终的。那个时候将生命运送至太空的每一次发射任务，都是对全新科技的一项测试。虽然很多动物因为实验而失去了生命，但是研究人员在每一次的失败中都学习了新的知识，利用这些数据，他们得以将火箭、飞船及降落设施设计得更加科学。例如，美国就曾经在返回舱的降落伞上有设计的缺陷，在多次的失败之后，他们在1951年重新设计了降落伞，并且在1951年9月20日将恒河猴约里克（也称为阿尔伯特六世）送至72 km外的高空，并在他着陆后幸存了下来。当我们终于弄清楚生命顺利进入太空的方法之后，我们将一批又一批的航天员送入太空，建立国际空间站，还可以进行太空行走。但是太空中的动物实验依然十分重要，尤其是研究微重力和辐射对生命体带来的影响。因此，天基动物培养实验设计对保护航天员执行太空任务作出了宝贵贡献。

复杂的太空复合环境在地面上是不能完全模拟的。为了解空间复合环境对人体乃至生物体的影响并探索其机制，进一步为空间生物学的发展提供理论基础，天基动物培养实验设计是重要和必要的。例如，使用蜗牛和鱼的实验结果可以应用于人类的情况；内耳检查可以在蜗牛身上进行；基因研究可以在鱼身上进行。虽然没有一对一地转移，但相似性足以获得必要的知识。线虫、果蝇、爪蟾、斑马鱼、小鼠等模式生物体系的建立为各种发育过程的研究提供了便利，也为空间发育生物学的研究提供了一系列不同进化水平的研究对象。每个模式生物都可作为一个简单的模型来研究复杂的生物学问题。模式生物中获得的很多研究结果都与人类有着很大的相似性，可以看出来生命体也有一定的保守性。当然也会有不同的地方，这些差别也为深入了解相关的细胞生理学和病理学提供了重要的依据。

22.2 实验原理

对于在空间环境中进行的研究，研究对象的舒适性和安全性是重中之重。因为创伤或压力会损害实验结果，所以空间动物实验装置所体现的人文关怀和科学性是齐头并进的。动物可以单独或集体饲养，但集体饲养的动物往往更有优势，因为较少的压力能保持动物的健康。空间动物实验装置通常需要能调节的光源来提供与地球上相似的昼夜循环，还需要空气循环、加热或冷却系统来确保温度和湿度保持在舒适的水平，并且需要根据有关物种的需求和实验的要求来人为提供食物或设置自动供食系统。除此之外，还要及时清理包括排泄物、从皮肤上脱落的颗粒物和喂食活动中产生的碎片等废物，而这项工作可以使用专门设计的气流系统实现。

22.2.1 灵长类动物饲养装置

非人类灵长类动物通常在舒适的封闭系统中飞行，以防止它们在发射和再入时危及自身，或在飞行过程中损坏传感器或仪器。群居的动物往往更健康，表现出更少的压力迹象。环境的丰富是通过行为任务或“计算机游戏”的形式提供的，这可以作为行为和表现的衡量标准。这种充实有助于防止压力和无聊，这可能是禁闭和隔离的结果。对非人类的灵长类动物来说，栖息地内的光线通常被调节，以提供类似于地球上的昼/夜循环。空气循环和加热或冷却来确保温度和湿度保持在舒适的水平。食物是根据有关物种的需要和实验的要求提供的。一般来说，有持续的水供应。废物，不仅包括排泄物，还包括从皮肤上脱落的颗粒物质和饲养活动中产生的碎片，这可以通过为此设计的气流系统消除（Souza 等，2000）。

如图 22 – 1 所示，猴子们可以看到彼此。胶囊内的沙发支撑和限制了猴子，并在胶囊着陆撞击地面时提供了足够的缓冲。一个轻便的围嘴阻止猴子从植入的传感器中分离出导线。单向气流将排泄物向每个沙发下面的离心收集器移动。猴子可以通过咬输液管的开关从每个胶囊里的分配器获得浆糊状的果汁和食物。灵长类动物可以从地面上远程控制对分水器的访问。每个太空舱都装有摄像机，监控飞行中动物的行为。

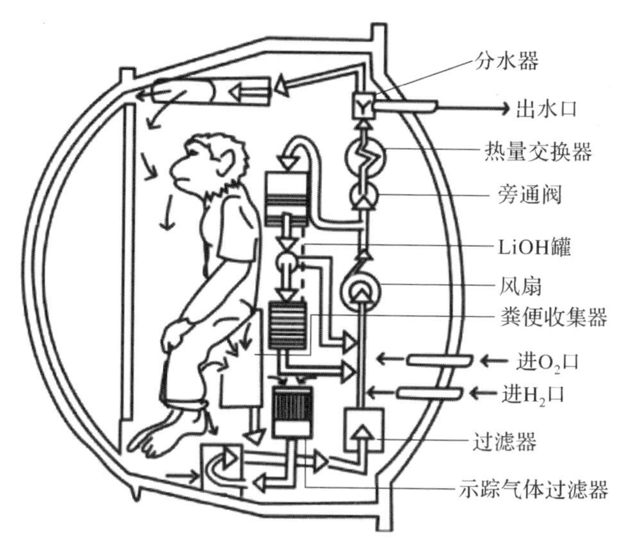

图 22 – 1　俄罗斯宇宙生态无人驾驶生物卫星上一只恒河猴的生命维持系统

（资料来源：Souza 等，2000）

22.2.2　啮齿类动物饲养装置

这里介绍一个培养啮齿类动物饲养装置——意大利航天局研制的抽屉式鼠舍系统（MDS）。它由鼠舍（MC）、水管理子系统（LHS）、食物投递子系统（FDS）、空气调节子系统（ACS）、照明子系统（ILS）和观察子系统（OSS）组成。

鼠舍分为 2 个居室，每个居室内设 3 个同样大小的笼子，每个笼子的地板面积为 116 mm×98 mm，高 84 mm。可将 6 只小鼠分开，关在各自专用的笼子内，每只笼子都配有一个食物分配机、饮水阀和观察用的照相机。笼子的四壁都是栅格，允许动物之间嗅闻，但不能发生身体接触。

水管理子系统包括一个 0.5 L 的水箱，水箱一旦空了，可被重新灌满，该子系统可随意通过饮用水阀单独为每只笼子供水。

食物投递子系统单独为每个笼子投递一个 149 mm×73 mm×7.5 mm 的约 90 g 的食物。食物的成分可由研究人员决定，如有必要，也可加入食品添加剂。食物投递子系统可机械地以 2 种方式投递食物：自由采食或每天定量供应。食物一旦被吃完，MDS 前面板处的 6 扇小门就会打开，撤下旧的、换上新的食物。

空调子系统提供 0.1 m/s 的连续通风，对全笼舍进行排除废气、净化空气。将鼠舍内总空气量的约 5% 经一个开环机制与国际空间站舱内气体进行交换，以排除 CO_2，注入 O_2。利用高级空气净化器的输入/输出过滤器，防止可能在国际空间站舱内空气和 MDS 之间发生的微生物污染。每处居室下方的废物过滤器收集废物（尿液、粪便、毛发、食物残渣等），居室内的气温控制在 25 ~ 26 ℃，用干燥剂法将空气湿度控制在 40% ~ 70% 。

照明子系统可按编程执行标称状态的 12 h 亮/12 h 暗的明暗循环周期，光强度按编程以 10 lx 的幅度从 0 ~ 40 lx 变化。光照期提供漫散光（无亮点），在黑暗期可提供红光源以便观察小鼠。

观察子系统允许通过 6 个摄像机（每笼一个）全天观察笼内情况。视频数据被传送到地面，可以近乎实时地查证小鼠的健康状况和行为。控制单元按照事先载入其内部存储器的命令程序，允许自动执行做实验所需的任务。

22.2.3 水生生物培养装置

这部分介绍一个水生生物培养装置——德国航天局开发的封闭平衡生物水生系统（CEBAS），其组成部分有可编录像系统、植物生物反应器、生物节律系统、水循环系统、过滤室、实验模块、信号处理模块、支持模块。

CEBAS 是一个中等储物柜大小的淡水栖息地，允许各种水生物种在地面和空间条件下，在一个自稳定的人工生态系统中受控孵化。这样，就可以对独特的空间环境对单个生物体及整个生态系统的影响进行科学研究。CEBAS 可以培养包括剑尾鱼（*Xiphophorus helleri*）、水蜗牛（*Biomphalaria glabrata*）、淡水中作为消费者的微生物、金鱼藻（*Ceratophyllum demersum*）和作为生产者的微藻。

CEBAS 的实验模块以模块化的方式提供了多达4个独立的隔间，用于鱼和蜗牛的成虫与幼虫阶段的生长，植物和微生物过滤系统的总水量为8.6 L。支持模块负责控制水流、热条件和照明周期，以及环境和水参数（如温度、pH 值和 O_2 浓度）的监测与存储。过滤室用实验室细菌菌株接种的200 g 熔岩颗粒填充。可编程录像系统负责让科学家详细观察动物的栖息地，以便进一步分析。生物节律系统由一个独立的固态记录装置组成，该装置处理并记录来自大脑温度（Tbr）、深层体温（BDT）、压电马达活动（MA）、皮肤温度（Tsk）和环境温度（Tamb）传感器的信号，以及由前置放大器箱处理的心率信号。

22.3 实验方法

22.3.1 仪器、试剂与实验动物

（1）仪器：意大利航天局研制的抽屉式鼠舍系统（MDS）。

（2）试剂：赛拉嗪（Xilazine）（1 mg/50 mL）麻醉剂、K2－EDTA 涂层毛细玻璃管、肝素锂涂层管。

（3）实验动物：3只 C57BL/J10 野生型雄性小鼠和3只 OSF1 TG 型雄性小鼠，饲料为 Mucedola 食条。

设计本实验是为了探究空间环境下小鼠的生长情况。

22.3.2 天基环境中的小鼠实验

小鼠在被关进笼中的前一周通过“饮水训练瓶”的方式接受饮水训练。饮水训练瓶是一个有标准刻度的瓶嘴接有遏流启动阀的市售水瓶。小鼠被送入鼠舍时实验即开始，并被记录为实验第一天（D1）。

共进行 2 次实验：一次为期 20 d；另一次为期 100 d。每个实验都采用 3 只 C57BL/J10 野生型雄性小鼠和 3 只 OSF1 TG 型雄性小鼠，它们被一笼一只地单个养在 MDS 工程样机内。

实验期间，每只小鼠自由饮水，每天记录饮水量。每天给每只小鼠喂 2 次 Mucedola 食条，时间是在 9:00 和 19:00，喂食总量为每天 5 g。为期 20 d 的实验，只在开始和结束时测量小鼠体重。为期 100 d 的实验，只在开始和结束时测量小鼠体重。每天由一名训练有素的技术人员用眼观察小鼠的总体健康状况。

实验结束时，给小鼠注射赛拉嗪（1 mg/50 mL）麻醉剂，从小鼠眼窝窦处采全血后立即放到 K2 - EDTA 涂层毛细玻璃管或肝素锂涂层管中进行血液分析，动物在安乐死后由兽医解剖以检查任何肉眼可见的违规和解剖动物器官。

两组小鼠作为对照组养在标准笼子里，并处于与动物所处环境相似的人造气候条件下。一组随意吃食和随意从标准瓶内喝水；另一组每天定量喂食 5 g 并且随意从训练瓶喝水。

用 ADVIA 120 血液系统分析血样，测试内容为红细胞（RBC）、白细胞（WBC）和血小板完整分析、血红蛋白浓度、尿素（BUN）、肌酐酸、总蛋白、肌酐、钙、钾、氯化物、谷草转氨酶（AST）、谷丙转氨酶（ALT）。从在 IST 动物中心饲养了 3 个月的 10 只年龄匹配的野生型小鼠获得血液参数作为基准值，检测指标为血液分析、体重、饮水量。

22.4 注意事项

（1）在设计天基动物实验时，要注意考虑研究对象的舒适性和安全性，要兼顾人道关怀与科学研究，如果造成创伤或压力，也会影响实验结果。

（2）在设计实验中，要考虑不同动物的习性，并根据它们的习性设计实验环境，如要考虑动物是否群居、生长环境的温度、光照或者是周围空气和水质的组分。

（3）设计对照实验，在地面上设置对照组、模拟微重力组和模拟空间辐射组，从不同的角度探究空间不同因素对动物生长情况的影响。

参考文献

[1] BORKOWSKI G L, WILFINGER W W, LANE P K. Laboratory animals in space: Life sciences research [J]. Animal Welfare Information Center Newsletter, 1996, 6: 1-7.

[2] KLAUS D M. Clinostats and bioreactors [J]. Gravitational and Space Biology Bulletin, 2001, 14: 55-64.

[3] BUCKER H, HORNECK G, WOLLENHAUPT H, et al. Viability of *Bacillus subtilis* spores exposed to space environment in the M-191 experiment system aboard Apollo 16 [J]. Life sciences and space research, 1974 (12): 209-213.

[4] SPIZIZEN J, ISHERWOOD J E, TAYLOR G R. Effects of solar ultraviolet radiations on *Bacillus subtilis* spores and T7 bacteriophage [J]. Life Sciences and Space Research, 1975, 13: 143-149.

[5] HORNECK G, BUCKER H, DOSE K, et al. Microorganisms and biomolecules in space environment experiment ES 029 on Spacelab-1 [J]. Advances in Space Research: The Official Journal of the Committee on Space Research (COSPAR), 1984, 4 (10): 19-27.

[6] BLÜM V, STRETZKE E, KREUZBERG K. C. E. B. A. S. -Aquarack project: The mini-module as tool in artificial ecosystem research [J]. Acta Astronautica, 1994, 33: 167-177.

[7] SHANLEY D P, DANIELLE A W, MANLEY N R, et al. An evolutionary perspective on the mechanisms of immunosenescence [J]. Trends Immunol, 2009, 30: 374-381.

[8] WEINGAND K W, ODIOSO L W, DAMERON G W, et al. Hematology analyzer comparison: Ortho ELT-8/ds vs. Baker 9000 for healthy dogs, mice, and rats [J]. Veterinary Clinical Pathology, 1992, 21 (1): 10-14.

[9] SUN G S, TOU J C, REISS-BUBENHEIM D A, et al. Oxidative and nutrient

stability of a standard rodent spaceflight diet during long – term storage [J]. Lab Animal, 2012, 41: 252 – 259.

[10] DOSE K, BIEGERDOSE A, DILLMANN R, et al. Era – experiment space biochemistry, [J]. Advances in Space Research, 1995, 16 (8): 119 – 129.

[11] HORNECK G, ESCHWEILER U, REITZ G, et al. Biological responses to space: Results of the experement "Exobiological Unit" of ERA on EERECA – I [J]. Advances in Space Research, 1995, 16 (8): 105 – 118.

[12] ONOFRI S, SELBMANN L, ZUCCONI L, et al. Antarctic microfungi as models for exobiology [J]. Planetary and Space Science, 2004, 52 (1/3): 229 – 237.

[13] HORNECK G, BUCKER H, REITZ G, Long – term survival of bacterial – spores in – space [J]. Advances in Space Research, 1994, 14 (10): 41 – 45.

[14] HORNECK G, RETTBERG P, REITZ G, et al. Protection of bacterial spores in space, a contribution to the discussion on Panspermia [J]. Origins of Life and Evolution of the Biosphere, 2001, 31 (6): 527 – 547.

[15] NAIDU S, WINGET C M, JENNER J W, et al. Effects of housing density on mouse physiology and behavior in the NASA animal enclosure module simulators [J]. Journal of Gravitational Physiology, 1995, 2 (1): 140.

[16] SINGLA S, LITZKY L A, KAISER L R, et al. Should asymptomatic enlarged thymus glands be resected? [J]. Chinese Journal of Thoracic and Cardiovascular Surgery, 2010, 140 (5): 977 – 983.

[17] TOU J, GRINDELAND R P, BARRETT P J, et al. Evaluation of NASA foodbars as a standard diet for use in short – term rodent space flight studies [J]. Nutrition, 2003, 19 (11/12): 947 – 954.

[18] SUN G S, TOU J C, YU D, et al. The past, present, and future of National Aeronautics and Space Administration spaceflight diet in support of microgravity rodent experiments [J]. Nutrition, 2014, 30 (2): 125 – 130.

[19] 郭建平，姚宇华，许志. 抽屉式鼠舍系统——国际空间站啮齿动物实验有效载荷 [J]. 载人航天信息，2012，1：36 – 44.

索　引

A ~ C

D

W

X

（王彦祥、张若舒 编制）

（a）

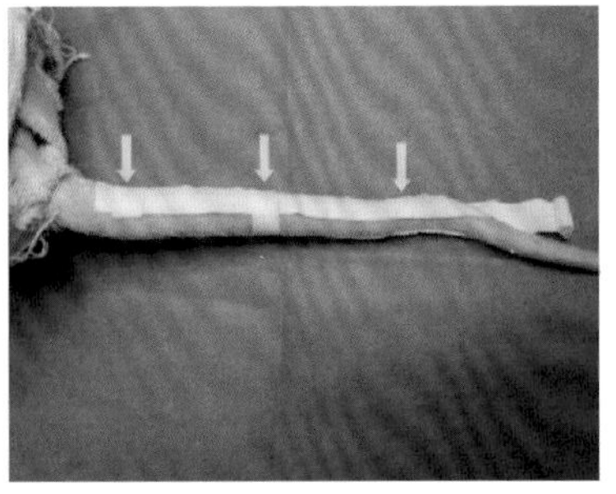

（b）

图 5－1　模型大/小鼠尾套制作方法

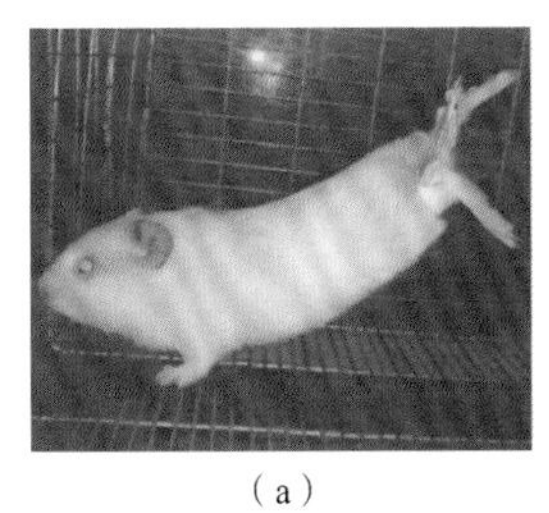

（a）

（b）

（c）

图 5－7　豚鼠后肢悬吊模型

（a）

（b）

图 9－2　基于垂直辐射源设计的局部辐照装置

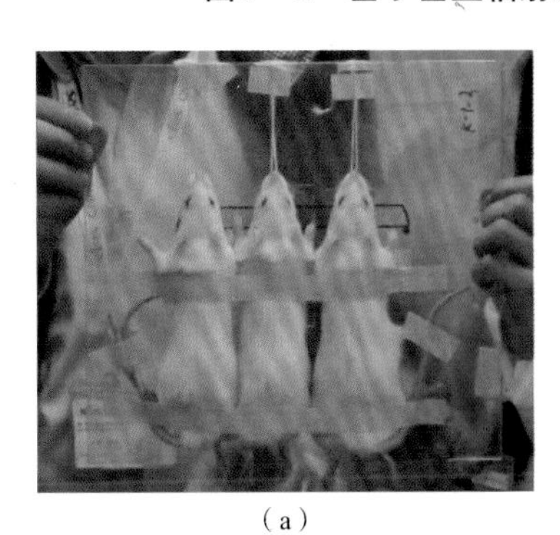

（a）

（b）

图 9－3　基于水平辐射源设计的局部辐照装置

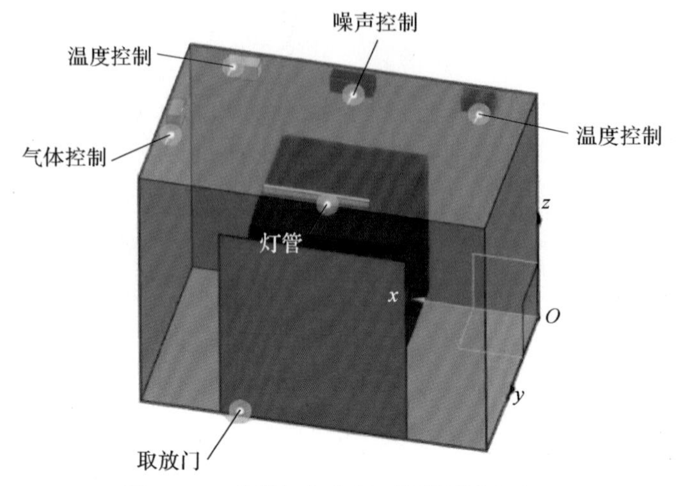

图 14－1　模拟复合空间环境模型箱示意图

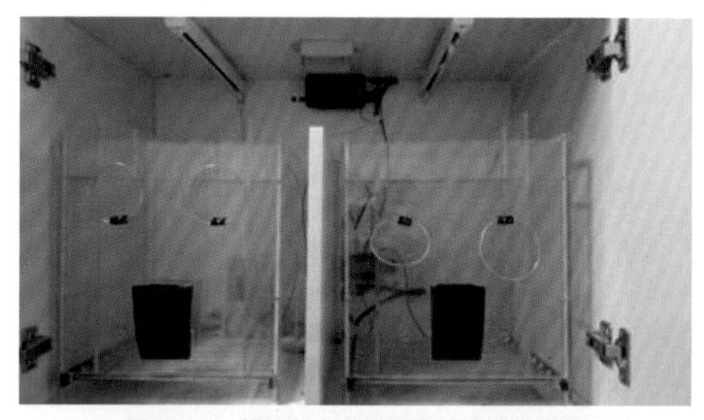

图 14－3　模拟复合空间环境模型箱实物图

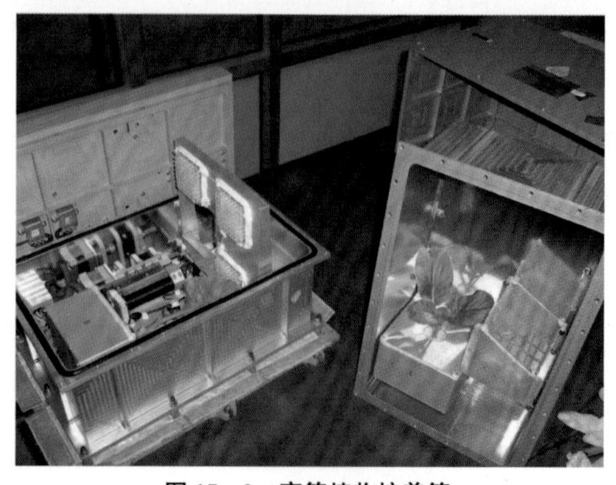

图 15－2　高等植物培养箱

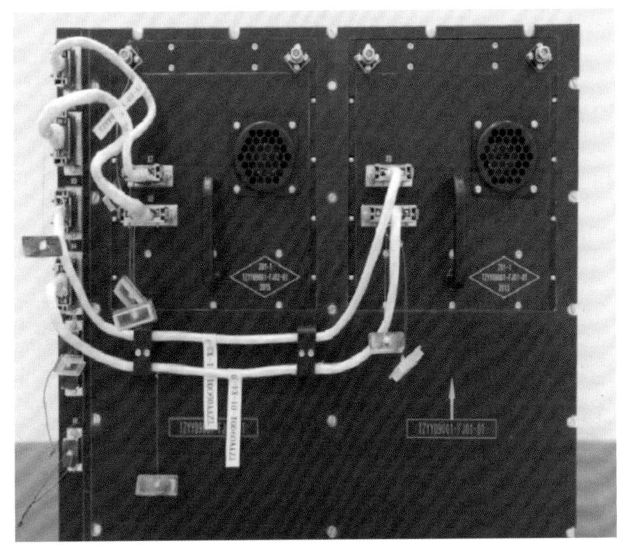

图 15－3　空间生物反应器

图 21－2　3 种不同环境处理下开花结实的番茄试管苗

(a) 地面对照组；(b) 神八搭载组；(c) 模拟微重力效应组